제 2 판

송배전공학

공학박사 백관현 저

B.C.Info

머 리 말

현재 우리나라는 765[kV]로 승압을 하였고, 앞으로도 1000[kV] 이상으로 승압을 계획하고 있다. 전력 수요가 나날이 늘어가고 있으며, 여기에 대응하여 발전설비 용량을 증가시키고, 더 많은 원자력 발전소를 지어야 할 것으로 예상되고 있다. 또한 신재생에너지인 태양광, 풍력, 조력 등의 에너지 생산도 증가하고 있다. 이러한 전기 에너지를 발전소에서 수용가까지 보내주기 위한 계통 규모의 확대와 계통의 구성과 보호방식, 계통운용 형태도 계속 발전을 거듭하고 있다. 앞으로 직류 송전에 대한 논의도 본격화되고 있다.

그리고 북한 지역의 전기생산과 전력 송전과 수전, 남한과의 전력계통의 연결방법 등의 활발한 논의와 검토가 이루어지고 있으며, 개성공단의 송전이 이루어지고 있다.

전기공학을 공부하는 학생들이 전자기학, 회로이론, 물리, 화학 등의 기초를 알고, 실제 전력계통인 발전소에서 송전과 변압기를 이용한 변전소, 변전과 수용가에서의 배전 등을 통하여 전기공학을 이해하고 기술을 습득할 수 있다. 이 책에서는 송전과 배전에 대한 내용을 주로 다루고 있다. 전기공학을 공부하는 학생들, 특히 전문대학, 산업기사, 기사를 준비하는 학생들이 쉽게 이해하기 위해서 5개 단원으로 작성을 하였다. 이 점이 책의 내용을 이해하는데 도움이 되기 바란다.

이 책은 전기공학을 공부하는 학생들이 주당 3시간씩 한 학기동안 공부하여 따라갈 수 있도록 구성하였으나, 이해가 힘든 경우에는 여러 참고자료를 참고하여야 할 것으로 생각한다. 신재생 에너지 분야와 스마트 그리드 분야의 빠른 발전과 더불어 점점 더 송배전 공학에 추가 및 참고 사항이 많아질 것이 분명하며, 앞으로 계속 새로운 내용을 추가시키려 한다.

2011년 7월
저자 씀

차 례

Module. 1

전력계통 구성과 송전선로

Module 1-1 : 송배전 계통의 구성

개요

전력계통(電力系統 : electric power system)이란 전기를 발전소에서 생산하여, 전기를 필요로 하는 수용가(가정, 공장 등)에 공급하는 일련의 설비를 총칭하여 말한다. 일련의 설비 내용을 구분하면 다음과 같다.

(1) 발전설비(發電設備) - 전력을 생산하는 설비를 말하며, 종류를 보면 주류를 이루는 수력, 화력, 원자력과 신재생 에너지인 풍력, 태양광, 지력, 조력 등 이다.
(2) 수송설비(輸送設備) - 생산된 전력을 발전소에서 수용가까지 수송하고, 배송하는 송전선, 변전소, 배전선 등을 말한다.
(3) 수용설비(受用設備) - 수송된 전력을 실제 사용하기 위해 설치한 수용가의 설비를 말함.
(4) 운용설비(運用設備) - 변전설비에서 수용설비까지 효율적 관리를 위해 필요한 부대설비로서 급전설비, 통신설비, 보호설비 등을 말함

전력수송, 전력전송은 송전과 배전을 말하는데, 송전(power transmission : 送電)과 배전(power distribution : 配電)으로 구분한다.

송전은 발전소에서 멀리 떨어진 수용가까지 발전된 전력을 높은 전압으로 승압하여 수용가 근처의 변전소에 전송하는 것을 말한다.

배전은 전송된 전력을 낮은 전압으로 강압하여 수용가에 배분하는 것을 말한다. 요즈음은 최종적으로 수용가 가까이 변전소나, 변압기에 22.9[kV]로 통일된 전압으로 전송하는데, 통상 22.9[kV] 이하를 배전선로라고 한다.

학습목표

1. 송배전 계통의 개요를 공부한다.
2. 송전방식의 구성을 설명한다(직류 송전방식과 교류 송전방식의 차이점).
3. 송전전압과 송전전력의 관계를 설명한다.
4. 경제적인 송전전압을 선정하는 간략한 방법을 공부한다.

5. 표준전압과 공칭전압의 차이를 이해한다.

주요어

전력계통, 송배전공학, 송전전압, 송전전력, 직류송전, 교류송전, 표준전압, 공칭전압.

1-1-1 직류송전방식과 교류송전방식을 설명한다.

송배전 계통의 개념도를 간단히 그림으로 그려보면 다음과 같다.

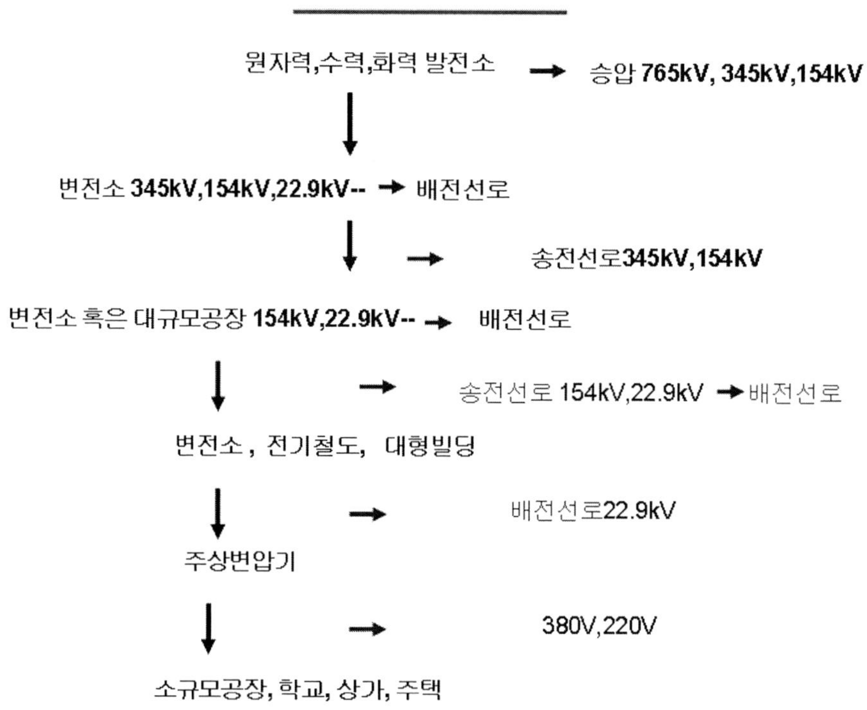

그림 1.1 송배전 계통의 개념도

과거에는 1차 변전소, 2차 변전소, 3차 변전소로 구분하여 변전소를 말하고 사용하였으나 지금은 송전 전압이 765[kV]로 승압이 되고, 앞으로 더욱 높은 전압으로 승압을 계획하고 있는 이즈음은 그림 1.1에서처럼 단계적인 변전소의 설치가 아니고 발전소의 위치, 수용가의 분포 등을 고려하여 변전소의 수와 승압과 강압이 결정될 수 있으며, 발전소 가까운 지역은 직접배전이 이루어 질 수도 있다.

우리나라에서는 극히 일부분을 제외하고는 교류송전방식을 채용하고 있다.

교류송전과 직류송전에 대해 알아보면 다음과 같다.

1) 교류 송전방식

발전소에 발전된 전력을 변압기로 적당한 전압으로 높여서 수용가까지 모두 교류로 통일하여 보내어 운전하는 방식을 말한다. 교류방식에는 단상, 3상 등의 여러 방법이 있다. 3상 3선식을 주로 많이 사용하는데 전선 한 가닥 당 송전전력이 크고, 회전자계를 쉽게 얻을 수 있고, 3상분을 합계한 송전전력의 순시 값이 일정해서 단상처럼 맥동하지 않기 때문이다.

그림 1.2은 교류송배전계통의 개념을 보여주는 일례이다.

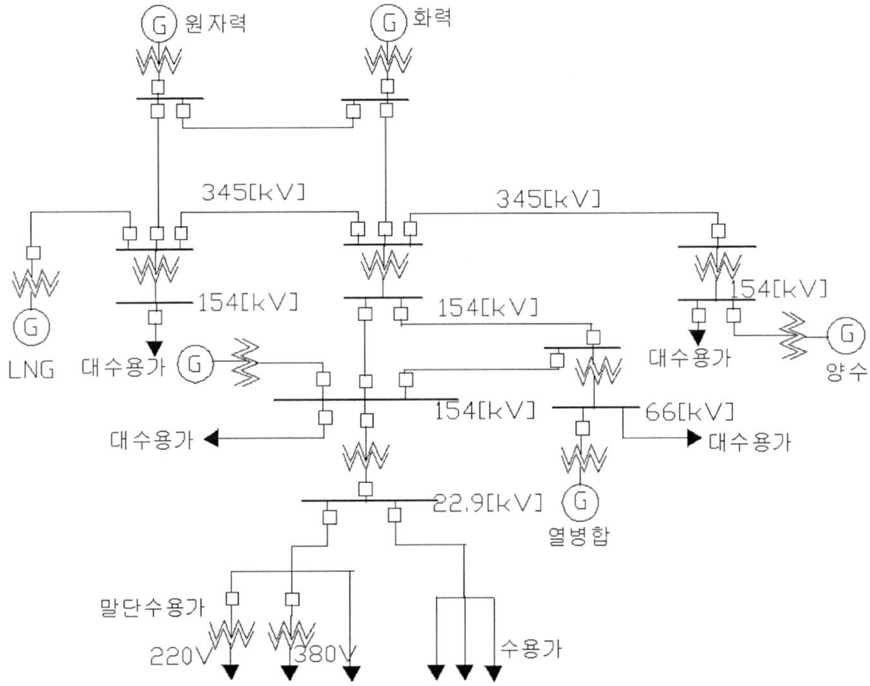

그림 1.2 송배전 계통의 일례

교류송전에서 전기방식을 어떤 방법을 쓰느냐에 따라 송전선 한 가닥 당의 송전전력은 차이를 나타내게 된다. 표 1.1은 전기 방식에 따른 송전전력의 차이를 나타내 준다.

교류송전방식은 발전소에서 발전된 전력을 승압시켜서 송전하는 것으로 전류 변환설비를 두지 않고 교류로 통일해서 운전하는 방식이다. 교류송전방식에는 단상 2선식, 단상 3선식, 3상 3선식, 3상 4선식 등이 있으며, 송전방식에는 3상 3선식을 가장 많이 사용한다.

3상 3선식과 단상 2선식을 비교하여 보면

(1) 같은 전력을 송전하는데 필요한 전력량은 단상 2선식보다 작다.
(2) 전선 1조당 송전전력이 다른 송전방식에 비해 크다.
(3) 3상 3선식의 2선을 사용하면 단상교류로 사용할 수 있다.
(4) 3상은 회전자계를 쉽게 얻을 수 있어 전동기 설계, 제작, 운전이 편리하다.
(5) 발전기, 전동기, 변압기 등의 전력기기는 출력이 같으면 3상이 단상에 비해 효율이 좋고, 경제적이다.

교류송전 방식의 장점은 다음과 같다.

(1) 전압의 승압과 강압이 용이하다.
(2) 교류 방식으로 회전자계를 쉽게 얻을 수 있다.
(3) 교류 방식으로 일관된 운영을 할 수 있다.

표 1.1 직류, 교류의 전기방식 비교

전기방식		송전전력(P)	전선 한 가닥당 송전전력		비고
			송전전력(P')	직류2선식을 100[%]로 한 백분율	
직류2선식		VI	$\frac{VI}{2}$	100	
교류	단상2선식	$VI\cos\phi$	$\frac{VI\cos\phi}{2}$	100	
	단상3선식	$VI\cos\phi$	$\frac{VI\cos\phi}{3}$	66.6	중성선은 외선과 같은 굵기
	3상3선식	$\sqrt{3}VI\cos\phi$	$\sqrt{3}VI\cos\phi/3$	115	
	3상4선식	$\sqrt{3}VI\cos\phi$	$\sqrt{3}VI\cos\phi/4$	87	중성선은 외선과 같은 굵기

◈ 문제 1-1 : 다음 그림과 같이 단상 2선식에서 단상 3선식으로 변경했을 때 전선 1선당의 공급 전력은 몇 배로 되는가? 단, 선간전압(단상 3선식의 경우는 중성선과

외선간의 전압) 선전류(중성선의 전류제외) 및 역률은 같을 경우이다.

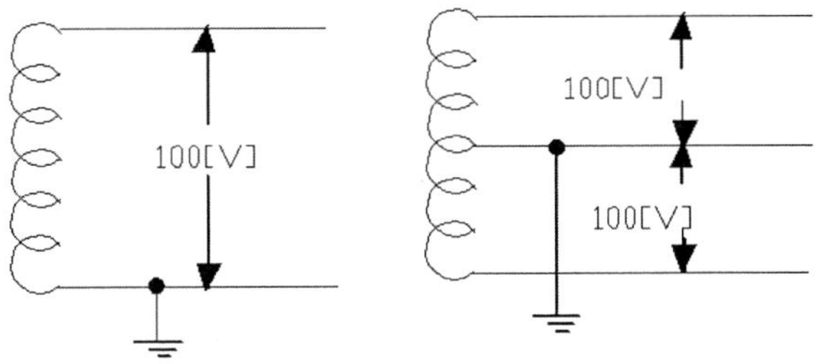

그림 1.3

◈ Solution

단상 2선식의 전력 : $VI\cos\phi$, 단상 2선식의 1선당 전력 : $VI\cos\phi/2$

단상 3선식의 전력 : $2VI\cos\phi$, 단상 3선식의 1선당 전력 : $2VI\cos\phi/3$

∴ (단상 3선식의 1선당 전력)/(단상 2선식의 1선당 전력)

$$= \frac{\frac{2VI\cos\phi}{3}}{\frac{VI\cos\phi}{2}} = \frac{4}{3} = 1.33 \text{ 배}$$

◈ 문제 1-2 : 송전 전력, 송전 거리, 송전 전선로의 전력 손실이 일정하고 같은 재료의 전선을 사용한 경우 단상 2선식에서 전선 한 가닥마다의 전력을 100[%]라 하면, 단상 3선식에서는 133[%]이다. 3상 3선식에서는 몇 [%]인가?

◈ Solution

∴ (3상 3선식의 1선당 전력)/(단상 2선식의 1선당 전력)

$$= \frac{\frac{\sqrt{3}}{3}}{\frac{1}{2}} \times 100 = 115 \text{ [\%]}$$

2) 직류송전방식

일반적으로 교류 송전방식을 사용하고 있으나, 발전기와 수용가 사이가 멀리 떨어져 있고, 송전전압의 초고압화, 대용량화, 70년대 초반 직류송전설비에 사이리스터가 사용되면서 직류설비 건설이 가속화 되었다. 직류송전은 장거리 대전력 수송, 해저 케이블 송전, 주파수가 다른 지역의 계통연계 등의 필요성으로 각국에서 직류송전을 많이 사용하게 되었다.

직류송전 계통의 구성은 아래와 같다.

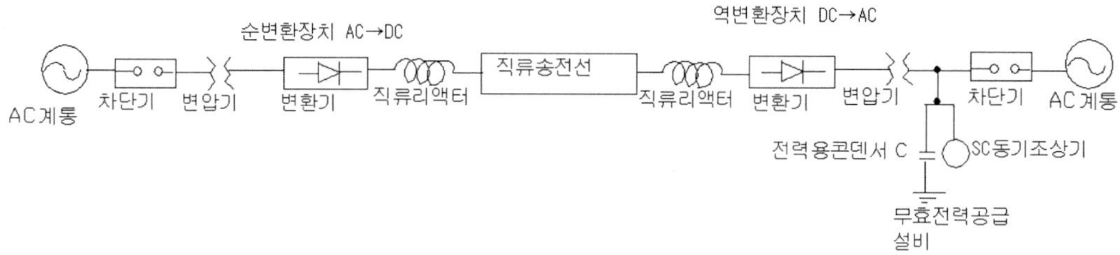

그림 1.4 직류 송전계통의 구성

직류송전의 특성인 장점과 단점을 보면 다음과 같다.

① 직류송전의 장점

(1) 직류선로전압이 교류 실효값인 최고값의 $\frac{1}{\sqrt{2}}$이므로 선로의 절연이 용이해진다.
전선의 무게와 부피는 훨씬 가벼워질 수 있다.

(2) 무효전력과 표피효과가 없고, 역률은 항상 1이 되어 송전효율이 높아진다.

(3) 교류계통은 송전전력의 한계인 P = $\frac{V_s V_r}{X}\sin\Theta$의 제한을 받으나, 직류에서는 리액턴스나 위상각의 제한을 받지 않아서 안정도가 좋아 진다.

(4) 주파수가 다른 계통에 연계가 가능하다.

② 직류송전의 단점

(1) 교류를 직류로, 직류를 교류로 변환하는 장치가 유효전력의 50~60[%] 정도의 무효전력을 소비하므로 무효전력 보상설비의 경비가 크다.

(2) 단락 전류가 적은 교류 계통에 연계되는 경우 교류 연계점에서 전압 불안정 현상이 생긴다.

(3) 직류변환장치는 고가이고, 또한 고조파를 발생하므로 고조파 대책이 필요하다.
(4) 계통의 보호 방식 및 직류차단기 등의 개발이 필요하다.

③ 직류송전방식의 종류

직류송전방식에는 2단자 송전방식과 다회선 송전방식이 있다. 다회선 송전방식에는 직류 다회선 방식, 변환기 병렬직류 다회선 방식이 있다.

직류 2단자 송전방식은 다음 표 1.2와 같이 구분한다.

표 1.2 직류 2단자 송전방식

<table>
<tr><th colspan="2">종류</th><th>구분</th><th>내용</th></tr>
<tr><td rowspan="5">직류2단자송전</td><td rowspan="2">단극1회선</td><td>대지귀로 방식</td><td>도체는 가공성과 케이블이 이용되고 귀로는 대지나 해수가 이용되는 경제적 방식</td></tr>
<tr><td>도체 귀로 방식</td><td>귀로 도체에는 부하전류의 전압강하에 상당하는 전압이 발생되어 절연강도를 높여야한다. 인구조밀지구에 설치, 직류송전에 따른 부식방지를 위해 설치함</td></tr>
<tr><td rowspan="3">쌍극1회선</td><td>중성점 양단 접지 방식</td><td>중성선을 설치하지 않고, 순·역변환소의 중성점을 접지하는 것으로 대지 귀로 방식을 2개 겹치게 한 것과 같은 모양으로 1선 고장시에도 대지 귀로의 1/2 전력 송전이 가능하다.</td></tr>
<tr><td>중성점 1단 접지 방식</td><td>순·역변환소의 한편의 중성점을 접지하고 중성선을 설치하지 않음</td></tr>
<tr><td>중성선 설치 방식</td><td>중성선을 설치하는 것으로 순·역변환소의 한편에서 중성점 접지한다. 선로 또는 변환장치 한쪽극 사고시에도 대지귀로로 한지 않고 1/2 전력을 송전할 수 있다.</td></tr>
</table>

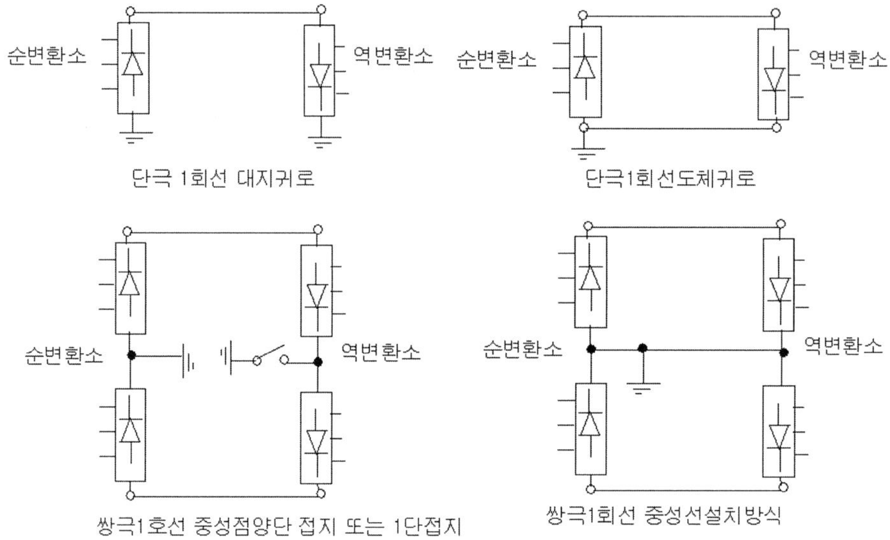

그림 1.5 2단자 직류송전계통의 송전방식

1-1-2 송전전압과 송전전력과의 관계

발전소에서 수용가까지 전력을 송전하는데 송전효율이 좋아야 한다. 송전효율이 좋아지기 위해서는 송전손실이 작아야한다. 여기서는 송전전압과 송전전력과의 관계를 알아보려고 한다. 3상3선식 송전선로에서 선간전압을 V[V], 선간전류를 I[A], 역률을 $\cos\Phi$, 송전전력을 P[W], 송전 손실률을 p, 송전거리를 l[m], 전선 한 가닥의 저항을 R[Ω]라고 하면, 송전전력과 손실률, 저항은 다음으로 표시된다.

$$P = \sqrt{3}VI\ \cos\Phi[W] \tag{1-1}$$

$$p = \frac{3I^2R}{P} = \frac{\sqrt{3}IR}{V\cos\Phi} \tag{1-2}$$

$$R = \frac{pV\cos\Phi}{\sqrt{3}I} = \frac{pV^2\cos^2\Phi}{P}[\Omega] \tag{1-3}$$

여기서, 전선의 단면적을 A[cm^2], 체적저항률을 $\rho[\Omega \cdot m \cdot mm^2]$라 하면,

$$R = \rho\frac{l}{A} = \frac{pV^2cos^2\Phi}{P}$$

따라서, 전선의 굵기는

$$\therefore A = \frac{\rho l P}{pV^2cos^2\Phi} \ [cm^2] \qquad (1.4)$$

송전선의 굵기는 송전전압의 제곱에 반비례함을 알 수 있다. 전선의 밀도를 σ [kg/cm^3]라고 하면 전선의 총중량 W[kg]은 전선이 3선이므로

$$W = 3lA\sigma = \frac{3\rho\sigma l^2 P}{pV^2cos^2\Phi}[kg] \text{ 이다.} \qquad (1.5)$$

송전거리, 송전전력, 손실률, 전선재질(ρ, σ)이 일정하다고 하면 송전 시 소요 전선 중량 W는 다음이 된다.

$$W \propto \frac{1}{V^2cos^2\Phi} \text{ 이다.} \qquad (1.6)$$

소요 전선 중량은 송전전압의 제곱과 역률제곱에 반비례한다. 즉, 송전전압을 345[kV]에서 765[kV]로 승압하고 역률이 일정한 경우에는 소요 전선 중량은 상당히 줄어들어서 송전선의 단면적이 작아짐을 의미하여 송전선 승압을 시키는 이유가 되고 있다.

또한, 식(1.5)로부터

$$P = \frac{WpV^2cos^2\Phi}{3\rho\sigma l^2} = 3lA\sigma\frac{pV^2cos^2\Phi}{3\rho\sigma l^2} = \frac{pAV^2cos^2\Phi}{\rho l} \qquad (1.7)$$

즉, 일정한 송전거리, 송전 손실률, 역률에 대해서는

$$P \propto V^2 \qquad (1.8)$$

로 되어, 송전전력은 선간전압(송전전압) 제곱에 비례하여 증가한다.

따라서 345[kV]를 765[kV]로 승압 시에는 송전전력은 약 5배가 증가하게 된다. 대전력을 송전선로를 통하여 전송 시에는 가능한 송전전압을 높여서 송전하는 것이 효율적임을 알 수 있다.

전력계통의 규모가 커지면서 대용량, 장거리 송전의 필요성이 높아짐에 따라 송전전압이 상승하는 것은 송전선 소요중량이 작아지고, 송전전력이 증대하는 경제적인 이유때문이다.

◈ 문제 1-3 : 동일 전력을 동일 선간전압, 동일 역률로 동일 거리에 보낼 때 사용하는 전선의 총중량이 같으면 3상 3선식일 때와 단상 2선식일 때의 전력 손실비는?

◈ Solution

송전전력은 같으므로, $VI_1 = \sqrt{3}VI_3$ 따라서 $\frac{I_1}{I_3} = \sqrt{3}$

총중량도 같으므로 $2\sigma A_1 L = 3\sigma A_3 L$, $\frac{A_1}{A_3} = 3/2 = \frac{R_3}{R_1}$

$$\frac{3\phi 3W}{1\phi 2W} = \frac{3I_3^2 R_3}{2I_1^2 R_1} = \frac{3}{2} \times \left(\frac{1}{\sqrt{3}}\right)^2 \times \frac{3}{2} = \frac{3}{4}$$

1-1-3 경제적인 송전전압과 송전용량 계수법

송전전압과 송전전력에서 알 수 있듯이 일정한 거리에 전력을 송전하는 경우에 승압하여 송전전압을 높여줄수록 같은 전선로에 보낼 수 있는 전력은 커지게 되는데, 송전전압이 높아지면, 송전선로에 접속된 기기인 애자, 변압기, 지지물, 기기 등의 절연내력을 높여 주어야 하게 된다. 그래서 승압 시 소요가 증가되는 절연비용이 송전 전선비 감소와 비교하여 비경제적인 경우가 생기게 될 수 있다. 밑의 좌측의 그림에서와 같이 송전전압이 증가하면 할수록 전선 비용은 감소하는데, 애자, 지지물, 기기비는 증가하여 총공사비는 줄어들었다가 다시 증가하게 된다. 단순히 전압과 건설비만을 고려하는 것이 아니라, 그림 1.6에서처럼 송전 전압과 연지출을 고려해야한다. 그밖에 고려해야 할 사항이 많은데, 여기서는 간략하게 경제적 효율성과 승압에 관하여 생각하면 일정한 전력을 일정한 거리에 전송할 경우에는 가장 경제적인 전압 값을 계산할 수 있다.

그러나 경제적인 전압 값을 개개에 경우에 맞추어서 송전선로의 설비를 선정해야 한다. 이렇게 되면 전압의 종류가 많아지고, 설비의 종류도 많아지게 된다. 전체적으로 비경제적이 된다. 따라서 송전전압을 몇 가지로 통일할 필요가 생긴다.

중거리 송전선로에 개략적인 경제적 전압 산출의 공식은 다음과 같다.

Alfred Still이 제안한 것으로 편리하게 개략 값을 얻을 수 있다.

$$\text{사용전압 [kV]} = 5.5\sqrt{0.6Xdistance[km] + \frac{power[kW]}{100}} \qquad (1.9)$$

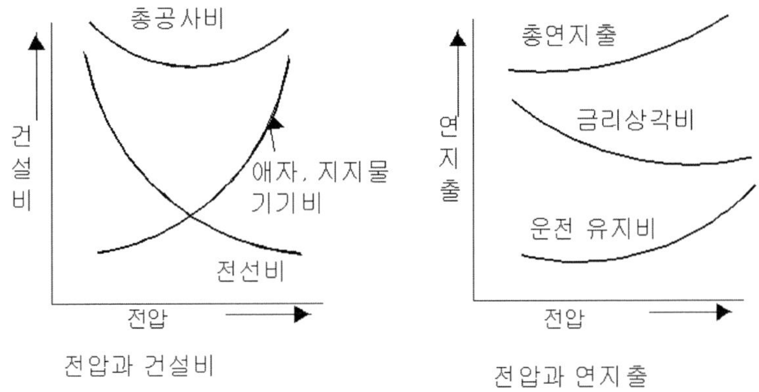

그림 1.6 경제적인 전압 값

1) 고유 부하법

수전단 부하가 어떤 값이면 가장 이상적인 송전을 할 수 있는가 하는 근사 값을 다음 식으로 사용하여 쓸 수 있다. 이것은 수전단을 특성 임피던스로 단락한 상태의 수전전력을 나타낸다.

$$P = \frac{Vr^2}{Z} \times 10^3 = \frac{Vr^2}{\sqrt{\frac{L}{C}}} \quad \text{[MW/회선]} \qquad (1.10)$$

여기서 Z : 선로의 특성 임피던스[Ω]

Vr : 수전단 전압[kV]

2) 송전용량 계수법

고유 부하법은 선로의 길이에 대하여는 고려하지 않았는데, 선로의 길이를 고려하여 계산한 것이 송전용량 계수법이다.

$$P_R = k\,\frac{Vr^2}{l}\ [kW] \tag{1.11}$$

여기서 Vr : 수전단 선간 전압 [kV]

l : 송전거리 [km]

k : 송전 용량 계수 $\begin{cases} 60\,[kV] & \rightarrow 600 \\ 100\,[kV] & \rightarrow 800 \\ 140\,[kV] & \rightarrow 1,200 \end{cases}$

◈ 문제 1-4 : 154[kV]의 송전선로 전압을 345[kV]로 승압하고, 같은 손실률로 송전한다고 가정하면 송전전력은 승압전의 몇 배인가?

◈ Solution

송전전력은 전압의 제곱에 비례하므로

$$P = KV^2 = K\left(\frac{345}{154}\right)^2 = 5K \quad \text{즉, 5배이다.}$$

◈ 문제 1-5 : 송전전압을 높일 때 발행하는 경제적인 문제는 어떠한 것이 있는가?

◈ Solution

절연애자 개수 증가, 변전소 설비의 고가,

보수 유지 비용의 증가, 송전전력과 전선의 단면적이 일정하면 선로의 전력손실이 감소한다.

◈ 문제 1-6 : 345[kV] 송전선로에서 송전거리가 345[km]라 할 때 송전용량 계수법에 의한 송전용량은 몇 [kW]인가? 단, 송전용량 계수는 1200이다.

◈ Solution

$$P_R = k\frac{Vr^2}{l}\ [kW] = 1200\frac{345^2}{345} = 414,000[kW]$$

◈ 문제 1-7 : 송전거리 60[km], 송전전력 5,000[kW]일 때의 송전전압은 대략 몇 [kV] 정도가 적당한가? 단, 스틸의 식에 의해 구하여라.

◈ Solution

스틸의 식은 다음이다.

$$\text{사용전압 [kV]} = 5.5\sqrt{0.6Xdistance[km] + \frac{power[kW]}{100}}$$

$$= 5.5\sqrt{0.6X60 + \frac{5000}{100}} = 9.27[V]$$

1-1-4 표준전압 및 공칭전압

송배전 계통을 표준화해서 전압을 말해야 한다. 우리나라에서는 표준전압으로 공칭 전압(nominal voltage) = 선간전압과 최고전압을 말한다. 선간전압은 우리가 계통을 구분할 때 사용하고, 최고전압은 전선로에서 사고가 발생할 때 표준이 되는 전압을 말한다. 여기서 사고는 통상 계통에서 많이 발생하는 사고로 1선지락, 내부이상전압, 코로나 장해, 정전유도 장해 등을 말한다.

표 1.3 선간전압과 최고전압

선간전압[kV]	최고전압[kV]
3.3/5.7 Y	3.4/5.9 Y
6.6/11.4 Y	6.9/11.9 Y
13.2/22.9 Y	13.7/23.8 Y
22/38 Y	23/40 Y
66	69
154	170
345	362
765	800

총괄평가

학습자 자기점검표

◆ 작성법

학생 스스로가 자신의 성취도를 성취 달성 정도에 따라 해당란에 'V' 표를 하시오.

이것은 학생이 모듈을 배우면서 부족한 점과 보충해야할 사항을 점검하기 위한 자기 평가입니다. 정직하고, 솔직하게 체크 하십시오.

성취 능력	매우 미흡	미흡	보통	우수	매우 우수
1. 우리나라에서의 직류송전구간을 설명하라.	①	②	③	④	⑤
2. 송전과 배전을 구분하여 보아라.	①	②	③	④	⑤
3 직류송전 방식의 장점과 단점을 말하라.	①	②	③	④	⑤
4. 교류송전 방식의 장점과 단점을 말하라.	①	②	③	④	⑤
5. 각종 전기방식(교류)의 회로도를 그리고 설명하라.	①	②	③	④	⑤
6. 우리나라의 송전전압에 대해서 아는 대로 써라.	①	②	③	④	⑤
7. 현재 사용되는 직류송전설비의 적용 예를 들어 설명하라.	①	②	③	④	⑤
8. 송전전압을 높일 때 발생하는 경제적인 문제를 설명하라.	①	②	③	④	⑤
9. 송전선로의 건설비와 송전전압과의 관계를 나타내라.	①	②	③	④	⑤
10. 우리나라의 송배전 계통의 개념도를 그리고 설명하라.	①	②	③	④	⑤

◆ 성취수준에 따른 자기평가 수준

모든 항목에서 '매우 우수' 혹은 '우수' 라고 평가한 학생을 제외하고는 부족한 내용에 대하여 다시 찾아가서 개별적으로 보충 학습을 하고 실험을 하십시오. 그래도 모르는 경우는 E-mail을 이용하거나, 개별적인 질문을 하시기 바랍니다.

인터넷 자료

http://www.kiee.or.kr 대한 전기학회
http://www.electricity.or.kr 대한 전기협회
http://www.keca.or.kr 한국전기공사협회
http://www.keea.or.kr 한국전력기술인협회
http://www.kieeme.or.kr (사)한국전기전자재료학회
http://cafe.naver.com/power 119 전기박사
http://cafe.naver.com/renewableenergy.cafe 신재생에너지
http://www.kepco.co.kr 한국전력
http://www.komipo.co.kr 한국중부발전
http://www.westernpower.co.kr 한국서부발전
http://www.khnp.co.kr 한국수력원자력
http://www.kosep.co.kr 한국남동발전
http://www.kemco.or.kr 에너지관리공단
http://www.keri.re.kr 한국전기연구원

관련서적 및 잡지

1. 송길영, "최신송배전공학", 동일출판사, 2005년
2. 심상홍 外, "송배전공학", 진영사, 1999년
3. 송길영, "최신 발전공학", 동일출판사, 2005년
4. 배상기, "전력공학", 진영사, 2005년
5. 박규홍, "전력발생공학", 동일출판사, 2003년
6. H.Sadat, "Power System Analysis", McGraw Hill, 2004년
7. Elgerd, "Basic Electric Power Engineering", Addison Wesley, 1976년
8. 일본 전기기술자 협회편, "자가용 전기기술자 핸드북", 대한전기협회,2000년
9. 대한전기학회편, "최신배전시스템공학", (주)북스힐, 2006년
10. 송길영, "전력계통공학", 동일출판사, 2000년
11. B.M.Weedy & B.J.Cory, "Electric Power Systems", Wiley,1998년

12. 검정연구회 편, “전기설비설계”, 동일출판사, 1996년
13. 정용기, “신전기설비 기술계산 핸드북”, (주)의제전기설비연구원, 2003년
14. 박건수 外 5인, “전력전송공학”, 청문각, 1997년
15. 박동화 외 2인, “수변전설비의 계획과 설계”, 도서출판 의제, 1997년
16. 김수용 외 4인, “디지털 송배전공학”, 문운당, 2007년
17. 검정연구회, 전기기사시리즈4 “전력공학”, 동일출판사, 2008년
18. Alston, "High Voltage Technology", Oxford University Press, 1968년
19. 일본전기학회, “피뢰설비 가이드북”, 도서출판 의제, 1992년
20. 김희진, 신재화 공역, “차단기와 단로기의 보수유지 입문”, 성안당, 1997년
21. 이종선 역, “접지 기술과 접지 시스템”, 성안당, 1998년

Module 1-2 : 가공송전선로(架空送電線路)

개요

전력을 수송하는 송배전선로는 가공송전선로와 지중송전선로를 구분할 수 있다. 가공송전선로는 전선에 특수한 절연을 입힌 전력 케이블을 사용하는 지중송전선로에 비하여 건설비가 싸고, 유지보수가 지중송전선로에 비해 용이하다. 가공송전선로는 전기를 송전하는 전선과 전선을 지지하는 철탑, 전선과 철탑 사이에 전기적 절연을 시켜주는 애자로 구성되어진다.

학습목표

1. 전선의 종류를 구조, 재질, 조합에 따라 공부한다.
2. 전선의 허용전류를 공부한다.
3. 가공송전선로에서 전선의 이도를 공부한다.
4. 전선을 지지하는 철탑과 전선과 철탑사이의 애자를 공부한다.

주요어

가공송전선로, 단선, 연선, 경동선, 강심알루미늄연선, 복도체, 이도, 경간, 오프셋, 애자, 섬락전압, 애자련, 초호환, 초호각, 표준철탑, 경간.

1-2-1 전선의 종류를 구조, 재질, 조합에 따라 설명한다.

일반적으로 사용되는 가공송전선은 절연물 피복을 입히지 않은 나전선으로 되어있다. 가공송전선로에서 절연전선은 저압가공인입선에 주로 쓰인다.

가공송전선로로 사용되는 전선의 구비 조건을 살펴보며 다음과 같다.

1. 도전율이 높을 것
2. 기계적 강도가 클 것

3. 신장율이 클 것
4. 내구성이 있을 것
5. 비중(밀도)가 작을 것
6. 가격이 낮을 것
7. 가선 작업이 용이할 것

1) 전선 구조에 따른 분류

◦ 단선 : 단선인 1가닥으로 구성된 도체

◦ 연선 : 수가닥 내지 수십가닥으로 된 소선을 꼬아 하나의 단선으로 만든 전선. 중앙의 소선을 중심으로 주위에 소선을 몇 층으로 꼬아서 동심연선으로 만든다.

연선을 구성하는 소선의 총수 N과 소선의 층수 n의 관계를 보면

$$N = 3n(n+1)+1 \tag{1.12}$$

연선의 바깥지름 A와 소선의 단면적D은 다음과 같다.

그림 1.7 ACSR 단면도

◦ 중공전선(中空電線) : 전선에 전류를 흘리면 전선 주위에 생기는 인덕턴스 영향으로 전선의 표면에 전류가 많이 흐르는 표피효과와 전선 표면에서 발생하는 코로나 손실은 전선의 굵기가 굵을수록 방전전압이 높아질 수 있다. 따라서 전선 중심이 비어있는 중공선을 사용하는 경우가 있다.

2) 재질에 의한 분류

◦ 경동선 : 도전율이 96~98[%]로 좋고, 인장강도 35~48[kg/mm^2]이다. 단선이 경동선보다 여러 소선으로 구성된 경동연선을 많이 사용한다.

◦ 강심알루미늄연선(Aluminium Cable Steel Reinforced ; ACSR) : 2종류의 금속을

꼬아서 만든 전선인데 인장강도가 큰 강선 주위에 도전율이 비교적 큰 알루미늄(약 61[%])을 꼬아서 만든 연선이다.

◦ 광섬유 복합 가공지선 : 철탑의 최상부에는 뇌격으로부터 전선을 보호하기 위한 접지선이 설치된 가공지선이 있는데, 이것 속에 통신용 광섬유를 내장한 가공지선(OPGW)이다.

그 밖에 경알루미늄선, 강선, 합금선, 쌍합금선 등이 있다.

3) 조합에 의한 분류

단도체 : 송전선로 1상당 전선이 1가닥인 조합을 말한다.

복도체 : 송전선로 1상당 전선이 2가닥 이상인 조합을 말한다.
주로 코로나 방전 억제에 좋은 복도체 방식을 사용한다.

1-2-2 전선의 굵기에 따른 허용전류를 설명한다.

송전전압과 송전전력이 결정이 되면 이것에 대해 어떤 굵기의 전선을 허용할 것인가 하는 것이 문제가 된다. 전선의 굵기는 아래의 사항들을 우선 충분히 검토하여야 한다.

1) 코로나(corona)

전선의 굵기가 코로나가 발생하지 않는 굵기가 되어야 한다.

2) 전압강하(Voltage Drop)

전선의 굵기가 너무 작으면 저항이나 인덕턴스 등도 그만큼 커지고 그에 따라 전압강하도 커지므로 이 점에서도 한계가 정해진다.

3) 기계적 강도

전선의 굵기를 작게 하면 기계적 강도도 작아지므로 굵기에 한도가 있다. 고압, 저압 가공지선의 굵기는 전기설비 기기 보안상의 관점에서 기계적강도의 최저한도를 정하고 있다. 아래의 표의 굵기의 경동연선 또는 이와 동등 이상의 세기 및 굵기의 것을 쓰도록 규정하고 있다.

표 1.4 가공전선의 굵기 한도

전압	시설장소	전선종류	전선 굵기
고압	시가지	절연전선	5[mm] 이상
		동복강선	3.5[mm]이상
	시가지 외	나경동선	4[mm] 이상
저압		나경동선	3.2[mm] 이상
		절연전선	2.6[mm]이상
특별고압		나경동연선	22[mm] 이상

4) 허용전류(allowable current)

전선에 전류가 흐르면 전선에 저항에 의한 발열(전력손실) 때문에 전선의 온도가 주위온도보다 높게 올라간다. 전선의 온도가 어느 한도 이상으로 되면 전선의 기계적 강도, 기타 여러가지 성능이 저하되기 때문에 온도상승 한도를 넘지 않게끔 전류량을 억제하지 않으면 안된다. 이 온도에 대한 한도를 최고 허용온도라고 하고, 이것에 대응하는 전류를 전선의 허용전류 또는 안전전류라 한다.

허용전류는 전선의 재질, 구조, 표면상태, 주위온도, 일사량, 풍속, 비나 눈, 표고 등에 따라서 크게 좌우되지만 중요한 것은 전선의 최고 허용온도를 넘지 않아야 한다. 여러 전선의 실험결과 단시간의 과부하에 대해서는 100[℃]로 잡고 있으나, 연속사용의 경우는 90[℃]로 억제하는 것을 표준으로 하고 있다. 따라서 가공송전선로의 주위의 온도가 40[℃]로 되었다면, 전선의 온도상승은 50[℃]을 넘지 않는 범위에서 송전하지 않으면 안된다. 허용전류의 계산에는 주위온도 40[℃], 일사량 0.1[W/cm^2], 풍속을 0.5[m/s], 전선의 면방사계수를 90[%]로 잡는 것이 보통이다.

5) 경제적 단면적

경제적 전선단면적을 구하는 데는 캘빈의 법칙이 있는데, 그것은 "건설 후에 전선의 단위 길이를 기준으로 해서 여기서 1년간에 잃게 되는 손실 전력량 금액(P_1)과 건설시 구입한 단위 길이의 전선비에 대한 이자와 상각비를 가산한 연경비(P_2)가 같을 때, 즉$P_1=P_2$일 때, 전선의 굵기가 가장 경제적인 전선의 굵기로 된다." 라는 것이다.

◦ 전선비용 : M [원 / kg]

◦ 1년간 전력요금 : N [원 / kW · 년]

◦ 1년간 이자와 상각비와의 합계 : P[원 / 년]

◦ 전선의 굵기 : A [mm^2]

◦ 가장 경제적인 전류 밀도 σ : [A/mm^2]라고 하고, 경동선인 경우의 경제적 단면적을 구할 수 있다. (단, 경동선의 밀도가 8.89 x 10^{-3}[$kg/m \cdot mm^2$]이고, 저항률은 $\frac{1}{55}$[$\Omega/m \cdot mm^2$]이다.)

$$손실 = I^2R = (\sigma A)^2 \times \frac{1}{55A} \times 10^{-3} [kW/m] \tag{1.13}$$

$$무게\ W = 8.89 \times 10^{-3} A\ [kg/m] \tag{1.14}$$

따라서, 켈빈의 법칙에 따라서 다음과 같은 식을 쓸 수 있다.

$$(\sigma A)^2 \times \frac{1}{55A} \times 10^{-3} \times N = 8.89 \times 10^{-3} A \times M \times P$$

$$\therefore \sigma \fallingdotseq \sqrt{\frac{8.89X55MP}{N}}\ [A/mm^2] \tag{1.15}$$

위 식 (1.15)에서 알 수 있듯이 전선의 가격 M이 비쌀수록, 이자와 상각비 P가 클수록, 전력요금 N이 쌀수록 전류 밀도 σ는 커지고, 전선의 굵기 A가 가늘어진다.

즉, I = σA에서 3상인 경우, 다음 식을 알 수 있다.

$$A = \frac{1}{\sigma} I = \frac{1}{\sigma} \frac{P}{\sqrt{3}\, V\cos\Theta} \tag{1.16}$$

◈ 문제 1-8 : 가공지선이 ACSR(강심알루미늄연선)인 경우에 경제적인 전선의 굵기를 계산하시오.(단, ACSR의 무게는 2.7 x 10^{-3} [$kg/m \cdot mm^2$]이고, 저항률은 $\frac{1}{35}$ [$\Omega/m \cdot mm^2$]이다.)

◈ Solution

$$\therefore \sigma \fallingdotseq \sqrt{\frac{2.7X35MP}{N}} \quad [\text{A/mm}^2] \tag{1.17}$$

1-2-3 가공송전선로에서 전선의 이도를 설명한다.

가공 송전선의 양 지지점 중간에 전선을 느슨하게 밑으로 늘어지게 하는데, 이 길이를 이도(Dip 혹은 Sag)라고 한다. 가공전선은 여름철에 햇빛과 고온, 태풍의 영향을 받으며, 겨울철에는 빙설과 저온의 영향을 받으므로, 이들 조건에 맞는 적당한 이도를 선정하여 주어야 한다. 일반적으로 가공전선로의 이도는 전선로에 대하여 다음과 같은 영향을 준다.

1. 전선의 이도의 크기는 지지물의 높이를 좌우한다.
2. 이도가 너무 크면 전선은 좌우로 크게 진동해서 다른 상의 전선에 접촉하거나, 수목에 접촉해서 위험을 준다.
3. 이도가 너무 작으면 전선의 장력이 증가하여 심하면, 전선이 단선되기도 한다.

1) 전선의 지지점이 같은 높이일 때(고저차가 없을 때)의 이도계산

아래 그림 1.8에서와 같이 전선의 지지점 A와 B가 같은 높이인 경우, 전선의 최저점 N에서 x[m] 만큼 떨어진 점 P점에 있어서의 힘의 관계는 그림 1.8(b), 그림 1.8(c)에서 다음과 같이 된다.

$$\tan \Theta = \frac{dy}{dx} = \frac{wl}{T} \tag{1.18}$$

여기서 w : 전선중량 [kg/m], l : N-P의 길이[m], S : 경간[m]
T : 전선 최저점 N에 있어서의 수평방향으로 전선이 받는 장력 [kg]

만약, $l \fallingdotseq$ x 라고 놓고 최저점 N이 원점 O와 일치하도록 잡으면 위의 식은 다음과 같은 포물선이 된다.

$$dy = \frac{w}{T} x\, dx$$

$$\therefore \ y = \int_0^x \frac{w}{T} x\,dx = \frac{wx^2}{2T} \qquad (1.19)$$

식 (1.19)에서 x = $\frac{S}{2}$이면 y = D가 된다. 따라서 이도와 장력의 식은 다음과 같이 된다.

$$D = \frac{wS^2}{8T}\,[\mathrm{m}] \qquad (1.20)$$

$$T = \frac{wS^2}{8D} \qquad (1.21)$$

고압가공전선은 케이블을 제외하고 안전율(Safety Factor)은 경동선은 2.2이상, 그 밖의 전선은 2.5 이상이다.

전선 지지점 A, B에서 장력 Ta, Tb는 지지점에 가까울수록 커지게 되고 서로 같으면, Ta = Tb = 최대장력으로 최저점에서의 수평장력 T에 전선 중량과 이도와의 곱을 더한 것과 같다.

$$Ta = Tb = T + wD\ [\mathrm{kg}] \qquad (1.22)$$

경간 사이의 전선의 실제길이를 L이라고 하면 다음과 같이 L을 구할 수 있다.

$$\frac{dl}{dx} = \sec\Theta = \sqrt{1+(\frac{dy}{dx})^2} \fallingdotseq 1 + \frac{w^2x^2}{2T^2}$$

$$\therefore \ l = \int_0^x (1 + \frac{w^2x^2}{2T^2})\mathrm{dx} = \mathrm{x} + \frac{1}{3}(\frac{w^2x^2}{2T^2}) \qquad (1.23)$$

여기에 x = $\frac{S}{2}$, y = D을 대입하면 실제길이 L을 구할 수 있다.

$$L = S + \frac{8D^2}{3S}\ [\mathrm{m}] \qquad (1.24)$$

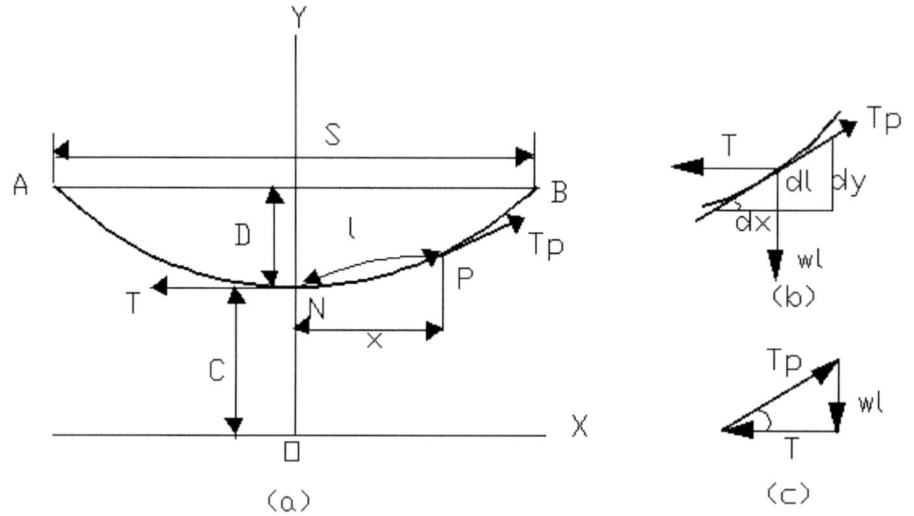

그림 1.8 이도(양 지지점에 고저차가 없는 경우)

◈ 문제 1-9 : 경동연선 (단면적 38[mm^2])을 사용하여 높이가 같고, 경간이 300[m]인 철탑에 가선을 하는 경우 이도는 얼마인가? 단, 이 경동연선의 인장하중은 1480[kg], 안전율은 2.2이고, 전선자체의 무게는 0.384[kg/m]이다.

◈ Solution

안전율이 2.2인 경우에 최대 사용 장력은

$$T = \frac{1480}{2.2} = 672.7 \ [kg]$$

$$(Ta = Tb = T + wD \ [kg] = T + 0.348D)$$

이도 D는 다음이다.

$$D = \frac{wS^2}{8T} = \frac{0.384X300^2}{8X672.7} = 6.46[m]$$

◈ 문제 1-10 : 전선 지지점의 고저차가 없을 경우 경간 300[m]에서 이도가 9[m]인 송전선로가 있다. 지금 이 이도를 11[m]로 증가시키고자 할 경우 경간에 더 늘려서 보내 주어야 할 전선의 길이[cm]는 얼마인가?

◈ Solution

전선의 실제길이는 공식에 따라

$$L_1 = S + \frac{8D_1^2}{3S} = 300.72[m]$$

$$L_2 = S + \frac{8D_2^2}{3S} = 301.075[m]$$

$$L_2 - L_1 = 0.35[m] = 35 [cm]$$

2) 전선의 지표상 평균높이

그림 1.9에서처럼 최저점 N을 원점 O로 하여 좌표축을 잡으면, 앞의 수식에서처럼

$$y = \frac{\omega x^2}{2T}$$

$$D = \frac{wS^2}{8T}$$

따라서 전선 높이 y의 평균치 y_e는 다음으로 구할 수 있다.

$$y_e = \frac{1}{S/2}\int_0^{S/2} \frac{wx^2}{2T} dx = \frac{wS^2}{24T} = \frac{D}{3} [m] \quad (1.25)$$

가공지선의 평균 지표상 높이 h는 다음이다.

$$h = (h_0 - D) + \frac{D}{3} = h_0 - \frac{2}{3} D[m] \quad (1.26)$$

전선 지지점에서 고저차가 있는 경우의 지지점 까지의 높이를 ha, hb라고 하면 다음 식으로 된다.

$$h = \frac{ha + hb}{2} - \frac{2}{3} D [m] \quad (1.27)$$

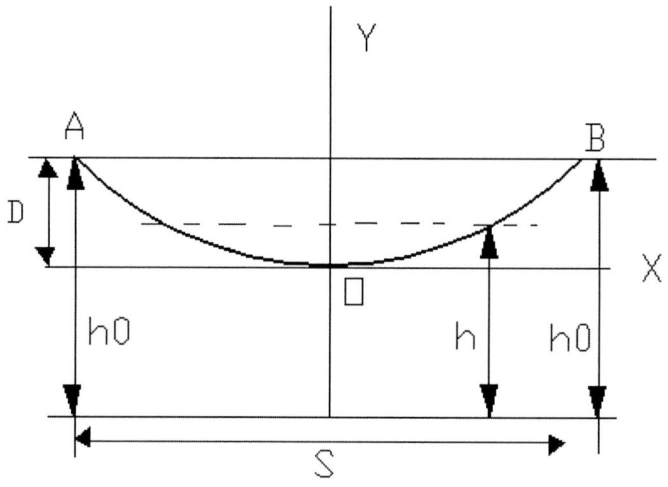

그림 1.9 가공 지선의 평균 지상 높이

◈ 문제 1-11 : 가공전선로에 전선의 단위 길이 당 중량과 경간이 일정할 때 이도와 전선의 장력과의 관계는 어떻게 되는가?

◈ Solution

$$D = \frac{wS^2}{8T} \quad \text{이므로} \quad D \propto \frac{1}{T} \tag{1.28}$$

◈ 문제 1-12 : 전선의 지지점의 고저차가 없는 경우에 경간 300[m]에서 이도가 9.5[m]일 때, 지금 이 이도를 10[m]로 증가시키고자 할 경우 경간에 더 늘려서 보내 주어야 할 전선의 길이는 몇[cm]인가?

◈ Solution

이도가 9.5[m]인 경우의 전선의 길이는 L_1

$$L_1 = S + \frac{8D_1^2}{3S} = 300 + \frac{8X9.5^2}{3X300} = 300.80[m]$$

이도가 10[m]인 경우의 전선의 길이 L_2

$$L_2 = S + \frac{8D_2^2}{3S} = 300 + \frac{8X10^2}{3X300} = 300.89[m]$$

위의 계산에서 알 수 있듯이 경간에 9[cm]를 추가해 주면 이도가 10[m]가 됨을 알 수 있다.

3) 온도와 이도와의 관계

온도가 상승하면 전선은 팽창하게 되므로 강도는 커지지만 강력은 줄어들어서 전선은 탄성 때문에 약간 오므라들게 된다. 온도 변화에 따른 이도의 변화는 정확하게 구하려면 전선의 신축과 탄성을 고려해야 하지만, 탄성에 의한 영향은 근소하기 때문에 온도에 의한 전선의 신축만을 고려한다.

전선의 온도상승을 t[℃], 전선의 선팽창계수를 α , 전선의 온도상승 전의 길이를 L_1, 온도상승 후에 길이를 L_2라고 하면, t[℃] 상승 후에 전선의 길이는 α t, L_1 로 늘어난다.

이것은 거의 α t L_1 ≒ α tS로 된다. 따라서 다음과 같은 식이 성립된다.

$$L_1 = S + \frac{8D_1^2}{3S}, \qquad L_2 = S + \frac{8D_2^2}{3S}$$

L_2는 다음과 같은 식으로 쓸 수 있다.

$$L_2 = S + \frac{8D_2^2}{3S} = S + \frac{8D_1^2}{3S} + \alpha \ tS \tag{1.29}$$

따라서, D_2는 다음과 같이 구해진다.

$$\therefore \ D_2 = \sqrt{D_1^2 + \frac{3}{8}S^2\alpha t} \ [m] \tag{1.30}$$

4) 전선에 가해지는 하중

전선의 이도, 장력, 실장 등에 관한 여러 식에서는 하중으로 전선 자체의 무게만을 생각했으나, 풍압이나, 전선에 부착하는 빙설중량 등을 고려해야 할 경우가 있다.

이때에는 전선 중량을 나타내는 W[kg/m] 대신에 합성하중을 고려하면 된다. 또한, 이도도 합성하중이 작용하는 방향으로 일어난다.

① 빙설이 적은 지역

빙설이 적은 지역에서는 고온계에서는 병종풍압하중을, 저온계에서는 투영면적 1[m^2] 마다 갑종풍압하중으로 76[kg] (단, 다도체인 경우는 68[kg])의 수평하중과의 합성하중을 취한다.

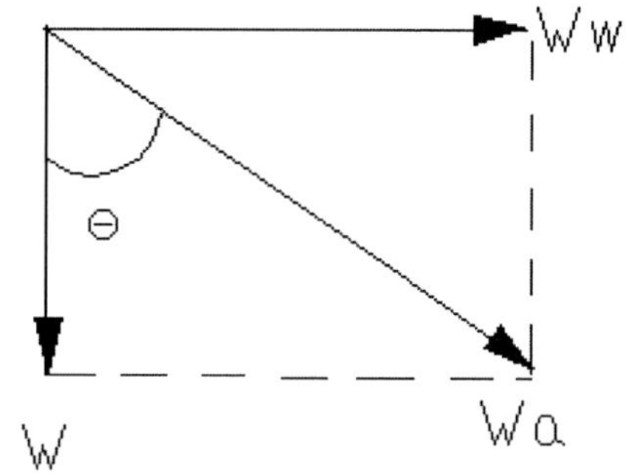

그림 1.10 합성 하중 (고온계절의 풍압하중)

위의 그림1.10에서 수평풍압하중을 W_w[kg/m]라고 하면, 합성하중은 다음과 같다.

$$W_a = \sqrt{W^2 + W_w^2} \text{ [kg/m]} \tag{1.31}$$

$$\Theta = \tan^{-1}\frac{W_w}{W}$$

W_a를 고온계절의 하중(Summer Loading Condition)이라고도 한다. 그리고 저온계에서 적용하는 병종풍압하중은 갑종풍압하중의 1/2의 풍압으로 보고, 빙설은 없다고 본다.

② 빙설이 많은 지역

고온계절에서는 갑종풍압하중을 사용하나, 저온계절에서는 위의 합성하중 외에 전선 주위에 6[mm] 두께로 비중 0.9의 빙설이 부착 했을 때 수직 투영면적 1[m^2] 마다 38[kg](다도체인 경우 34[kg])의 풍압을 생각한 경우의 을종 풍압 하중을 취한다. 빙설에 의한 하중 W_i, 전선의 자체 중량 W, 풍압을 W_{iw}라고 하면, 전선이 받는 전하중 Wb는 다음과 같은 합성하중으로 표시할 수 있다.

$$\mathrm{Wb} = \sqrt{(W + Wi)^2 + W_{iw}^2} \qquad (1.32)$$

$$\Theta = \tan^{-1} \frac{W_{iw}}{W + Wi}$$

이 Wb를 저온계 하중(Winter Loading Condition)이라한다. 여기서 W_{iw}을 을종 풍압 하중이라 한다. 빙설이 많은 지방에서는 고온계 하중과 저온계 하중을 계산해서 조건이 나쁜 것을 택해서 설계를 해야 한다.

◈ 문제 1-13 : 경간 300[m], 전선 자체의 무게가 W = 1.11[kg/m], 인장하중 10210[kg], 안전율 2.0인 선로의 이도(dip)는 몇 [m]인가?

◈ Solution

이도의 공식에 대입한다.

$$D = \frac{wS^2}{8T} = \frac{1.11\,X300^2}{8X\dfrac{10210}{2.0}} = 2.45[\mathrm{m}]$$

◈ 문제 1-14 : 온도가 t[℃] 상승했을 때의 이도는 몇[m]인가? 단, 온도 변화전의 이도(dip)를 D_1[m], 경간을 s[m], 전선의 온도 계수를 α라 한다.

① $\sqrt{D_1 + \frac{3}{8}\alpha ts}$ ② $\sqrt{D_1^2 - \frac{3}{8}\alpha^2 ts}$ ③ $\sqrt{D_1^2 + \frac{3}{8}\alpha ts^2}$ ④ $\sqrt{D_1^2 + \frac{3}{8}\alpha t^2 s}$

5) 전선의 진동과 방진대책

가공전선에 수[m/sec] 정도의 미풍이 불어와서 전선과 직각에 가까운 방향으로 불 때 그전선의 배후에 공기의 소용돌이가 생기고, 이 때문에 전선의 수직방향에 교번력이 생겨서 전선이 상하로 진동하게 된다. 이 때 진동이 전선의 고유 진동수 (주파수가 전선의 경간, 장력 및 전선의 단위 길이의 무게 등으로 생김)와 같게 되면 공진이 일어나서 상하로의 진동을 계속하게 된다. 이러한 형상이 지속되면 전선은 지지점에서 반복되는 응력을 받아서 피로 현상을 나타내고 단선사고에까지 이르게 된다.

실측에 의하면 진동 주파수는 중공도선에서 4~15사이클, ACSR에서는 6~25 사이클에서 진동의 빈도가 많이 일어난다. 또한 루프길이(진동의 절점간 거리)는 3~10[m] 정도이고, 상하로 진동하는 진폭은 전선지름의 0.5~2배정도라고 한다. 이러한 자료를 기초로 해서 여러 가지 방진장치가 설계, 이용이 되고 있다.

현재 가장 많이 사용하는 진동억제장치는 지지점 가까운 곳에서 1개소, 또는 2개소에 추를 달아서 진동을 감소하는 방법과 지지점 부근의 전선을 보강하는 방법 등이 있다.

전선의 주위에 빙설이 부착되면 그 무게 때문에 전선이 끊어지는 경우가 생긴다. 또한, 부착 되었던 빙설이 떨어지면서 전선의 장력을 잃고 반동적으로 높게 튀어 오르는 경우가 생길 수 있다. 이 때 그림 1.11과 같이 철탑으로 부터의 전선의 오프셋을 충분히 취해 주도록 해야 한다.

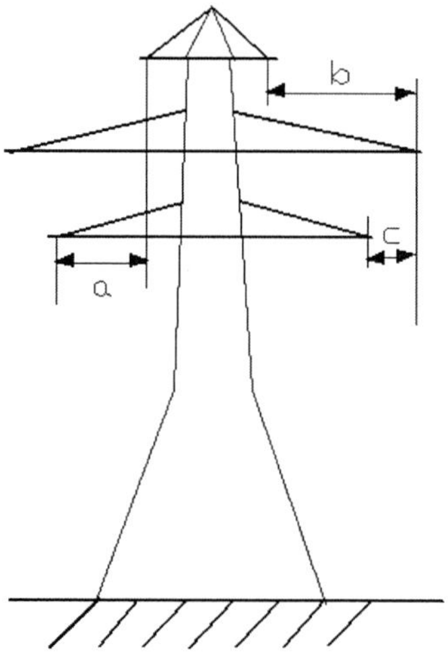

그림 1.11 철탑의 오프셋

1-2-4 전선을 지지하는 철탑과 전선과 철탑사이의 절연체인 애자를 설명한다.

가공전선로의 지지물은 목주, 철근콘크리트주, 철주, 철탑의 4종류가 있다. 지지물은 전선을 지지하는데 필요한 강도를 가져야 할 뿐 아니라 부식에 따른 강도의 저하를 막아야한다. 또한, 지지물 선정시 송전전력, 송전거리, 송전전압, 회선수, 전선로의 중요도, 경과지의 지세, 기상상황 및 사용전선 등을 고려해야 한다.

1) 철탑의 종류

철탑의 종류는 그 사용 목적에 따라 전선로의 표준경간 이내에 사용하는 표준철탑과 강경간 개소 또는 기타 특수한 장소에서 특수철탑을 사용한다. 표준철탑은 전선로의 표준경간에 대해 세워지는 철탑이다. 표준경간은 송전선로의 표준이 되는 경간(span)으로 철탑과 철탑사이의 전선의 지지점간의 거리를 말한다.

① 성질상 분류

1. 사각철탑 - 철탑의 강도를 전선로의 방향과 직각 방향이 같게 한 철탑
2. 방형철탑 - 철탑의 강도를 전선로의 방향과 직각 방향이 각각 다르게 한 철탑

② 형태상 분류

1. 사각철탑 - 전선로의 방향과 이의 직각방향의 강도가 같게끔 단면을 정방향으로 설계한 구조로 일반적인 구조이며, 2회선용으로 주로 이 형태의 철탑을 사용한다.
2. 방형철탑 - 단면이 직사각형 형태로 된 구조로 주로 1회선 철탑에 사용된다.
3. 문형철탑 - 문 모양의 철탑으로 전철, 송전선로 인출개소 같은데 사용하는 철탑이다.
4. 우두형철탑 - 철탑의 중앙부를 좁게 하고 그 위부분을 넓힌 형태로 고전압의 1회선 철탑이나 산악지대의 1회선 철탑 등에 사용 한다.
5. 회전형철탑 - 철탑을 암 밑에서 90 회전한 철탑이다.
6. MC(motor columbus) 철탑 - 철탑을 구성하는 부재에 형광 대신 콘크리트를 채운 강관을 사용해서 조립한 철탑이다.

③ 사용목적에 의한 분류

1. 직선 철탑(A형 철탑) - 선로의 직선 부분이라든가 또는 수평각도 3° 이내의 장소에 사용되는 철탑으로 애자련을 현수애자로 사용하여 바로 현수상태로 사용할 수 있는 철탑이다.
2. 각도 철탑(B형 철탑, C형 철탑) - 수평각도가 3° 를 넘고 20° 이하의 경각로 설계한 것을 B형 철탑이라 하고, 수평각도가 20° 이상 30° 이하의 중각도로

설계되면 C형 철탑이라 하고 애자련은 모두 내장형을 사용한다.

3. 억류지지 철탑(D형 철탑) - 수평각도 30° 이상으로 각도 철탑으로는 충분한 강도를 얻을 수 없는 장소에 세워지는 것으로, 전부의 전선을 끌어당겨 고정시킬 수 있도록 한 철탑이다.
4. 내장 보강 철탑(E형 철탑) - 선로 보강형으로 세우는 것으로 철탑이 다수 연속될 경우에는 약 10기 마다 1기의 비율로 세워지거나, 표준경간 보다 긴 장경간에 사용된다.

2) 가공전선로용 애자(insulator)

전선을 철탑의 완금 또는 목재의 완목에 기계적으로 고정시키고 전기적으로 절연하기 위해 사용하는 것이 애자이다. 즉, 전선을 지지하고 전선과 지지물간의 절연간격 유지를 하는 목적을 갖고 있다.

애자에 요구되는 구비 조건은 다음과 같다.

1. 절연내력이 커야한다. - 선로의 상규전압은 물론 각종 사고시에 발생하는 이상전압에 대해서 견딜 수 있어야 한다.
2. 절연저항도 커야 한다. - 비, 눈, 안개 등에 대해서 충분한 표면저항을 갖고, 누설전류도 작아야 한다.
3. 기계적 강도가 커야 한다. - 전선의 자체 중량, 바람, 눈 등에 의한 외력에 충분한 기계적 강도가 필요하다.
4. 정규 송전전압 하에서 코로나 방전을 일으키지 않고, 표면에 아크 혹은 코로나가 일어나지 않더라도 그에 의해서 파괴되거나 상처가 없어야 한다.
5. 내구력이 있고 값이 싸야 한다.

① 애자의 종류

전선로용 애자는 구조와 용도에 따라 핀애자, 현수애자, 장간애자 및 지지 애자로 나눌 수 있다.

핀 애자는 주로 66[kV]이하 전선로에 사용된다. 형태는 갓 모양의 자기편 혹은 유리편을 2~3층으로 하여 시멘트로 접합하고 철제 베이스로서 자기를 지지한 후 아연도금한 핀을 박아서 원추형의 주철제 베이스를 통하여 완목 위에 고정시켜 사용한다.

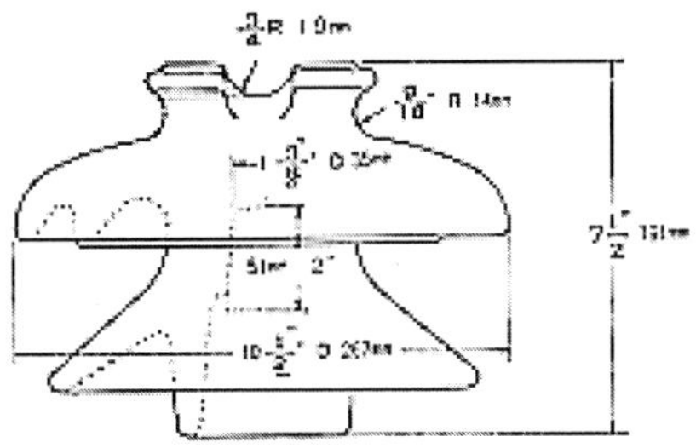

그림 1.12 핀애자(고압용)

현수애자는 66[kV] 이상의 송전선에 널리 사용 되고 있는데, 클레비스 형과 볼소켓 형이 있다. 최근에 활선작업 등의 편리상 주로 볼소켓 형을 사용한다.

사진 1.1 현수애자

장간애자는 내염, 내무애자로 적당한데, 경년 열화가 적고 표면 누설거리가 비교적 길어서 염분에 의한 애자 오손이 적은데다가 비에 잘 씻기기 쉽고, 내무성이 좋기 때문이다.

지지애자는 발변전소나 개폐소의 모선, 단로기 기타의 기기를 지지하거나 연가용철탑 등에서 점퍼선을 지지하는 것으로 쓰이는데 전선로용으로는 라인포스터 애자(LP애자)가 대표적 애자이다.

사진 1.2 라인 포스트 애자

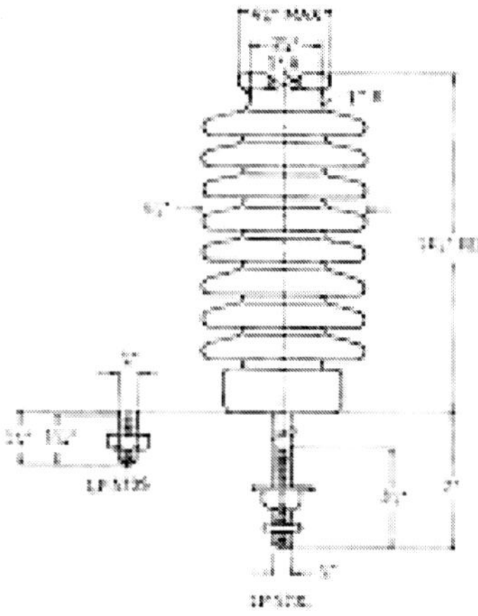

그림 1.13 라인 포스터 애자

◈ 문제 1-15 : 아킹혼(Arching Horn)의 설치 목적은?

① 코로나 손의 방지　　　　② 이상전압 제한
③ 지지물의 보호　　　　　④ 섬락 사고시 애자의 보호

◈ 문제 1-16 : 보통 송전선용 표준철탑 설계의 경우 가장 큰 하중은?

① 풍압　　　　　　　　　② 애자, 전선의 중량
③ 빙설　　　　　　　　　④ 전선의 인장 강도

◈ 문제 1-17 : 전선로의 지지물 양쪽 경간의 차가 큰 곳에 쓰이며, E 철탑이라고 하는 철탑은?

① 각도 철탑　② 인류 철탑　③ 내장 철탑　④ 특수 철탑

◈ 문제 1-18 : 전선의 고유 진동 주파수[Hz]는 전선 진동의 루프 길이를 l[m], 전선의 장력을 T[kg], 전선의 중량을 W[kg/m], 중력 가속도를 g[m/s^2]라고 할 때 올바른 식은?

① $\frac{1}{2l}\sqrt{\frac{Tg}{W}}$ ② $\frac{1}{2T}\sqrt{\frac{gl}{W}}$ ③ $\frac{1}{2g}\sqrt{\frac{Tl}{W}}$ ④ $\frac{1}{2W}\sqrt{\frac{Tg}{l}}$

◈ 문제 1-19 : 강심 알루미늄 연선의 알루미늄부와 강심부의 단면적을 각각 A_a, A_s [mm^2], 탄성계수를 각각 E_a, E_s [kg/mm^2], 단면적 비를 A_a/A_s = m이라 하면 강심 알루미늄선의 탄성계수 E[kg/mm^2]는 어떻게 표시 되는가?

◈ Solution

$$E = \frac{A_aE_a + A_sE_s}{A_a + A_s} = \frac{mE_a + E_s}{m+1} \tag{1.33}$$

◈ 문제 1-20 : 가공 송전선에 사용하는 애자련 중 전압 부담이 최대인 것은?

① 전선에 가장 가까운 것 ② 중앙에 있는 것

③ 철탑에 가장 가까운 것 ④ 철탑의 1/3 지점의 것

◈ Solution

전압 부담 최대 : 전선쪽 애자, 전압 부담 최소 : 철탑의 1/3 지점의 것

◈ 문제 1-21 : 현수애자의 연효율(string efficiency) η는 몇 [%]인가? 단, V_1은 현수애자 1개의 섬락 전압, n은 1련의 사용 애자수 이고 V_n은 애자련의 섬락전압이다.

① $\eta = \frac{V_n}{nV_1}$ X 100 ② $\eta = \frac{nV_1}{V_n}$ X 100

③ $\eta = \frac{nV_n}{V_1}$ X 100 ④ $\eta = \frac{V_1}{nV_n}$ X 100

총괄평가

학습자 자기점검표

◆ 작성법

학생 스스로가 자신의 성취도를 성취 달성 정도에 따라 해당란에 'V'표를 하시오. 이것은 학생이 모듈을 배우면서 부족한 점과 보충해야할 사항을 점검하기 위한 자기 평가입니다. 정직하고, 솔직하게 체크 하십시오.

성취 능력	매우 미흡	미흡	보통	우수	매우 우수
1. 고압 송전선로에서 사용되는 전선의 종류를 들고 그것들의 특징을 설명하라.	①	②	③	④	⑤
2. 경동연선과 강심알루미늄연선(ACSR)을 비교하라.	①	②	③	④	⑤
3 단도체와 복도체 방식을 설명하라.	①	②	③	④	⑤
4. 연선의 구성에 의한 소선의 총선N과 소선의 층수 n과의 관계를 설명하라.	①	②	③	④	⑤
5. 이도가 가공송전선로에 미치는 영향을 설명하라.	①	②	③	④	⑤
6. 지지점의 높이가 다를 때의 이도와 전선의 실제 길이을 구하는 방법과 지지점의 높이가 다른 경우에 이도와 실제 길이를 구하는 방법을 설명하라.	①	②	③	④	⑤
7. 애자의 종류를 구조와 용도에 따라서 설명하라.	①	②	③	④	⑤
8. 애자련 개수를 결정하는 방법을 설명하여 보아라.	①	②	③	④	⑤
9. 50[%] 섬락전압은 무엇을 의미하는 것인지 설명 하라.	①	②	③	④	⑤
10. 철탑의 사용목적에 따른 분류를 하고 간단히 설명하여 보아라.	①	②	③	④	⑤

◆ 성취수준에 따른 자기평가 수준

모든 항목에서 '매우 우수' 혹은 '우수' 라고 평가한 학생을 제외하고는 부족한 내용에 대하여 다시 찾아가서 개별적으로 보충 학습을 하고 실험을 하십시오. 그래도 모르는 경우는 E-mail을 이용하거나, 개별적인 질문을 하시기 바랍니다.

인터넷 자료

http://www.kiee.or.kr 대한 전기학회
http://www.electricity.or.kr 대한 전기협회
http://www.keca.or.kr 한국전기공사협회
http://www.keea.or.kr 한국전력기술인협회
http://www.kieeme.or.kr (사)한국전기전자재료학회
http://cafe.naver.com/power 119 전기박사
http://cafe.naver.com/renewableenergy.cafe 신재생에너지
http://www.kepco.co.kr 한국전력
http://www.komipo.co.kr 한국중부발전
http://www.westernpower.co.kr 한국서부발전
http://www.khnp.co.kr 한국수력원자력
http://www.kosep.co.kr 한국남동발전
http://www.kemco.or.kr 에너지관리공단
http://www.keri.re.kr 한국전기연구원

관련서적 및 잡지

1. 송길영, “최신송배전공학”, 동일출판사, 2005년
2. 심상홍 外, “송배전공학”, 진영사, 1999년
3. 송길영, “최신 발전공학”, 동일출판사, 2005년
4. 배상기, “전력공학”, 진영사, 2005년
5. 박규홍, “전력발생공학”, 동일출판사, 2003년
6. H.Sadat, “Power System Analysis”, McGraw Hill, 2004년
7. Elgerd, “Basic Electric Power Engineering”, Addison Wesley, 1976년
8. 일본 전기기술자 협회편, “자가용 전기기술자 핸드북”, 대한전기협회,2000년
9. 대한전기학회편, “최신배전시스템공학”, (주)북스힐, 2006년
10. 송길영, “전력계통공학”, 동일출판사, 2000년
11. B.M.Weedy & B.J.Cory, "Electric Power Systems", Wiley,1998년

12. 검정연구회 편, "전기설비설계", 동일출판사, 1996년
13. 정용기, "신전기설비 기술계산 핸드북", (주)의제전기설비연구원, 2003년
14. 박건수 外 5인, "전력전송공학", 청문각, 1997년
15. 박동화 외 2인, "수변전설비의 계획과 설계", 도서출판 의제, 1997년

Module 1-3 : 지중송전선로

개요

지중전선로는 가공전선로와 달리 지하에 전력케이블을 매설해서 송배전용으로 사용하는 것을 말한다. 지중전선로는 현재 대도시와 그 주변에 많이 사용하고 있다. 주로 사용되는 이유는 다음과 같다.

1. 도시와 같이 미관이 중요시 되는 지역
2. 수용가의 밀도가 매우 높은 지역
3. 뇌, 풍수해 등의 사고에 대해서 높은 신뢰도가 요구되는 지역

보안상의 이유 등으로 가공전선로를 건설하기 어려운 지역에서 사용된다.

우리나라에서는 경제적 문제로 지중전선로의 건설이 저조하였으나, 현재는 대도시 시내에 154[kV], 345[kV] 지중전선로가 건설되어 지고 있으며, 전력구 건설을 통한 초고압 지중케이블 송전 및 송변전설비가 들어서고 있다. 또한, 해남과 제주도간의 총 길이 101[km] 2회선(150MW/회선)의 DC±180[kV] 해저케이블을 통한 직류송전이 이루어지고 있다.

미국과 구미지역은 일찍부터 지중송전선로가 보급되었고, 미국의 도시들은 네트워크 배전방식으로 대부분 지중선로를 채택하고 있다. 또한 최근에는 장거리 대전력 송전도 지중전선로를 사용하는 경향이 늘어나고 있으며, 케이블의 제작기술이 진보하면서 지중송전이 대용량화 되어 가고 고전압화 되어가고 있다.

학습목표

1. 지중선로의 전기방식을 공부한다.
2. 지중전선로에 사용되는 전력 케이블을 공부한다.
3. 전력케이블의 시공방식을 공부한다.
4. 지중전선로와 가공전선로의 장단점을 비교한다.

주요어

전력케이블, 관로식, 암거식, 유닛방식, 루프방식, 도체, 절연체, 초전도 케이블, 전력구식.

1-3-1 지중선로의 전기방식을 설명한다.

지중전선로는 가공전선로에 비해서 사고 발생 빈도가 적다. 그러나 사고가 발생하면 사고 복구시간이 상당히 많이 걸린다. 따라서 지중선로 계통 구성은 공급 신뢰도를 높이고, 유지 보수 및 관리가 용이하고, 경제성이 강조된다.

대도시 지역은 지중선만으로 계통을 구성하고 있는데, 구성방법으로는 유닛방식, 루프방식, 방사상방식, 수지상 방식이 있다.

1) 유닛방식(unit)

변압기 고압측의 차단기 및 모선을 생략하여 선로와 변압기를 직접 또는 개폐기를 통해 접속하는 방법으로 다단자 유닛 방식이라고도 한다. 변전소 소요면적을 대폭 줄일 수 있고, 건설비가 저감되고, 용지 확보가 비교적 용이하다. 송전선 또는 부하 측 변압기에 사고가 발생할 경우 전원 측과 변압기 2차 측 차단기가 동작해서 사고부분을 분리하게 된다.

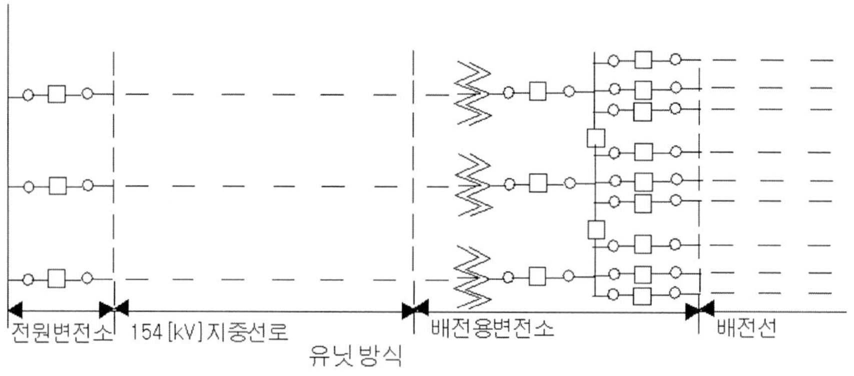

그림 1.14 유닛 방식

2) 루프방식(loop)

그림 1.15에서처럼 수전 측의 변전소들을 하나의 루프에 연결하는 방식이다. 유닛 방식에 비해 복잡하지만, 사고 발생 시에 사고 구간 양단에 차단기를 동작해서, 사고 장소를 자동으로 분리할 수 있어서 사고의 범위를 억제할 수 있다.

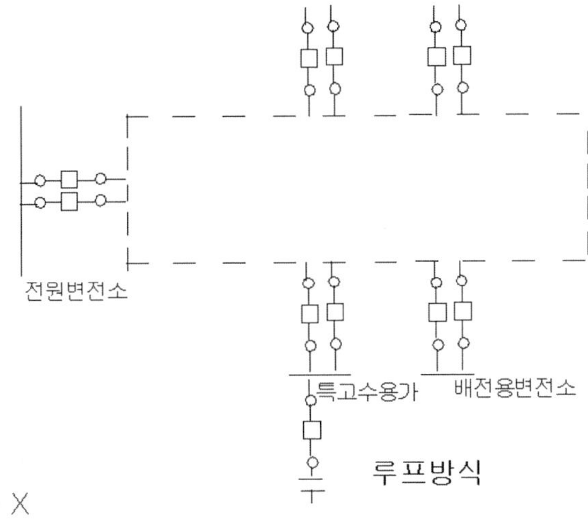

그림 1.15 루프방식

3) 방사상방식

그림 1.16에서처럼 전원변전소에서 2개의 장소의 배전용변전소 또는 특고압 수용가 각각에 방사성으로 선로를 연결해서 전력을 공급하는 방식이다. 이 방식의 특징은 지중전선의 경과지가 각각 별도로 되기 때문에 공사비가 비싸지고, 운용 보수가 어려워진다. 고전압 지중송전계통의 중요한 기본형식이다.

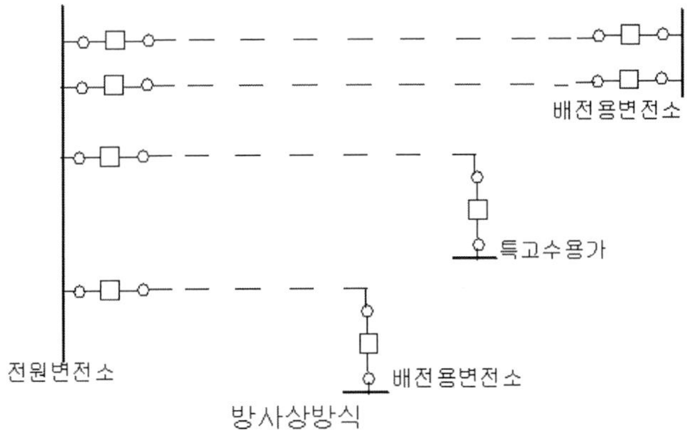

그림 1.16 방사상 방식

4) 수지상 방식

이 방식은 변전소에서 인출된 송전선이 가공송전이 많은 경우로 부하의 분포에 따라 분기선을 연결, 인출 하는 방법으로 선로 및 개폐기 등이 적게 사용되나, 사고 시에 정전 범위가 넓어지는 결점이 있다.

그림 1.17에서처럼 부하의 증대에 따라 도중에 연결된 분기선이 늘어나서 계통이 복잡해 지는 방식으로 현재는 별로 사용되지 않고 있다.

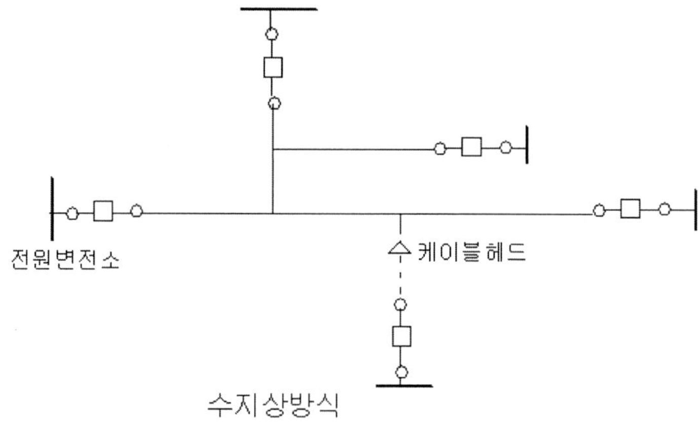

그림 1.17 수지상 방식

1-3-2 지중전선로에 사용되는 전력 케이블의 종류를 설명한다.

전력 케이블은 도체, 절연체, 외장(보호피복)으로 구성된다.

도체는 전기용 연동선을 사용하고 단면적이 작은 것은 단선, 큰 것은 연선을 사용하고 심선 수에 따라 단심, 2심, 3심 케이블로 구성된다.

절연체는 절연지, 고무, 플라스틱, 절연 컴파운드 및 절연유 등이 사용되며 외장으로는 연피, 강대, 강선, 알루미늄 및 주트(jute) 등이 사용된다.

아래 표 1.5는 일반적으로 많이 사용되는 전력 케이블의 종류이다.

표 1.5 전력 케이블의 종류

<table>
<tr><td rowspan="11">전력케이블</td><td rowspan="7">지(paper)
절연케이블</td><td rowspan="3">솔리드(solid)
케이블</td><td>벨트지 케이블 (600[V]~15[kV])</td></tr>
<tr><td>H지 케이블 (11~33[kV])</td></tr>
<tr><td>SL지 케이블 (11~33[kV])</td></tr>
<tr><td rowspan="4">압력형케이블</td><td>저가스압 케이블(55[kV]이하)</td></tr>
<tr><td>OF 케이블(66~500[kV])</td></tr>
<tr><td>POF 케이블(66~500[kV])</td></tr>
<tr><td>flat 케이블(66[kV])</td></tr>
<tr><td rowspan="4">고무
플라스틱
케이블</td><td colspan="2">CV 케이블(600[V]~15[kV])</td></tr>
<tr><td colspan="2">EV 고무케이블(3~33[kV])</td></tr>
<tr><td colspan="2">BN 케이블(3~22[kV])</td></tr>
<tr><td colspan="2">XLPE케이블(66~765[kV])</td></tr>
</table>

다음은 가장 많이 사용되는 지중송전선로에 대하여 알아본다.

1) OF 케이블

OF 케이블은 케이블 내에 절연유 통로를 만들어서 절연층에 유압이 항상 걸리도록 하여 절연을 강화한 케이블이다. 아래그림은 3심 케이블로 개재 주트 충전부에 개방형의 기름통로를 설치하여 케이블 축과 직각방향으로 절연유가 출입하도록 하였다.

66[kV]이상의 고전압케이블에 널리 사용되는 케이블로 특징은 다음과 같다.

①절연유 충전후에 공극이 발생하지 않는다.
②온도 변화에 의한 팽창, 수축을 부설 기름 탱크에서 흡수한다.
③외기의 침입이 방지되는 구조이다.
④절연체의 두께를 얇게 할 수 있다.
⑤사용 온도가 높아 송전용량이 증대된다.

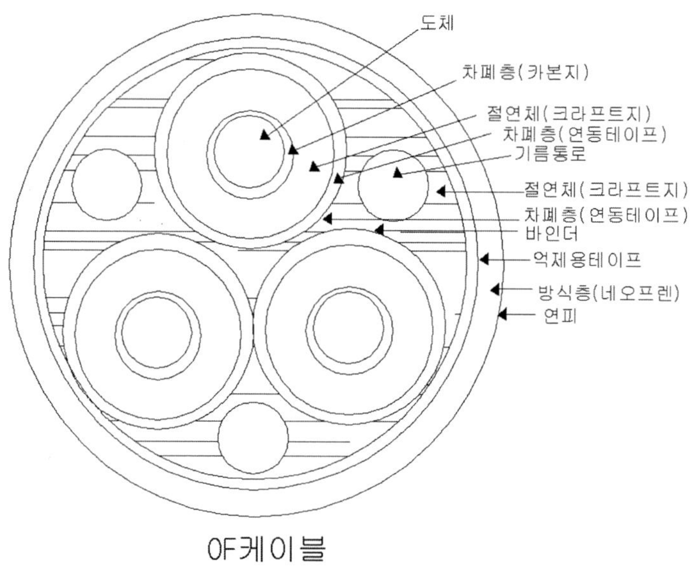

그림 1.18 OF 케이블

2) 가교 폴리에틸렌(Cross Linked Polyetylene; XLPE) 케이블

폴리에틸렌은 플라스틱의 일종으로 전기적, 기계적 성질이 우수하고 가요성, 내마모성, 내오존성, 내코로나성, 내수성 등도 우수한 특성을 갖은 절연체이다. 그러나 내열성은 좋은 편이 못되어 105~115[℃]에서 녹게 된다. 그러나 폴리에틸렌을 가교 시키게 되면 폴리에틸렌 분자 간에 가교가 이루어져서 열특성이 향상되어 250[℃]에도 변형이 없고, 연속사용온도도 75[℃]에서 90[℃]까지 상승하게 된다. 이제까지는 OF 케이블을 많이 사용하였으나, 현재는 가교 폴리에틸렌 케이블로 대체되어지고 있다.

다음은 새롭게 개발되는 새로운 형태의 신형 케이블을 알아본다.

3) 관로기중 케이블

절연성능이 뛰어난 SF_6가스를 가압하여 절연체로 사용하고, 이것을 에폭시 수지의 절연 스페이스로 금속 시이스(강관, 알루미늄관, 스테인리스관)로 아래 그림 1.19와 같이 만든 케이블이다.

다음과 같은 특징을 갖는 절연특성이 향상된 케이블이다.

① 가공송전선로와 거의 같은 정도의 송전용량을 가질 수 있다.

② SF_6가스의 비도전율은 거의 1이므로 OF케이블에 비해 정전용량이 1/10 이하로 되어 충전전류가 작게 된다.
③ 유전체 손은 무시할 수 있을 정도롤 작기 때문에 온도상승에 따른 송전용량은 제약받지 않는다.
④ 공장 제조단위가 짧기 때문에 현장에서의 접속장소가 많아지고, 용접시의 접속방법이라든가 작업환경에 특별한 주의가 요구된다.

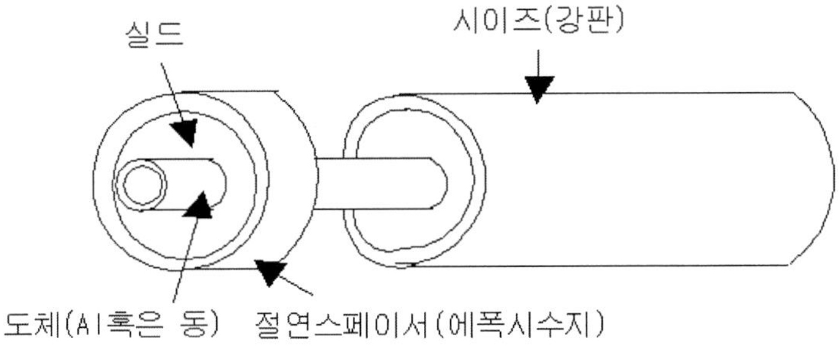

그림 1.19 관로 기중 케이블

4) 극저온 케이블

액체 질소와 같은 냉매를 이용하여 케이블의 도체인 알루미늄이나 동을 20~80[K]의 극저온으로 냉각하여 도체의 저항을 낮추어 대전류를 송전하는 케이블이다. 아래 그림에서처럼 파이프 내에 도체를 삽입하고 도체의 중공부분에 액체질소를 흘려보내는 구조가 있고, 액체 수소를 흘려서 절연을 액체 수소 함침 절연지로 하는 구조가 있다.

전압 500~700[kV]에서 300~500만[kW] 송전용량을 목표로 한다.

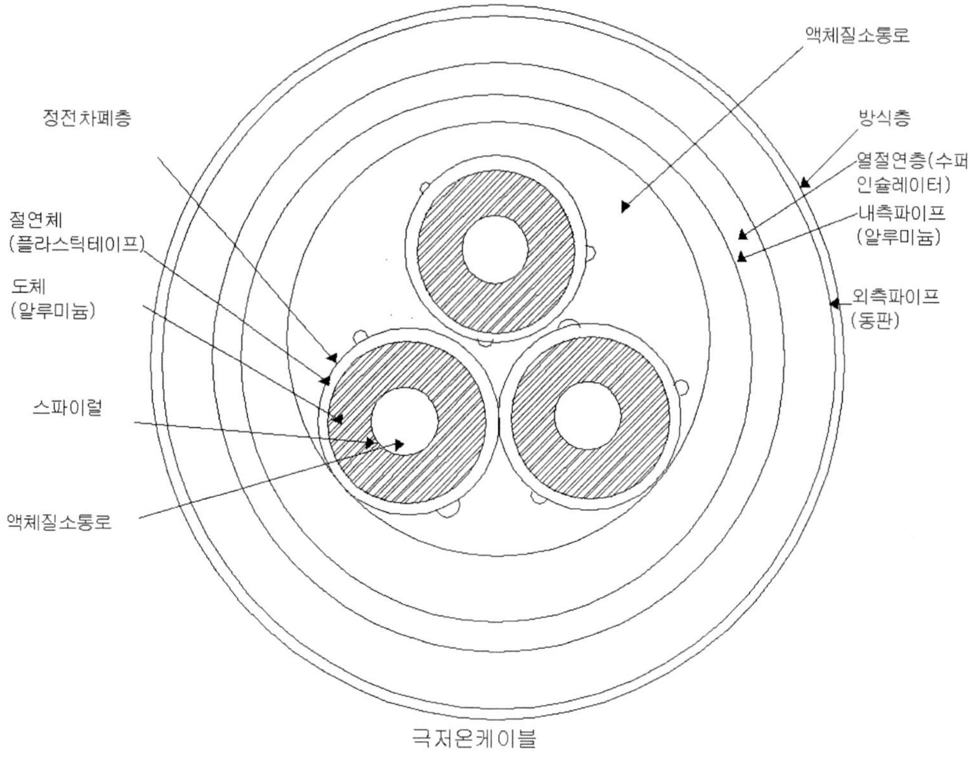

그림 1.20 극저온 케이블

5) 초전도 케이블

케이블의 도체는 절대온도에서 저항이 0이 되는 현상을 이용하는 케이블이다. 이 같은 초전도 현상을 이용하면 무손실 대용량 송전이 가능하다. 액체 헬륨이나 액체질소로 온도를 4~5[K]까지 낮추는 것으로 도체에는 니옵, 니옵티탄 등을 사용하면 전기저항을 0으로 근접시킬 수 있다.

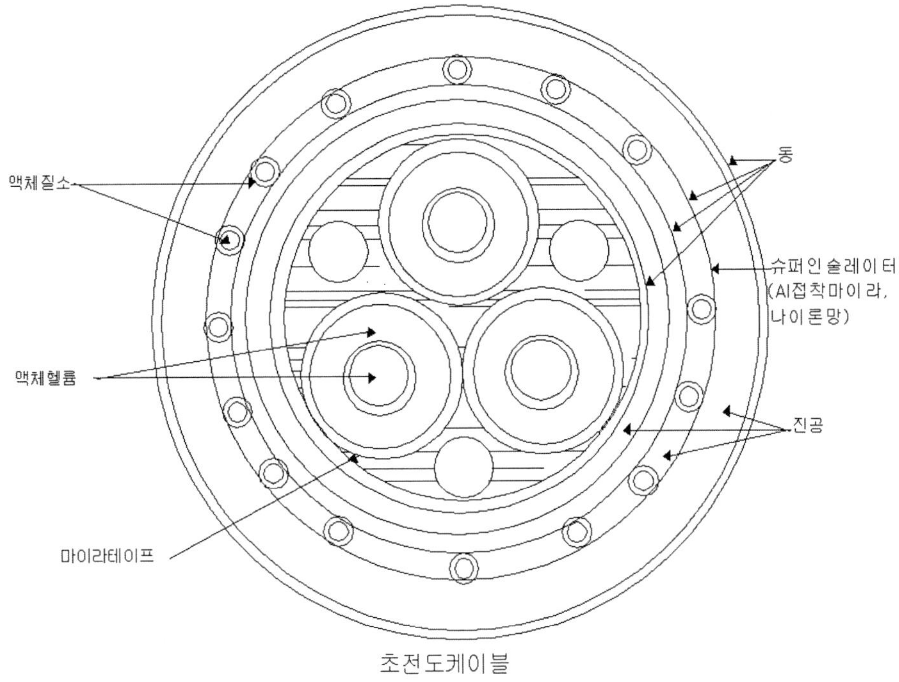

그림 1.21 초전도 케이블

◈ 문제 1-22 : ACSR은 동일한 길이에서 동일한 전기저항을 갖는 경동연선에 비하여 어떠한가?

① 바깥지름은 크고 중량은 적다.　　② 바깥지름은 작고 중량은 적다.

③ 바깥지름과 중량은 모두 크다.　　④ 바깥지름과 중량은 모두 작다.

◈ 문제 1-23 : 전선의 표피효과에 관한 기술 중 맞는 것은?

① 전선이 굵을수록, 또 주파수가 낮을수록 커진다.

② 전선이 굵을수록, 또 주파수가 높을수록 커진다.

③ 전선이 가늘수록, 또 주파수가 낮을수록 커진다.

④ 전선이 가늘수록, 또 주파수가 높을수록 커진다.

1-3-3 지중전선로에 사용되는 전력 케이블의 시공방식를 설명한다.

지중전선로(전력 케이블) 시공방식에는 직매식(직접 매설식), 관로식(관로 인입식), 암거식의 세 가지가 주로 사용되고 있다. 특수한 경우로서 하천을 횡단할 때 경과지 부근의 다리에 첨가하는 교량 첨가식, 케이블 전용으로 다리를 놓고 여기에 시공하는 전용교식, 물밑을 통화는 수저식(또는 해저식) 등이 있다.

1) 직매식

이 방법은 직접 매설식이라고도 하며, 외장 케이블에 간단한 보호시설을 한 다음 직접 땅속에 묻어주는 방식이다. 아래 그림에서처럼 시공부분을 일정한 깊이까지 파서 토관 또는 콘크리트제 트로프(trough) 등의 방호물을 깔아서 이 속에 케이블을 넣고 그 주위에 모래를 꽉 채워서 철평석 또는 철근 콘크리트제의 뚜껑으로 덮어준 다음 흙으로 묻어 주는 것이다. 덮어주는 흙의 두께는 중량물의 압력을 받는 곳이라면 1.2[m] 이상으로 하여야 한다.

이 방식의 특징은 공사비가 싸고 케이블의 열발산이 좋아 허용전류가 크며 케이블 도중 접속이 가능하므로 케이블의 융통성이 있고, 공사기간이 짧다는 장점이 있고, 단점으로는 케이블이 손상을 받기 쉽고 케이블의 재시공이나 증설이 곤란하다.

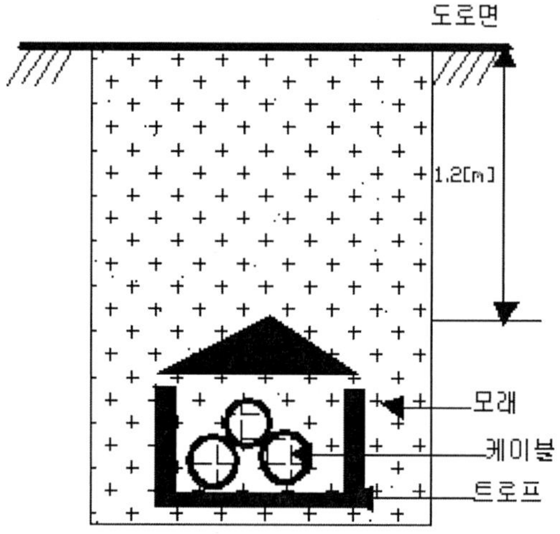

그림 1.22 직매식 케이블 설치도

2) 관로식

이 방식은 아래 그림에서처럼 철근 콘크리트관, 강관, 흄관 등을 사용해서 수가닥 내지 수십 가닥의 관로(duct)를 축조하고 적당한 간격(100 ~ 200[m]정도)으로 설치한 맨홀로 케이블을 집어넣는 방식인데, 케이블 접속은 케이블 맨홀 내에서 접속한다. 또 사고가 나더라도 그냥 맨홀에서 케이블을 관로로부터 뽑아내어 쉽게 복구 할 수 있다. 케이블 회선수가 3회선 이상 9회선 미만일 경우로 장래에 증설이 예상되는 경우에 현재 가장 많이 적용하는 공사 방식이다.

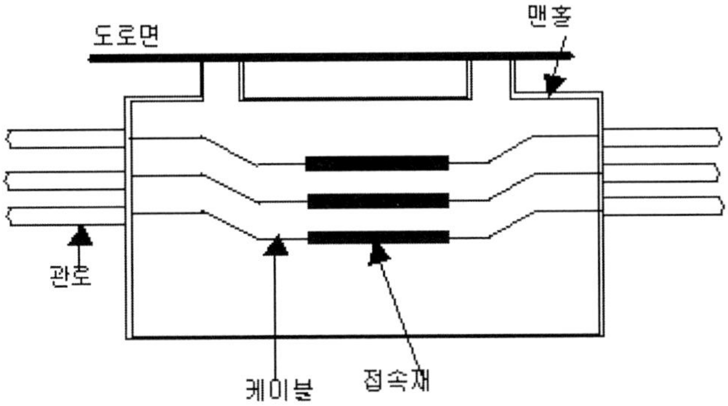

그림 1.23 관로식 케이블 설치도

3) 암거식

이 방식은 그림 1.24에서 처럼 터널과 같은 구조물 내에 케이블을 시공하는 방식으로 회선수가 9회선 이상인 경우에 사용되며 맨홀을 설치한다.

공동구식은 그림에서처럼 암거식의 일종으로 상하수도, 가스, 전화, 전력 등의 지중 공작물을 공동의 지하구를 만들어서 시공하는 것이다. 일반적으로 케이블 접속장소에서 절연사고가 많이 일어난다. 케이블 접속 작업 시에 세심한 주위와 충분한 기술을 필요로 한다.

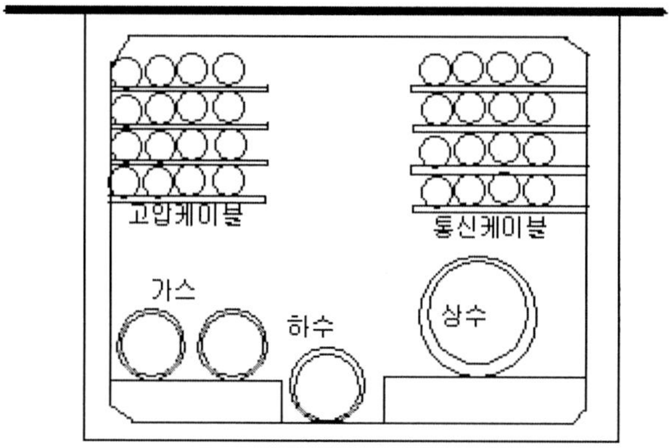

그림 1.24 공동구식

표 1.6 케이블 시공방식의 비교

시공방법	장점	단점
직매식	공사비가 적음 열발산이 좋아 허용전류가 큼 케이블의 융통성이 있음 공사기간이 짧음	외상을 받기 쉬움 케이블의 재시공, 증설이 곤란함 보수점검이 불편함
관로식	케이블 재시공, 증설이 용이 외상을 잘 안 입음 고장복구가 비교적 용이 보수점검이 편리	공사비가 고가 회선량이 많을수록 송전용량 감소 공사기간 장기간 신축진동에 의한 시스피로가 큼
암거식	열발산이 좋아 허용전류가 큼 많은 가닥수 시공에 편리	공사비가 고가 공사기간이 장기간

1-3-4 지중전선로 방식 문제를 설명한다.

금속의 부식은 습식과 건식이 있다. 건식은 가스 등에 의한 부식으로 가공 케이블에 문제가 되고, 지중 케이블은 매설 금속체 부식으로 거의 습식이다. 습식에는 전식과 화학 부식이 있다. 전식은 토양과 바닷물 가운데 존재하는 누설전류에 의해 생긴다. 누설 전류는 전기철도의 레일, 다른 전기방식 장치, 직류기기의 접지 및 전기용접기 등에 의해 생기며, 그 중에 직류전기철도에 의해 생기는 경우가 제일 많다.

이와 같은 전식을 방지하기 위한 방법에는 유전 양극법, 외부 전원법, 배류법 등이 있다.

1) 유전 양극 방식

아래 그림에서처럼 이종 금속간의 전위차를 이용하여 방식전류를 얻는 방식이다. 피방식 금속보다 부식하기 쉬운 금속을 전해질 내에서 연결하면 부식하기 쉬운 금속이 양극, 피방식 금속이 음극이 되어 방식전류가 흘러서 부식을 방지하게 하는 방식이다.

이 방식은 전원이 없어도 되므로 분산배치가 용이하고 공사비도 싸다는 장점이 있으나, 방식 유효 범위가 좁아서 국부방식에 쓰인다.

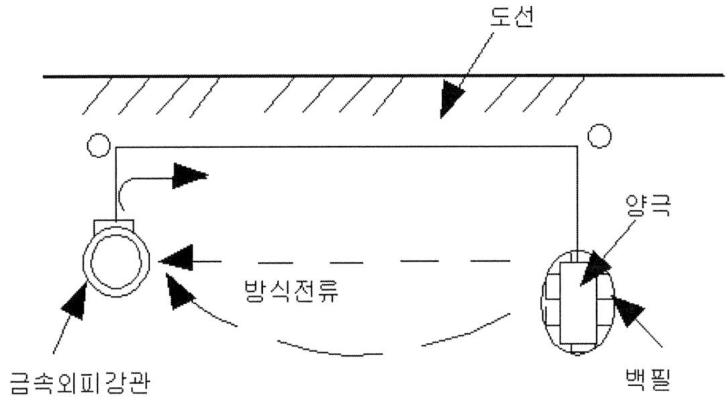

그림 1.25 유전양극 방식의 개념도

2) 외부전원방식

이 방식은 외부에 직류 전원설비를 갖춘 방식이다. 직류전원장치의 양극을 전해질 내에 설치한 전극(희생양극)에 접속하고, 음극을 피방식 금속에 접속한 후 전압을 가하여 방식전류가 흐르게 한 것이다.

여기에는 직류전원설비가 소요 되지만 방식 효과가 크고 유효 범위도 넓은 장점이 있으나, 주위에 다른 매설물에 간섭에 의한 전식을 일으킬 수 있으므로 도심지역에서 주위를 요하는 방식이다.

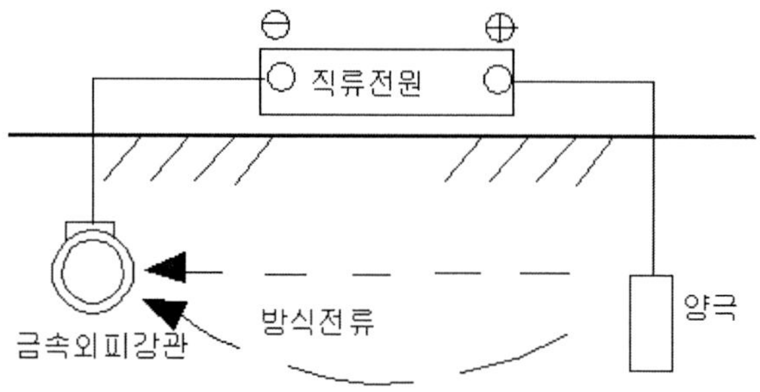

그림 1.26 외부전원방식

3) 배류방식

이 방식은 누설전류를 대지로 유출시키지 않고, 다시 전기철도로 되돌려 보내는 방식이다. 직접, 선택, 강제 배류법이 있는데, 강제 배류법을 주로 사용한다. 이것은 매설금속과 전철 레일 사이에 선택배류기를 접속한 것으로 매설 금속의 전위가 가장 높게 하고, 장시간에 걸쳐 정전위가 되는 장소에 설치하는 것이 효과적이다.

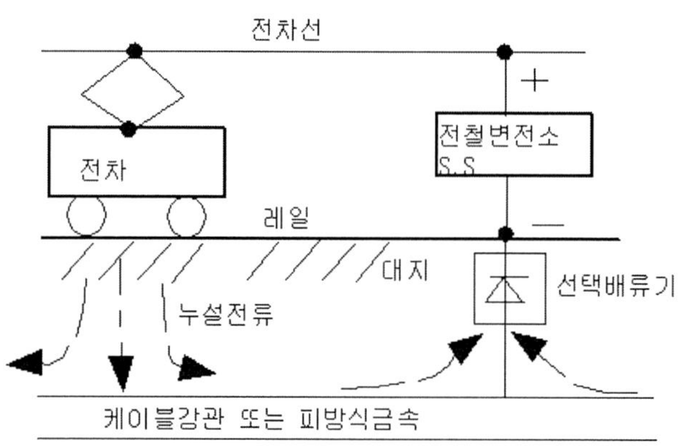

그림 1.27 선택 배류법

◈ 문제 1-24 : 선택 배류기는 어느 전기설비에 설치하는가?
① 급전선 ② 가공 통신 케이블 ③ 가공 전화선 ④ 지하 전력 케이블

◈ 문제 1-25 : 케이블을 부설한 후 현장에서 절연내력 시험을 할 때 직류로 하는 이유는?
① 절연파괴 시까지의 피해가 적다. ② 절연내력은 직류가 크다.

③ 시험용 전원의 용량이 적다. ④ 케이블의 유전체손이 없다.

◈ Solution

D.C.로 시험하는 이유는 케이블의 충전전류가 없고 시험용 전원용량이 적어 이동이 간편하고, 휴대하기가 쉽다.

◈ 문제 1-26 : 지중 케이블의 고장점 찾는 방법이 아닌 것은?

① 머리 루프 시험기에 의한 방법 ② 메거에 의한 측정 방법
③ 수색 코일에 의한 방법 ④ 펄스에 의한 방법

◈ Solution

지중케이블의 고장점 찾는 방법

① 머리 루프법 ② 정전용량 측정으로 발견하는 방법
③ 수색 코일에 의한 방법 ④ 펄스에 의한 방법
⑤ 음향으로 찾는 방법

◈ 문제 1-27 : 발송배전 설비에 많이 사용되는 3가지 케이블인 OF 케이블, POF 케이블, CV 케이블의 특징을 들어 설명하라.

총괄평가

학습자 자기점검표

◆ 작성법

학생 스스로가 자신의 성취도를 성취 달성 정도에 따라 해당란에 'V' 표를 하시오.

이것은 학생이 모듈을 배우면서 부족한 점과 보충해야할 사항을 점검하기 위한 자기평가입니다. 정직하고, 솔직하게 체크 하십시오.

성취 능력	매우 미흡	미흡	보통	우수	매우 우수
1. 고전압 지중케이블인 OF케이블의 구조와 특징을 설명하라.	①	②	③	④	⑤
2. 지중 케이블 시공방법인 3가지를 들고 설명하시오.	①	②	③	④	⑤
3. 지중 케이블의 전류용량 증대 방법을 설명하라.	①	②	③	④	⑤
4. 전력 케이블의 손실의 종류를 들고 설명하라.	①	②	③	④	⑤
5. 지중 케이블의 접지방법을 들고 설명하라.	①	②	③	④	⑤
6. 가교 폴리에틸렌(XLPE) 케이블과 CV 케이블을 비교 설명하라.	①	②	③	④	⑤
7. 지중전선로 구성방법을 열거하고 설명하라.	①	②	③	④	⑤
8. 지중송전선로와 가공송전선로의 장단점을 설명하라	①	②	③	④	⑤
9. 전식의 원인과 대표적인 방호 대책을 열거하고 설명하라.	①	②	③	④	⑤
10. 발송배전 설비에 많이 사용되는 케이블인 CN-CV 케이블의 그림을 그리고, 특징을 들어 설명하라.	①	②	③	④	⑤

◆ 성취수준에 따른 자기평가 수준

모든 항목에서 '매우 우수' 혹은 '우수' 라고 평가한 학생을 제외하고는 부족한 내용에 대하여 다시 찾아가서 개별적으로 보충 학습을 하고 실험을 하십시오. 그래도 모르는 경우는 E-mail을 이용하거나, 개별적인 질문을 하시기 바랍니다.

인터넷 자료

http://www.kiee.or.kr 대한 전기학회
http://www.electricity.or.kr 대한 전기협회
http://www.keca.or.kr 한국전기공사협회
http://www.keea.or.kr 한국전력기술인협회
http://www.kieeme.or.kr (사)한국전기전자재료학회
http://cafe.naver.com/power 119 전기박사
http://cafe.naver.com/renewableenergy.cafe 신재생에너지
http://www.kepco.co.kr 한국전력
http://www.komipo.co.kr 한국중부발전
http://www.westernpower.co.kr 한국서부발전
http://www.khnp.co.kr 한국수력원자력
http://www.kosep.co.kr 한국남동발전
http://www.kemco.or.kr 에너지관리공단
http://www.keri.re.kr 한국전기연구원

관련서적 및 잡지

1. 송길영, "최신송배전공학", 동일출판사, 2005년
2. 심상홍 外, "송배전공학", 진영사, 1999년
3. 송길영, "최신 발전공학", 동일출판사, 2005년
4. 배상기, "전력공학", 진영사, 2005년
5. 박규홍, "전력발생공학", 동일출판사, 2003년
6. H.Sadat, "Power System Analysis", McGraw Hill, 2004년
7. Elgerd, "Basic Electric Power Engineering", Addison Wesley, 1976년
8. 일본 전기기술자 협회편, "자가용 전기기술자 핸드북", 대한전기협회,2000년
9. 대한전기학회편, "최신배전시스템공학", (주)북스힐, 2006년
10. 송길영, "전력계통공학", 동일출판사, 2000년
11. B.M.Weedy & B.J.Cory, "Electric Power Systems", Wiley,1998년

12. 검정연구회 편, "전기설비설계", 동일출판사, 1996년
13. 정용기, "신전기설비 기술계산 핸드북", (주)의제전기설비연구원, 2003년
14. 박건수 外 5인, "전력전송공학", 청문각, 1997년
15. 박동화 외 2인, "수변전설비의 계획과 설계", 도서출판 의제, 1997년
16. 김수용 외 4인, "디지털 송배전공학", 문운당, 2007년

Module. 2

전력계통 선로정수와 송전특성

2-1 선로정수 개요
2-2 복도체 송전선로의 선로정수와 코로나
2-3 송전특성 1 (집중정수회로, 장거리 송전선로)
2-4 송전특성 2 (전력원선도, 전압조정)

Module 2-1 : 선로정수 개요

개요

선로정수(line constant)는 송배전 선로에서 4가지 요소를 구성하는 저항 R, 정전용량 C, 인덕턴스 L, 누설 콘덕턴스 g를 말하는데, 이 4가지 요소를 알아야 송배전 선로에서 전압 강하, 수전전력, 송전손실, 안정도 등을 구할 수 있기 때문이다. 이같은 4가지 요소를 간략히 설명하면 다음과 같다.

저항은 전기를 잘 흘려주는 모든 도체에 존재하는데, 거리에 비례하고, 단면적에는 반비례한다. 인덕턴스는 도체에 전류가 흐르면 자속이 발생하여 도체와 쇄교하는데 전류의 변화에 의해서 역기전력이 발생할 때 전류의 시간적 변화에 대한 비례정수이다. 정전용량은 도체와 도체사이, 도체와 대지사이에 존재하는 정수이다. 누설 콘덕턴스는 전선을 지지하는 애자에서 생기는 누설저항의 역수이다.

이와 같은 선로정수는 모든 전선로를 따라서 분포되어 있지만 단거리 송전선로, 중거리 송전선로에서는 선로정수의 개략 값을 구하기 위해서 선로정수의 4요소가 한 군데, 혹은 몇 군데로 집중된 것으로 취급한다. 장거리 송전선로의 경우에는 선로정수가 전선로를 따라 균일하게 분포되어 있는 분포정수 회로로 취급하여 정밀한 계산을 한다.

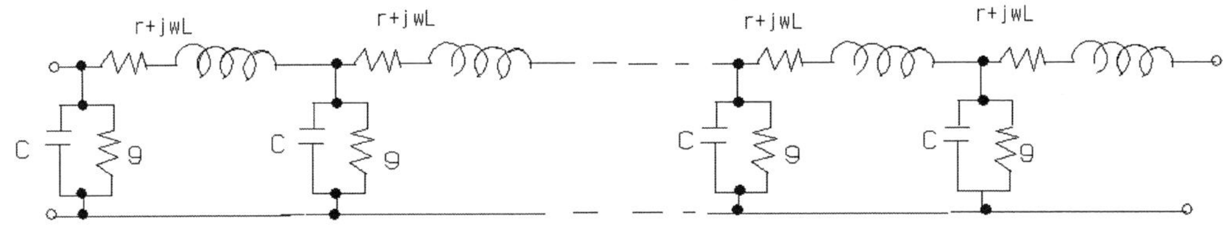

그림 2.1 선로정수

학습목표

1. 송배전 선로의 선로정수의 개요를 공부한다.
2. 선로정수 요소인 저항 R을 공부한다.
3. 선로정수 요소인 인덕턴스 L을 공부한다.
4. 선로정수 요소인 정전용량 C을 공부한다.
5. 송배전 선로에서 연가의 필요성을 공부한다.

주요어

선로정수, 저항, 정전용량, 인덕턴스, 누설 콘덕턴스, 작용 인덕턴스, 작용정전용량, 연가 고유 저항율, 도전율.

2-1-1 송배전 선로에서 저항(Resistance; R)을 설명한다.

전선로의 단면적인 균일한 경우에 직선상 도체의 저항 R은 길이가 l[m]에 비례하고, 단면적 A[mm2]에 비례한다.

$$R = \rho\frac{l}{A}[\Omega] \tag{2.1}$$

여기서 비례정수 ρ는 고유저항 또는 비저항이라 하는데, 만약 표준 연동선의 도전율을 100[%]로서 비교한 백분율의 퍼센트 도전율은 C[%]라 하면

$$\rho = \frac{1}{58} \times \frac{100}{C} \ [\ \Omega/\text{m·mm2}] \tag{2.2}$$

C의 값은 경동선에서 97[%], 경알루미늄에서는 67[%]을 표준으로 한다. 실제 송전선에서는 C의 값이 크면 저항 값이 작아지므로 전기가 잘 통하여 주로 경동연선을 사용하거나, 도전율은 경동연선에 비하여 작으나 무게가 가벼운 강심알루미늄연선(ACSR)을 주로 사용한다.

저항 값은 온도의 증감에 따라 저항 값은 변화하게 된다. 위의 도전율은 모두 20[℃]을 기준으로 하고 있다. 전선용 금속도체의 경우를 살펴보면 지금 기준온도 to[℃]에서 Rto[℃]인 전선은 온도가 t[℃]로 상승한 경우

$$Rt = Rto[1+\alpha_{20}(t-to)] \ [℃] \tag{2.3}$$

α_{20}은 저항의 온도계수로서 20[℃]에서의 저항온도계수 이다. 도전율이 좋은 경동선

인 경우에서는 α_0 = 0.00413, α_{20} = 0.00381, α_{30} = 0.0037이다.

일반적으로 전선의 저항은 전선의 단면적에 전류밀도가 균일할 때 직류에 대한 저항이다. 전선에 교류가 흐르면, 전선 단면적에 전류 밀도는 균일하지 않고, 전선 중앙부로 갈수록 전류가 흘러서 만드는 전자속의 쇄교 수가 많아져서 인덕턴스가 커지게 된다. 그 결과 전선의 중심부에 리액턴스가 커져서 전류가 흐르기 어렵게 되어 전선의 표면으로 전류가 많이 흐르는 경향이 나타나는데 이것을 표피효과(表皮效果, skin effect)라고 한다. 이 때문에 전선의 유효 단면적은 줄어들게 되고, 저항값은 직류에 비해 약간 증대한다.

직류인 경우에 비해 교류인 경우가 전력손실이 많아지게 된다. 표피효과는 주파수가 높을수록, 전선의 단면적이 클수록, 도전율, 비투자율이 클수록 커진다.

2-1-2 송배전 선로에서 인덕턴스(Inductance; L)을 설명한다.

1) 인덕턴스 개념과 단위

하나의 회로에 전류가 흐르면 전류 주위에 자계가 발생하여 자속이 생겨서 전류와 자속은 항상 쇄교하게 된다. 이 때 전류 i가 시간에 따라 변화하면 자속의 변화도 생기는데, 자속의 변화와 반대의 방향으로 역기전력 e가 유도된다.

$$e = -L\frac{di}{dt}[V] \quad (2.4)$$

역기전력 e는 쇄교 자속 Φ의 시간적 변화로도 나타나는데

$e = -\frac{d\Phi}{di}$로 되어서 비례상수인 L은

$L = \frac{d\Phi}{di}$가 되고, 투자율이 일정한 경우에는

$$L = \frac{\Phi}{i} \text{ 또는 } \Phi = Li \quad (2.5)$$

여기서 L을 자기인덕턴스라고 한다. 자속 Φ는 자기인덕턴스 L과 전류 i의 곱으로 표현된다.

2개의 회로가 있는 경우에는 상호인덕턴스가 생기게 된다. A, B두개의 회로가 있고, 여기에 각각 전류 i_a, i_b가 흐를 때 i_a에 의해서 B회로에 유기되는 기전력 e_b는

$$e_b = -M\frac{di_a}{dt} \tag{2.6}$$

i_b에 의해서 A회로에 유기되는 기전력 e_a는

$$e_a = -M\frac{di_b}{dt} \tag{2.7}$$

여기서 M을 상호 인덕턴스라고 한다.

인덕턴스의 단위는 헨리[H], 밀리헨리[mH]을 사용하는데, 1[H]는 1초에 1[A]의 비율로 변화가 있을 때 1[V]의 역기전력을 발생할 때를 말한다. 도선의 인덕턴스 일반식 아래 그림과 같이 n 개의 도체가 평행으로 배치되어 있을 때 인덕턴스의 일반식을 구하면 다음과 같다.

①직선상 도선의 자속 - 외부

아래 그림에서처럼 반지름이 r[m]이고, 도선의 중심에서 x[m]만큼의 거리에 dx[m]의 두께로 도선에 따라서 길이 1[m]의 원통상 자기회로를 생각한다. 전류 I[A]가 흐를 때 x[m] 떨어진 점의 자계는

$$H = \frac{I}{2\pi x} \ [AT/m] \tag{2.8}$$

자속밀도는

$$B = uH = \frac{uI}{2\pi x} \ [Wb/m^2] \tag{2.9}$$

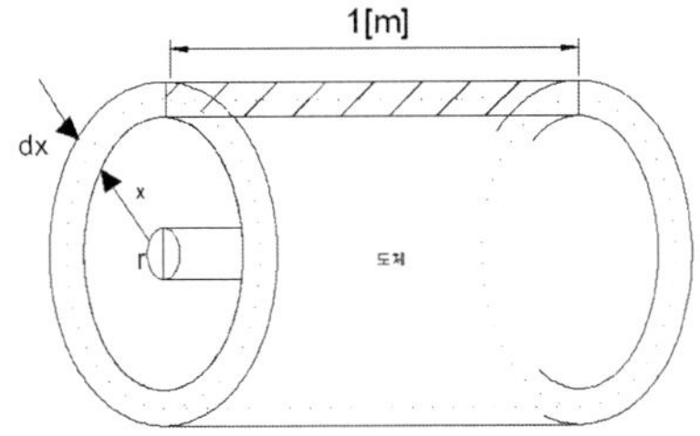

그림 2-2(a) 직선상도체 외부

도선 외부의 단면의 미소 부분을 통과하는 자속 dϕ는

$$d\phi = B \times (1 \times dx) = \frac{uI}{2\pi x}dx \ [Wb] \quad (2.10)$$

도선의 권선은 1회 이므로 dx 부분에 쇄교 자속 수 dψ는

$$d\psi = d\phi \times 1 = \frac{uI}{2\pi x}dx \ [Wb \cdot T/m] \quad (2.11)$$

따라서 도체 표면인 반지름 r[m]부터 S[m] 만큼 떨어져 있는 범위내의 쇄교 자속 수 ψ는 다음과 같다.

$$\psi = \int_r^S d\psi = \int_r^S \frac{uI}{2\pi x}dx = \frac{uI}{2\pi}\log_e\frac{S}{r}[Wb \cdot T/m] \quad (2.12)$$

②직선상 도선의 자속 - 내부

아래의 그림2-2(b)에서 처럼 도체 내부에 반지름이 r인데 이보다 작은 반지름 x+dx인 원을 그리면 전류가 균일 하게 분포한다고 하면 반지름 x인 면적에 흐르는 전류 Ix는 다음과 같다.

$$\frac{Ix}{I} = \frac{\pi x^2}{\pi r^2} \quad (2.13)$$

따라서 아래와 같다.

$$Ix = I \frac{x^2}{r^2} \text{ [A]} \tag{2.14}$$

따라서 두께 dx[m], 길이 l[m]인 원통 단면을 통과하는 자속은

$$d\phi = \frac{uI_x}{2\pi x} dx = \frac{uIx}{2\pi r^2} dx\text{[Wb]} \tag{2.15}$$

전류 Ix와 자속과의 쇄교 수 $d\psi$는 다음과 같다.

$$d\psi = d\phi \frac{x^2}{r^2} = \frac{uIx^3}{2\pi r^4} dx\text{[Wb · T/m]} \tag{2.16}$$

따라서 도체 내부의 단위 길이당 쇄교 자속 수 ψ는 x = 0에서 x = r 까지 x에 대하여 적분한 값이 된다.

$$\psi = \int_0^r d\psi = \int_0^r \frac{uIx^3}{2\pi r^4} dx = \frac{uI}{8\pi}\text{[Wb · T/m]} \tag{2.17}$$

위의 결과로부터 도선의 내부, 외부의 단위 길이 당 총 자속 쇄교 수는 다음이다.

$$\psi_{total} = \frac{uI}{2\pi}\log_e\frac{S}{r} + \frac{uI}{8\pi} = \frac{uI}{2\pi}(\log_e\frac{S}{r} + \frac{1}{4}) \text{ [Wb · T/m]} \tag{2.18}$$

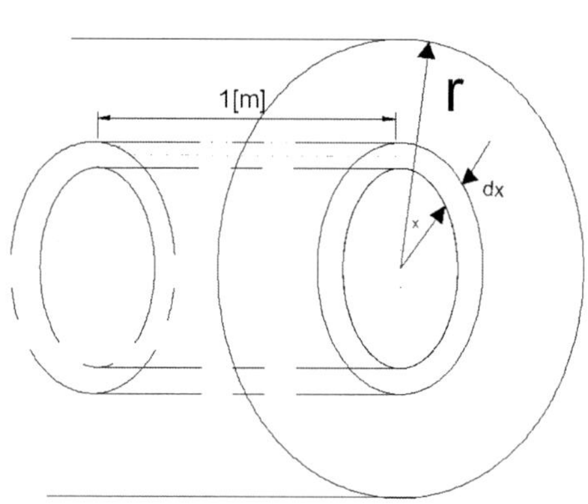

그림 2-2(b) 직선상도체 내부

이 식은 다음처럼 간단히 할 수 있다.

$$\psi_{total} = \frac{uI}{2\pi}\log_e \frac{S}{r'} \ [\text{Wb}\cdot\text{T/m}] \tag{2.19}$$

여기서 $r' = re^{-(\frac{1}{4})}$ 이다.

n개의 도체계에서 도체1의 자속 쇄교 수는 도체1의 전류 I_1과 그 쇄교 수의 다른 도체의 전류 I_i에 의한 자속과 I_1과의 쇄교 수를 합하면 된다.

$$\psi_1 = \frac{\mu}{2\pi}[\, I_1(\frac{1}{4}+\log_e\frac{s_1}{r_1}) + I_2\log_e\frac{s_2}{D_{12}} + \cdots + I_n\log_e\frac{s_n}{D_{1n}}]$$

$$= \frac{\mu}{2\pi}[\, I_1(\frac{1}{4}+\log_e\frac{1}{r_1}) + I_2\log_e\frac{1}{D_{12}} + \cdots + I_n\log_e\frac{1}{D_{1n}}]$$

$$+ \frac{\mu}{2\pi}[\, I_1(\frac{1}{4}+\log_e s_1) + I_2\log_e s_2 + \cdots + I_n\log_e s_n]$$

두 번째 항은 0이 되고 등가 반지름을 이용하면 다음과 같이 된다.

$$\psi_1 = \frac{\mu}{2\pi}[\, I_1\log_e\frac{1}{r_1'} + I_2\log_e\frac{1}{D_{12}} + \cdots + I_n\log_e\frac{1}{D_{1n}}]$$

여기서, r_1' : 도체 1의 등가 반지름 = $r_1e^{-(1/4)}$

이와 같이 주변 도체에 의한 영향까지 모두 고려한 1상당의 인덕턴스를 작용 인덕턴스(working inductance)라고 한다. n개의 선로 중 1번 선로의 작용 인덕턴스를 구할 수 있다.

$$L_1^{(n)} = \frac{\psi_1}{I_1} = \frac{\mu}{2\pi}[\, \log_e\frac{1}{r_1'} + \frac{I_2}{I_1}\log_e\frac{1}{D_{12}} + \cdots + \frac{I_n}{I_1}\log_e\frac{1}{D_{1n}}] \ [\text{H/m}]$$

또는

$$L_1^{(n)} = \frac{\psi_1}{I_1} = \frac{\mu}{2\pi}[(\frac{1}{4} + \log_e \frac{1}{r_1'}) + \frac{I_2}{I_1}\log_e \frac{1}{D_{12}} + \cdots + \frac{I_n}{I_1} \log_e \frac{1}{D_{1n}}] \text{ [H/m]}$$

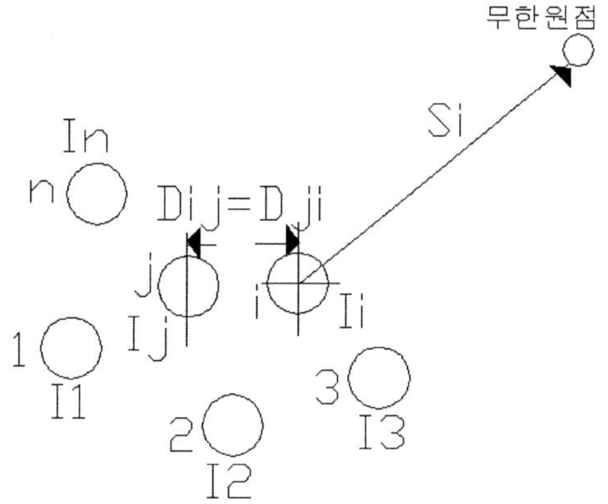

그림 2.2(c) n 도체계

위의 결과 식을 토대로 n개의 도체가 평행으로 배치되어 있을 때의 인덕턴스를 구하여 본다.(위의 수식에서 $\mu_0 = 4\pi X10^{-7}$, $\log_e A = 2.3025\log_{10}A$을 대입한다.)

$$L_1^{(n)} = 0.05 + 0.4605[\log_{10}\frac{1}{r_1} + \frac{I_2}{I_1}\log_{10}\frac{1}{D_{12}} + \cdots + \frac{I_n}{I_1}\log_{10}\frac{1}{D_{1n}}]\text{[mH/km]} \quad (2.20)$$

2) 왕복선의 인덕턴스

아래의 그림에서처럼 왕복2도선이 선간거리 D[m] 간격으로 평행으로 가선되어 각각 +i, −i[A]의 전류가 흐르는 경우에 인덕턴스 값을 구하면 식 (2.20)에 선간거리 D, 전류 $I_1 = -I_2$, 반지름 $r_1 = r_2 = r$[m]을 대입하여 구한다.

$$L_1^{(2)} = 0.05 + 0.4605[\log_{10}\frac{1}{r} - \log_{10}\frac{1}{D}]$$

$$= 0.05 + 0.4605\log_{10}\frac{D}{r} \text{ [mH/km]} \quad (2.21)$$

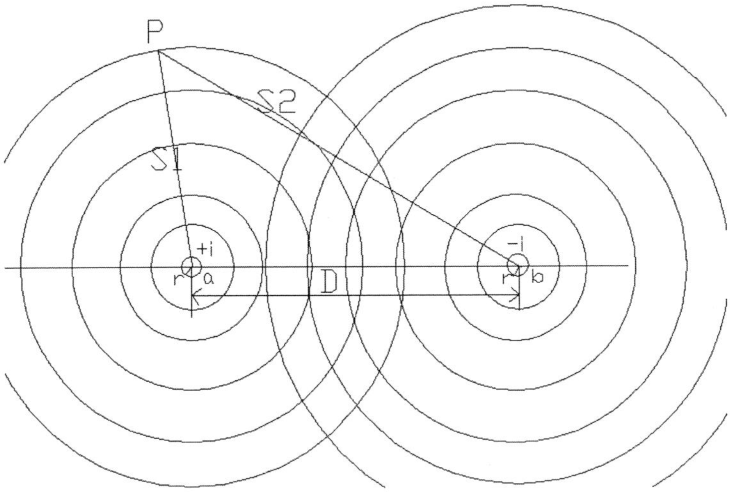

그림 2.2 왕복선의 인덕턴스

3) 3상 1회선 송전선로의 인덕턴스

① 정삼각형 배치인 경우

3상 3선식의 선로가 정삼각형으로 배치된 경우에 1회선의 자기 인덕턴스를 구하여 본다. 그림에서 3개의 전선은 정삼각형을 이루고 있고, 송전선은 키르호프 전류 법칙에 의해서 아래 수식이 항상 성립한다.

$$Ia + Ib + Ic = 0 \qquad (2.22)$$

전선 a, b, c에서 전선 b와 c는 전선 a와 등거리 D만큼 떨어져 있어서 Ib에 의해 발생하는 자속과 전류 Ia와의 쇄교 수와 Ic에 의해 발생하는 자속과 전류 Ia와의 쇄교 수의 합계는 Ib + Ic = −Ia인 전류가 그림에서처럼 전선 b에 집중되어 발생하는 자속과 Ia와의 쇄교 수가 같다. 그래서 2.3에서처럼 왕복 2도선과 같은 경우가 되어서 다음과 같이 계산되어 3선의 자기 인덕턴스는 같아진다.

$$L = La = Lb = Lc$$

$$= 0.05+0.4605\log_{10}\frac{D}{r}[\mathrm{mH/km}] \qquad (2.23)$$

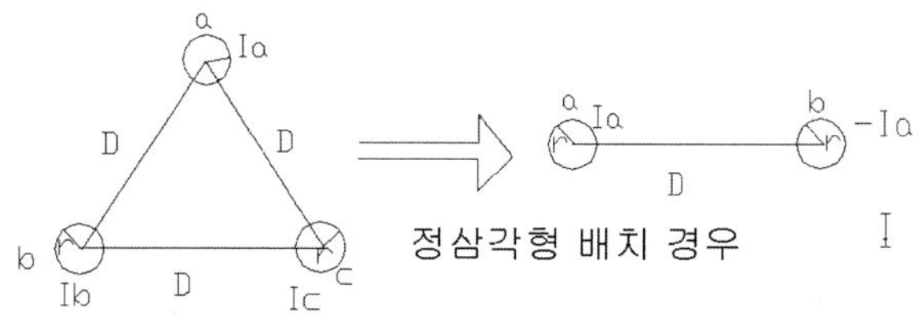

그림 2.3 정삼각형 배치

② 비정삼각형 배치인 경우

3상 3선식 선로의 송전선은 각 전선의 선간거리와 지표상의 높이가 다 틀려질 수가 있다. 이 경우에 각 전선의 인덕턴스와 정전용량이 각각 다르게 된다. 그러나 비정삼각형 배치의 경우도 연가를 충분히 해 주면 인덕턴스와 정전용량은 같게 될 수 있다.

비정삼각형 배치에서 인덕턴스의 계산식은 산술 값의 평균값이 아니고, 기하평균거리를 취해야한다. 식 (2.23)에서 등가거리 D대신에 D'로 대신하여 계산한다.

$$D' = \sqrt[3]{DabDbcDca}\ [m] \tag{2.24}$$

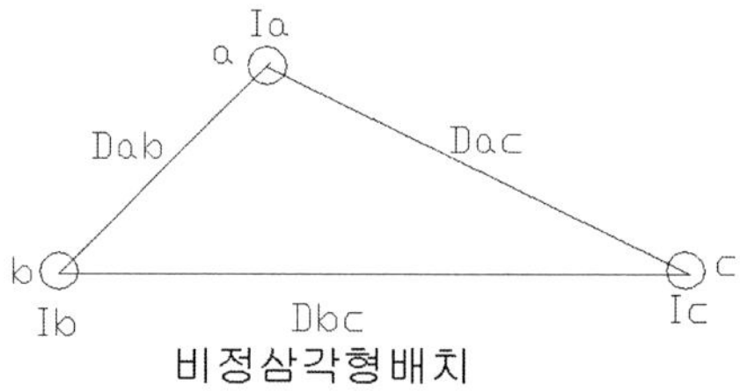

그림 2.4 비정삼각형 배치

◈ 문 2-1 : 400[mm^2]의 ACSR(반지름 r=14.6[mm]) 3선이 아래 그림과 같이 배치되어 완전 연가 된 송전선로가 있다. 이 경우에 인덕턴스[mH/km]를 구하여라.

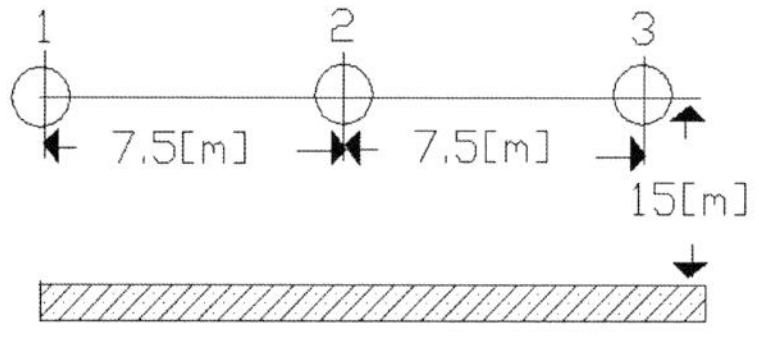

그림 2.5

◈ Solution

기하학적 평균선간거리는 다음이다.

$$D = \sqrt[3]{7.5X7.5X2X7.5} = 9.45[m]$$

따라서 인덕턴스는 다음이다.

$$\therefore\ L = 0.05 + 0.4605\log_{10}\frac{D}{r}$$

$$= 0.05 + 0.4605\log_{10}\frac{9450}{14.6} = 1.3445[mH/km]$$

4) 대지귀로의 인덕턴스

① 1선과 대지귀로의 경우

전류가 전선에만 흐르고 대지에 흐르지 않는 상태의 인덕턴스를 작용 인덕턴스라고 한다. 그러나 1선지락이나, 2선지락 및 단선 등의 경우에는 대지를 회로의 일부로 하여 전류가 흐르므로 대지를 귀로로 하는 경우 대지의 도전율이나 전류의 주파수 등에 따라서 지표면 및 수백, 수천 미터의 깊이에 상당히 넓은 폭에 걸쳐서 전류가 흐르게 된다.

그림 2.6에서처럼 지표상에서 h[m], 반지름 r[m]의 전선을 대지를 귀로로 하여 전류가 흐르면, 지표면 밑 H[m]의 깊이에 있는 점 a'를 중심으로 하여 전류가 흐른다고 가정한다. 이때, 왕복전류 간의 거리는 (h+H)가 되어서 전선의 단위 길이 당의 인덕턴스는 식 (2.20)에 대입하면 다음과 같다.

$$La = 0.05 + 0.4605\log_{10}\frac{h+H}{r}[mH/km] \qquad (2.25)$$

H 값이 h 값에 비해서 훨씬 크므로 He = $\frac{h+H}{2}$ 등가 대지면 깊이로 불리는데, 상용 주파수 값에서 개략 값으로 산악지대에서 900[m], 야산에서 600[m], 평지에서 300[m]이다.

대지귀로를 한 선으로 보고, 1선과의 왕복회로에서의 전체 인덕턴스를 구하면 가공전선로의 지표상의 높이 h[m]는 지표면의 반지름에 비해 작으므로 h+H ≒ H로 볼 수 있다. 따라서 대지귀로의 인덕턴스는 다음이다.

$$La' = 0.05 + 0.4605\log_{10}\frac{h+H}{H} \fallingdotseq 0.05 \text{ [mH/km]} \tag{2.26}$$

따라서, 1선과 대지 귀로의 왕복회로의 전체 인덕턴스 Le는 다음으로 볼 수 있다.

$$Le = La + La' = 0.1 + 0.4605\log_{10}\frac{2He}{r} \text{[mH/km]} \tag{2.27}$$

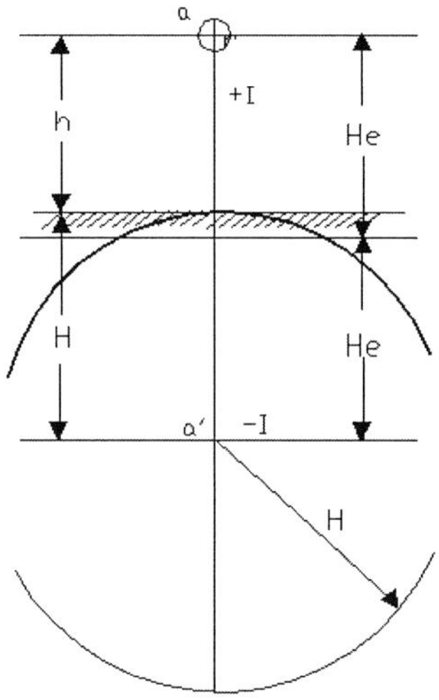

그림 2.6 대지귀로 인덕턴스

② 2선과 대지귀로의 경우

그림 2.7에서 반지름이 r[m]인 2가닥의 전선 a, b가 선간거리 D[m]로 평행해서 지표상 높이 h[m]로 가설 되어 있다. 여기에 각각 전류 +I[A], −I[A]가 흐르고 다시 대지를 귀로로 하여 흐른다.

우선 한 가닥의 전선 a의 경우를 생각하여 보면, 앞에서 설명한 것과 같이 지표면 H[m]인 곳에 −I[A], 전선 b의 경우의 +I[A]가 만드는 자속은 크기는 같고, 방향이 반대이므로 서로 상쇄되어 버린다. 따라서 인덕턴스는 단상선로의 자기 인덕턴스와 일치해서 다음과 같아진다.

$$L = La = Lb = 0.05 + 0.4605\log_{10}\frac{D}{r} \text{[mH/km]} \tag{2.28}$$

전선 a, b와 대지귀로선 과의 선로 상호 간의 상호 인덕턴스를 생각해 본다.

전선 a에 +I[A]에 대한 전선 b의 -I[A]라고 생각하면 자속 쇄교 수는 무한히 먼 거리를 S[m]라고 하면 단위 길이 당으로 다음과 같이 나타난다.

b에 의한 a : $2X10-7\log_e \frac{S}{D}$

b에 의한 a' : $-\ 2X10-7\log_e \frac{S}{2He}$

b'에 의한 a : $-\ 2X10-7\log_e \frac{S}{2He}$

b'에 의한 a' : $10-7(\frac{1}{2} + 2\log_e \frac{S}{H})$

따라서, 전체 상호 인덕턴스는 다음이다.

$$
\begin{aligned}
Le' &= 10-7\{\ 2\log_e \frac{S}{D} - 2\log_e \frac{S}{2He} - 2\log_e \frac{S}{2He} + (\frac{1}{2} + 2\log_e \frac{S}{H})\} \\
&= 10-7(\ \frac{1}{2} + 2\log_e \frac{2He}{D} + 2\log_e \frac{h+H}{H}\ ) \\
&\fallingdotseq 10-7(\ \frac{1}{2} + 2\log_e \frac{2He}{D})[\mathrm{H/m}] \\
&= 0.05 + 0.4605\log_{10} \frac{2He}{D}\ [\mathrm{mH/km}] \qquad (2.29)
\end{aligned}
$$

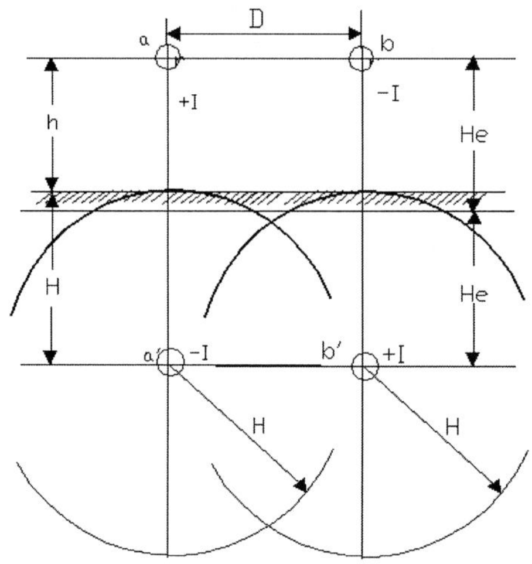

그림 2.7 2선과 대지귀로 인덕턴스

작용 인덕턴스를 L이라고 하면 다음과 같은 관계식이 성립한다.

$$L = Le - Le'$$

$$= (0.1 + 0.4605\log_{10}\frac{2He}{r}) - (0.05 + 0.4605\log_{10}\frac{2He}{D})$$

$$= 0.05 + 0.4605\log_{10}\frac{D}{r}z \ [\text{mH/km}] \qquad (2.30)$$

작용 인덕턴스 L은 두 개의 전선을 왕복선으로 사용할 경우의 1선의 인덕턴스로 대지의 영향을 받지 않음을 알 수 있다.(여기서 Le은 대지를 귀로로 하는 1선의 자기인덕턴스이고, Le'는 상호 인덕턴스이다.)

2선을 병렬로 일괄하여 대지를 공통귀로로 해서 단상전류를 흘릴 경우의 1선당의 인덕턴스는 다음이다.

$$Le2 = Le + Le'$$

$$= (0.1 + 0.4605\log_{10}\frac{2He}{r}) + (0.05 + 0.4605\log_{10}\frac{2He}{D})$$

$$= 0.15 + 0.4605\log_{10}\frac{(2He)^2}{rD} [\text{mH/km}] \qquad (2.31)$$

3선을 일괄하고 대지를 공통귀로로 해서 단상전류를 흘릴 경우 1선당의 인덕턴스

Le3는 다음이다.(3상 3선식의 경우)

$$Le3 = Le + 2Le'$$
$$= 0.2 + 0.4605\log_{10}\frac{(2He)^3}{rD^2}[\mathrm{mH/km}] \quad (2.32)$$

5) 인덕턴스의 개략 값

인덕턴스의 값을 계산으로 정확히 할 수 없다. 왜냐하면 귀로전류가 대지인 경우에 토질, 전선의 지름, 주파수 등에 따라서 값의 차이가 나므로 정확한 산출이 불가능하여 송전선 완성 시 실제 측정에 의한 값을 구한다.

① 대지귀로의 자기 인덕턴스 Le 실측법과 개략 값

아래 그림2.8(a)에서 처럼 a선의 수전단을 접지하고 a선에만 전류 Ia를 흘려서 a선 주위에 발생하는 자속 Le를 장소를 옮겨가면서 구한다.

$$\frac{Ea}{Ia} = 2\pi f\ Le$$

$$\therefore Le = \frac{Ea}{2\pi f Ia} \quad (2.33)$$

실제 측정에 의하면 Le의 평균값은 대략 2.4[mH/km]이다.

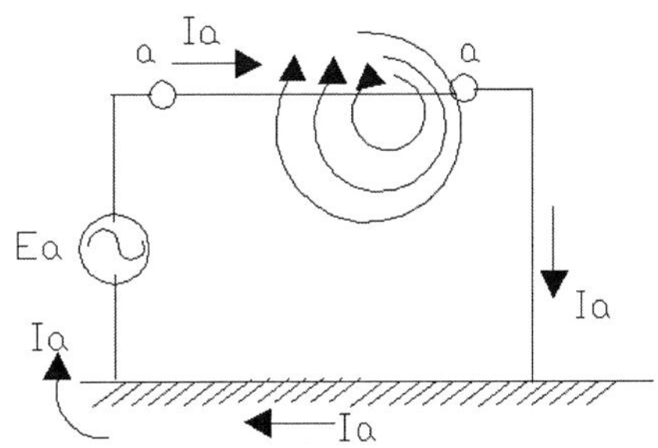

(a) Le측정

그림 2.8(a) 대지귀로 인덕턴스와 상호 인덕턴스의 실측 개념도

② 대지귀로의 상호 인덕턴스 Le ' 실측법과 개략값

아래 그림 2.8(b), (c)에서처럼 a선에 전류를 흘렸을 경우 a선과 b선, a선과 c선의 상호 인덕턴스를 말한다. a선에 전류 Ia를 흘려서 Le를 실측하면서 동시에 b선의 유도전압 Vm을 측정하여 2선간의 상호 인덕턴스 Le'을 구한다.

$$\frac{Vm}{Ia} = 2\pi f Le'$$

$$\therefore \ Le' = \frac{Vm}{2\pi f Ia} \tag{2.34}$$

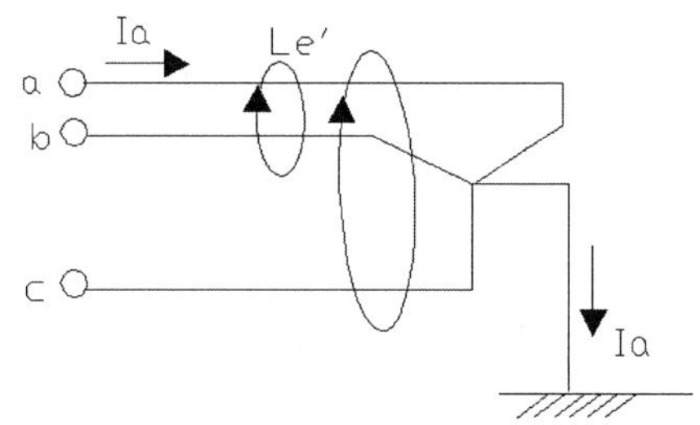

(b) Le' 개념

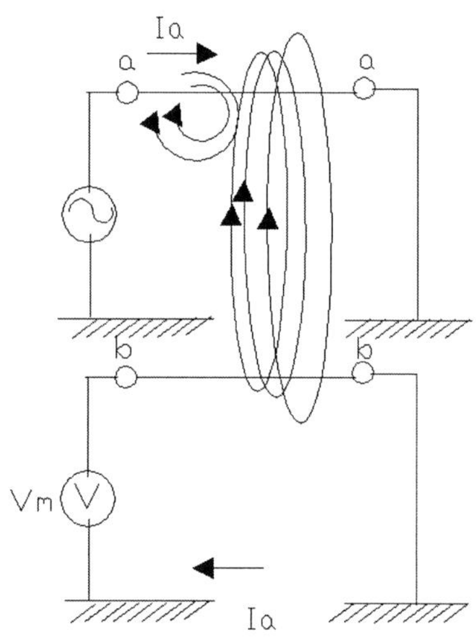

(c) Le'측정

그림 2.8 (b), (c) 대지귀로 인덕턴스와 상호 인덕턴스의 실측 개념도

실제 측정에 의하면 Le'의 평균값은 대략 1.1[mH/km]이다.

6) 작용 인덕턴스(working inductance)

작용 인덕턴스는 송전선에서 대칭 3상 교류가 전선만을 흐르고, 대지에는 흐르지 않는 경우의 1선당의 인덕턴스를 말한다. 즉, 평형 3상회로의 경우이다. 따라서 대지전류는 0이다. 전류가 전선에만 흐르는 경우이고, 대지에는 흐르지 않는 상태이다. a선의 작용 인덕턴스는 다음과 같다.

L = ($\dot{I}a$에 의한 Le) + ($\dot{I}b$에 의한 Le') +($\dot{I}c$에 의한 Le')

평형 3상 교류는 다음과 같이 쓸 수 있다.

$\dot{I}a + \dot{I}b + \dot{I}c = 0$

$\therefore \dot{I}a = -(\dot{I}b + \dot{I}c)$ (2.35)

따라서 벡터의 합으로 나타내면

Le'($\dot{I}_b + \dot{I}_c$) = Le'($-\dot{I}a$)

작용 인덕턴스의 개략 값은 다음과 같다.

L = Le − Le' = 2.4 − 1.1 = 1.3[mH/km] (2.36)

◈ 문제 2-2 : 3상 3선식에의 작용 인덕턴스는 단상 2선식의 인덕턴스와 비교하면 어떻게 되는가?

◈ Solution

인덕턴스는 같아진다.

◈ 문제 2-3 : 평상 운전 시 및 단락 고장 시에 사용되는 작용 인덕턴스는 무엇인가? 또한 지락 고장 시에 사용하는 인덕턴스는 무엇인가?

◈ Solution

평형3상 교류인 경우에 다음 식을 사용한다.

이 경우 전류는 $\dot{I}a + \dot{I}b + \dot{I}c = 0$을 전제로 하고 3선간의 선간거리가 다르면 등가선간거리를 사용한다.

$$L = 0.05 + 0.4605\log_{10}\frac{D}{r} \text{ [mH/km]}$$

지락 고장 시에는 대지귀로의 인덕턴스 Le를 사용한다.

$$Le = 0.1 + 0.4605\log_{10}\frac{2He}{r}[mH/km]$$

◈ 문제 2-4 : 반지름 0.6[cm]인 경동선을 사용하는 3상 1회선 송전선을 선간거리 3[m]의 정삼각형 배치한 경우와 3[m]의 간격으로 일직선으로 배치한 경우의 각 전선의 1[km] 당의 작용 인덕턴스를 구하여라. 단, 수평배치인 경우 송전선은 완전연가 된 것으로 가정한다.

◈ Solution

공식에 따라서 정삼각형 배치인 경우는 다음과 같다.

$$L = 0.05 + 0.4605\log_{10}\frac{3}{0.006} = 1.29[mH/km]$$

수평배치인 경우는 등가선간거리를 먼저 구하여야 한다.

$$D = \sqrt[3]{D_{ab}D_{bc}D_{ca}} = \sqrt[3]{3X3X6} = 3\sqrt[3]{2}$$

따라서 인덕턴스는 다음으로 된다.

$$L = 0.05 + 0.4605\log_{10}(\sqrt[3]{3X3X6}/0.006) = 1.339[mH/km]$$

◈ 문제 2-5 : 반지름 14[mm]의 ACSR로 구성된 완전연가 된 3상회선 송전선로가 있다. 각 상간의 등가선 간 거리가 2700[mm]라고 하면, 이 선로의 [km] 당 작용 인덕턴스는 몇 [mH/km]인가?

◈ Solution

공식에 따라서 인덕턴스의 값은 다음과 같다.

$$L = 0.05 + 0.4605\log_{10}\frac{D}{r}[mH/km]$$

$$= 0.05 + 0.4605\log_{10}\frac{2700}{14} = 1.10[mH/km]$$

2-1-3 송배전 선로에서 정전용량(Capacitance; C)을 설명한다.

1) 왕복 2도선의 정전용량

아래 그림 2.9에서처럼 무한히 긴 직선상의 2도선이 반지름이 r이고 도선 a, b가 간격 D[m] 갖고 있는 경우를 본다. 도선 a에 +q[c/m] 전하를 주고, 도선 b에 -q[c/m] 전하를 갖고 있는 경우에 도선으로부터 각각 S1, S2[m] 떨어진 점 P 전위를 생각하여 보자. 도선의 전하는 선간거리 D가 반지름 r보다 크기 때문에 중심에 집중되었다고 하면 점 P에 나타나는 전계의 세기 Ua, Ub는 다음이다.

$$Ua = \frac{2q}{4\pi\epsilon_0 S1} = 9 X 10^9 X \frac{2q}{S1} [V/m] \quad (2.37)$$

$$Ub = \frac{-2q}{4\pi\epsilon_0 S2} = -9 X 10^9 X \frac{2q}{S2} [V/m] \quad (2.38)$$

도선 a, b의 중간점의 전위는 0이기 때문에 점 P에서의 전위는 다음과 같다.

$$Vp = \int_{S1}^{D/2} 9X10^9 X\frac{2q}{S1} dS1 - \int_{S2}^{D/2} 9X10^9 X\frac{2q}{S2} dS2$$

$$= 2q X 9 X 10^9 \log_e\frac{S2}{S1} [V] \quad (2.39)$$

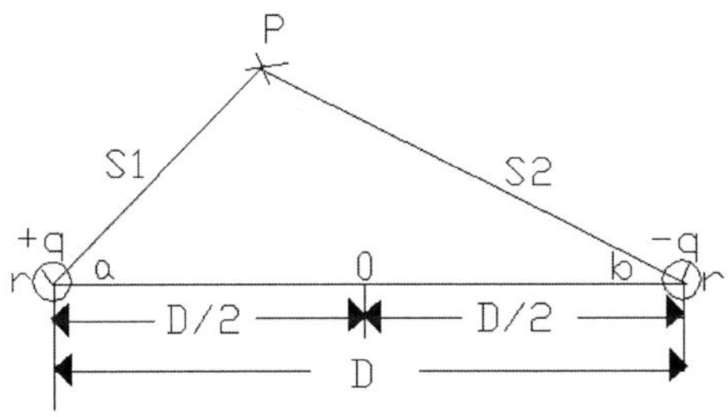

그림 2.9 왕복 2도선의 배열

위의 수식 (2.39)을 도선 a에 표면에 적용을 하면 다음과 같은 수식이 된다.

$$Vp = 2q \ X \ 9 \ X \ 10^9 \ \log_e \frac{D}{r} \tag{2.40}$$

따라서 전위가 0인 중간점과 도선 a 사이의 정전용량 Ca는 다음이다.

$$Ca = \frac{q}{Va} = \frac{1}{2X9X10^9 log_e \frac{D}{r}} [F/m] = \frac{0.02413}{\log_{10} \frac{D}{r}} [uF/km] \tag{2.41}$$

도선 b인 경우도 똑같이 적용이 가능하여 Cb = $-\frac{q}{V_b}$로 되어서 Ca와 같은 값이 된다. 이와같이 1도선이 중성선에 대한 정전용량은 Ca = Cb = Cn으로 다음과 같은 일반식으로 쓸 수 있다.

$$Cn = \frac{0.02413}{\log_{10} \frac{D}{r}} \ [uF/km] \qquad \text{단, } D \gg r\text{인 경우에 성립한다.} \tag{2.42}$$

2) 단선과 대지간의 정전용량

아래 그림 2.10에서처럼 실제 송전선은 반지름 r[m]인 무한히 긴 도선 a가 높이 h[m] 지표상에 있는 것이다. 이 경우에 도선 a에 +q[C/m]가 있다고 생각하면 지표면의 전위는 0이므로 지표면에서 h[m] 만큼의 지하에 −q[C/m]의 전하가 대칭적으로 발생할 수 있다. 따라서 앞에서 구한 일반식에서 D/r 대신에 2h/r을 대입하면 다음과 같이 구할 수 있다.

$$C = \frac{0.02413}{\log_{10} \frac{2h}{r}} \ [uF/km]$$

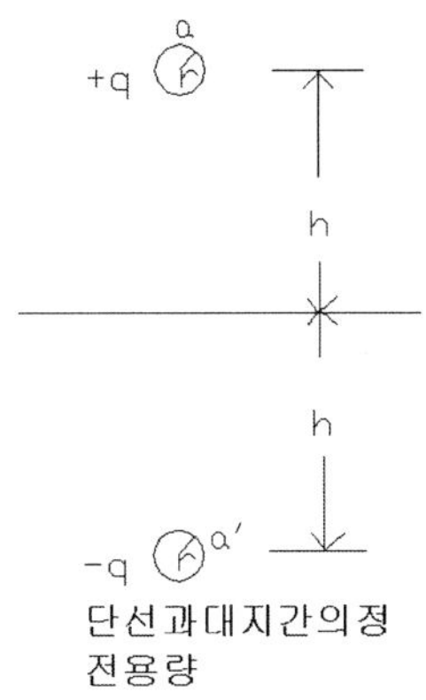

그림 2.10 단선과 대지간의 정전용량

3) 3상 1회선 송전선로의 정전용량

① 전선의 굵기, 선간거리 및 지표상의 높이가 다른 경우

그림 2.11에서처럼 반지름 ra, rb, rc[m]의 3선 a, b, c가 각각 지표상 ha, hb, hc[m] 높이에 나란히 가설되어 있고, 전하량은 Qa, Qb, Qc[C/m]의 전하가 주어진 경우에서의 전위를 다음과 같이 쓸 수 있다.

$$\begin{aligned} Va &= PaaQa + PabQb + PacQc \\ Vb &= PbaQa + PbbQb + PbcQc \\ Vc &= PcaQa + PcbQb + PccQc \end{aligned} \tag{2.43}$$

단위 계수[m/F]을 구하면 다음이다.

$$Paa = 2(\log \frac{2ha}{ra})\ X\ 9\ X\ 10^9,\ Pab = Pba = 2\ (\ \log \frac{\sqrt{Dab^2 + 4hahb}}{Dab}\ )\ 9X10^9$$

$$Pbb = 2(\log \frac{2hb}{rb})\ X\ 9\ X\ 10^9,\ Pbc = Pcb = 2\ (\ \log \frac{\sqrt{Dbc^2 + 4hbhc}}{Dbc}\ )\ 9X10^9$$

$$Pcc = 2(\log \frac{2hc}{rc})\ X\ 9\ X\ 10^9,\ Pac = Pca = 2\ (\ \log \frac{\sqrt{Dca^2 + hcha}}{Dca}\ )\ 9X10^9$$

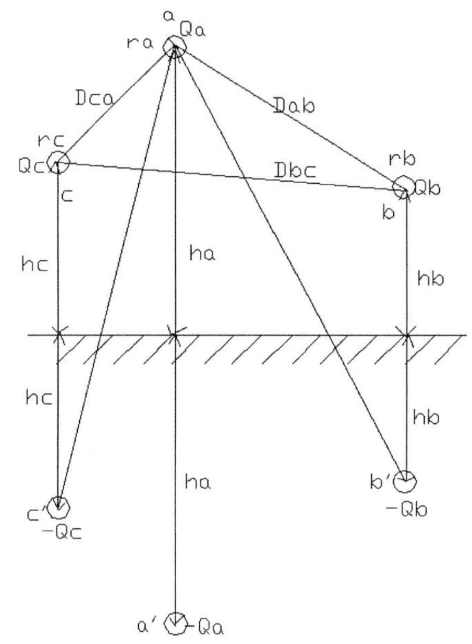

그림 2.11 3상 1회선의 정전용량

단, 그림에서 Fab'는 다음이다.

$$\text{Fab}' = \sqrt{[Dab^2 - (ha - hb)^2] + (ha + hb)^2} = \sqrt{Dab^2 + 4hahb} \qquad (2.44)$$

위의 식 (2.43)을 Q에 대하여 다음과 같이 풀 수 있다.

$$\begin{bmatrix} Qa \\ Qb \\ Qc \end{bmatrix} = \begin{bmatrix} kaa\ kab\ kac \\ kba\ kbb\ kbc \\ kca\ kcb\ kcc \end{bmatrix} \begin{bmatrix} Va \\ Vb \\ Vc \end{bmatrix} \qquad (2.45)$$

여기서 Kaa, Kbb, Kcc을 정전용량계수라 하고 Kab, Kbc, Kca[F/m] 등을 정전유도 계수라고 한다.

$\text{Kaa} = (\text{PbbPcc} - \text{Pbc}^2)/\Delta$, $\text{Kab} = \text{Kba} = -(\text{PabPcc} - \text{PbcPca})/\Delta$

$$\begin{bmatrix} Qa = (Kaa + Kab + Kac)\,Va + (-\,Kab)(\,Va - \,Vb) + (-\,Kac)(\,Va - \,Vc) \\ Qb = (Kba + Kbb + Kbc)\,Vb + (-\,Kba)(\,Vb - \,Va) + (-\,Kbc)(\,Vb - \,Vc) \\ Qc = (kca + Kcb + Kcc)\,Vc + (-\,Kca)(\,Vc - \,Va) + (-\,Kcb)(\,Vc - \,Va) \end{bmatrix} \qquad (2.46)$$

위 식 (2.46)으로 각 전선의 대지정전용량과 상호정전용량을 쓸 수 있고, 그림 2.12로 나타낼 수 있다.

$$\begin{aligned} Caa &= Kaa+Kab+Kac & Cab &= -Kab \\ Cbb &= Kba+Kbb+Kbc & Cbc &= -Kbc \\ Ccc &= Kca+Kcb+Kcc & Cca &= -Kca \end{aligned} \tag{2.47}$$

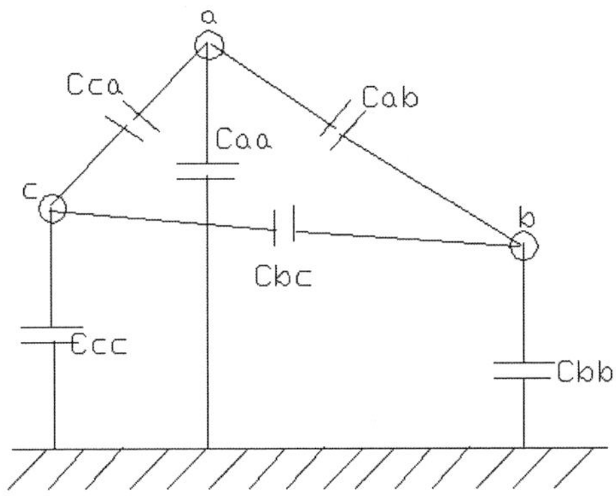

그림 2.12 3상 송전선의 대지정전용량과 상호정전용량

② 전선의 굵기가 동일하고 완전히 연가된 경우

3선의 반지름이 다 같이 r[m]이고, 완전연가가 되어 있으면 등가 선간거리는 D = $\sqrt[3]{DabDbcDca}$ 이고, 지표상의 높이도 h = $\sqrt[3]{h_a h_b h_c}$ 가 된다. 따라서 다음과 같이 수식이 바뀌어진다.

$$Paa = Pbb = Pcc = P = 2(\log \frac{2h}{r}) \text{ X } 9 \text{ X } 10^9 \tag{2.48}$$

$$\begin{aligned} Pab = Pbc = Pca = P' &= 2(\log \frac{\sqrt{D^2+4h^2}}{D}) \text{ X } 9 \text{ X } 10^9 \\ &= 2(\log \frac{2h}{D}) \text{X } 9 \text{ X } 10^9 \end{aligned} \tag{2.49}$$

$$Kaa = Kbb = Kcc = K = \frac{P+P'}{\Delta'}, \ Kab = Kbc = Kca = \frac{-P'}{\Delta'}$$

단, $\Delta' = (P-P')(P+2P')$

따라서, 대지정전용량 Cs과 상호정전용량 Cm은 다음과 같다.

$$Cs = Caa = Cbb = Ccc = K + 2K' = 1 / (P+2P')$$

$$\fallingdotseq \frac{1}{2q\log_e \frac{8h^3}{rd^2} X9X10^9}[F/m] = \frac{0.02413}{\log_{10}\frac{8h^3}{rD^2}}[F/m] \tag{2.50}$$

$$Cm = Cab = Cbc = Cca = -K' = \frac{P'}{(P-P')(P+2P')} \tag{2.51}$$

$$\fallingdotseq \frac{\log(\frac{2h}{D})}{2(\log\frac{D}{r})(\log\frac{8h^3}{rD^2})} X\ 9\ X\ 10^9[F/m] = \frac{0.02413\log_{10}(\frac{2h}{D})}{\log_{10}\frac{D}{r}\log_{10}\frac{8h^3}{rD^2}}[uF/km] \tag{2.52}$$

따라서, 3상 3선식에서 작용정전용량은 C = Cs + 3Cm이 된다. 이것을 수식으로 나타내면 다음과 같다.

$$C = Cs + 3Cm = K - K' = 1 / (P-P')$$

$$\fallingdotseq \frac{1}{2(\log\frac{D}{r})X9X10^9}\ [F/m] = \frac{0.02413}{\log_{10}\frac{D}{r}}[uF/km] \tag{2.53}$$

송전선로의 경우를 생각하여 보면 3상 3선식으로 되어 있어서 전선과 대지간의 대지정전용량 Cs와 전선과 전선 사이의 상호정전용량 Cm 두가지를 생각할 수 있다.

Cs는 Y로 연결되어 있고, Cm은 Δ로 연결되어 있기 때문에 선로 충전 시에 Cs에 걸리는 전압은 Y전압이고 Cm에 걸리는 전압은 Δ전압으로 이들의 크기는 $\sqrt{3}$배와 위상은 30° 씩 틀리게 된다. 그래서 아래의 그림에서처럼 Δ결선으로 연결된 것을 Y결선으로 환산해서 계산을 한다.

각 전선의 전압이 평형이 되어있을 때 Y로 환산된 3Cm 중성점 전압이 0이 되므로 3Cm과 이때의 대지정전용량 Cs가 그림에서처럼 Y전압으로 된다. 그래서 Cs와 Cm이 병렬로 합성이 되면 Cn = Cs + 3Cm이 된다. 이 때 Cn을 작용정전용량이라 한다.

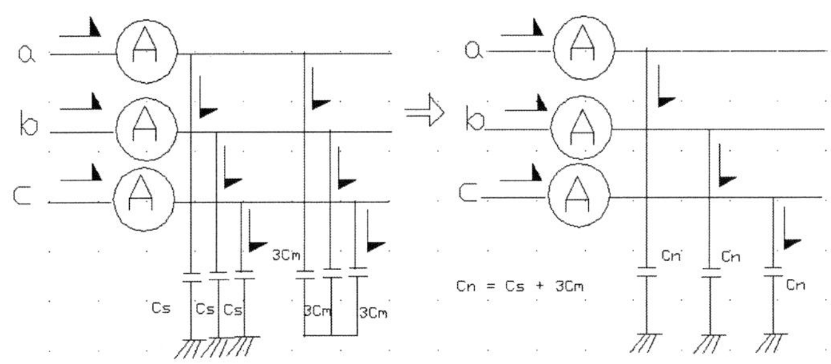

그림 2.13 상호정전용량 Cm의 Δ-Y 환산

Cn = Cs + 3Cm

위의 수식은 송전선로의 각 상전압이 평형이 되었을 때만 성립한다. 각 상전압이 평형이 아닐 때는 중성점의 전압이 0이 아니므로 Cn은 만들 수 없다.

따라서 3상 3선식에서 각각의 전선의 중성선에 대한 작용정전용량을 구하면 다음과 같다.

$$Cn = Cs + 3Cm = \frac{1}{2X9X10^{9}log_{e}\frac{D}{r}}[F/m] = \frac{0.02413}{\log_{10}\frac{D}{r}}[uF/km] \qquad (2.54)$$

여기서, D는 3선간의 등가 선간거리이다.

$$D = 3\sqrt{DabDbcDca}\ [m] \qquad (2.55)$$

③ 정전용량의 개략값

아래의 표 2.1은 154[kV] 실제 계통에서의 정전용량 계산 값이다. 선로에 작용정전용량 값은 가공지선의 유무에 관계없이 일정하다.

표 2.1 정전용량 [uF/km]

154[kV]	2회선 사용		1회선 사용	
	가공지선 유	가공지선 무	가공지선 유	가공지선 무
Cs Cm	0.00392 0.001748	0.00345 0.001899	0.00520 0.00132	0.00474 0.00143
Cn=Cs+3Cm	0.00916	0.00916	0.00916	0.00916

위 결과로부터 발전소로부터 선로에 흐르는 충전전류는 각 선마다 동일하다는 것을 알 수 있다.

단도체 방식 3상 선로에의 작용정전용량은 회선 수에 관계없이 0.009[uF/km] 정도이고 대지 정전용량은 1회선인 경우는 0.005[uF/km], 2회선인 경우는 0.004[uF/km]정도이다,

◈ 문제 2-6 : 단상 2선식 배전선로에서 대지정전용량 C, 선간정전용량 C'이라 하면 작용정전용량 Cn은 어떻게 되는가?

◈ Solution

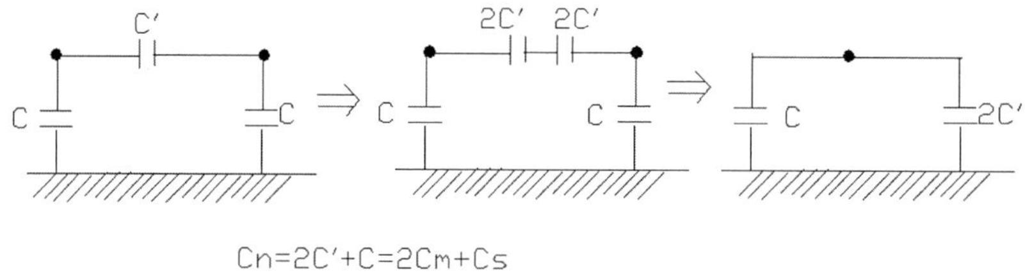

그림 2.14 작용정전용량

1선당 작용정전용량은 다음과 같다.

$$Cn = 2Cm + Cs$$

◈ 문제 2-7 : 3상 3선식 송전선로에서 각 선의 대지 정전용량은 0.5096[uF]이고, 선간 정전용량이 0.1296[uF]일 때 1선의 작용정전용량은 몇 [uF]인가?

◈ Solution

1선당 작용정전용량은 다음이다.

$$Cn = 3Cm + Cs = 0.5096 + 3 \times 0.1296 = 0.8984[uF]$$

2-1-4 송배전 선로에서 연가의 필요성을 설명한다.

일반적으로 3상 3선식 선로에서 각 전선의 선간거리는 같지 않게 되고, 지표상에서의 높이도 다 다르게 되는 경우가 일반적이다. 따라서 각 전선의 인덕턴스, 정전용량도 다르게 나타난다. 이 점은 송전단에서 3상 대칭전압을 인가하여 송전선로를 통해 수전단에 보내더라고 수전단에서는 전압이 비대칭을 이루게 된다. 따라서 이러한 점을 방지하기 위해서는 송전선이 길게 가는 동안에 각 전선의 배치를 바꾸어 줄 필요성이 생기게 된다. 그림 2.15에서 송전선로의 도중에 개폐소나 연가용 철탑 등을 조성하여 선로 전체의 정수가 전체로서 평형이 되도록 하는 것이 연가(transposition)이다.

3상3선식에서는 상이 세 개이므로 3상의 선로정수를 평형 시키기 위해 3배수로 하여야 한다. 연가는 선로정수를 평형 시키는 목적 이외에도 통신선의 유도장해를 방지하고, 직렬공진의 방지에 효과가 있다.

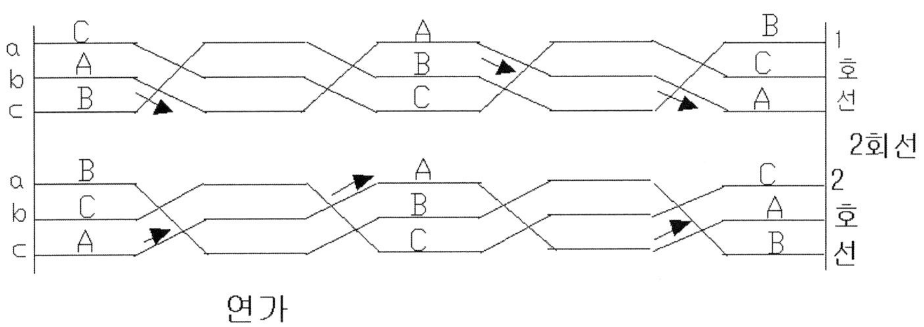

그림 2.15 송전선로의 연가

◈ 문제 2-8 : 연가의 효과를 쓰라.

◈ Solution : 통신유도장해 감소, 각 상의 Impedance 평형, 직렬공진 방지

◈ 문제 2-9 : 3상 3선식 송전선을 연가할 때 일반적으로 전체 선로길이의 몇 배수로 등분해서 연가 하는가?

◈ Solution : 3상 3선식에서는 상이 3개로 3상의 선로정수를 평행시키려면 3배수로 하여야 한다.

총괄평가

학습자 자기점검표

◆ 작성법

학생 스스로가 자신의 성취도를 성취 달성 정도에 따라 해당란에 'V' 표를 하시오.

이것은 학생이 모듈을 배우면서 부족한 점과 보충해야할 사항을 점검하기 위한 자기평가 입니다. 정직하고, 솔직하게 체크 하십시오.

성취 능력	매우 미흡	미흡	보통	우수	매우 우수
1. 송전선로의 작용 인덕턴스는 무엇인가?	①	②	③	④	⑤
2. 송전선로의 작용정전용량는 무엇인가?	①	②	③	④	⑤
3. 송전선로에서 선로정수는 어떠한 것을 말하는가?	①	②	③	④	⑤
4. 선로정수의 크기를 결정하는 요인들은 무엇인가?	①	②	③	④	⑤
5. 선로정수를 알면, 송배전선로의 어떠한 전기적 특성을 알 수 있는가?	①	②	③	④	⑤
6. 3상3선식 가공 송전선로에서 선간거리를 알고, 등가 선간거리를 계산하는 공식은 무엇인가?	①	②	③	④	⑤
7. 선로정수에서 저항은 온도에 어떠한 영향을 받는가?	①	②	③	④	⑤
8. 연가를 하는 목적과 효과를 설명하라.	①	②	③	④	⑤
9. 선로정수에서 평상시나 단락 고장 시에 사용하는 작용 인덕턴스와 지락 고장 시에 사용하는 인덕턴스는 어떻게 다른가?	①	②	③	④	⑤
10. 작용정전용량은 대지정전용량, 상호정전용량과 어떠한 관계가 있는가?	①	②	③	④	⑤

◆ 성취수준에 따른 자기평가 수준

모든 항목에서 '매우 우수' 혹은 '우수' 라고 평가한 학생을 제외하고는 부족한 내용에 대하여 다시 찾아가서 개별적으로 보충 학습을 하고 실험을 하십시오. 그래도 모르는 경우는 E-mail을 이용하거나, 개별적인 질문을 하시기 바랍니다.

인터넷 자료

http://www.kiee.or.kr 대한 전기학회
http://www.electricity.or.kr 대한 전기협회
http://www.keca.or.kr 한국전기공사협회
http://www.keea.or.kr 한국전력기술인협회
http://www.kieeme.or.kr (사)한국전기전자재료학회
http://cafe.naver.com/power 119 전기박사
http://cafe.naver.com/renewableenergy.cafe 신재생에너지
http://www.kepco.co.kr 한국전력
http://www.komipo.co.kr 한국중부발전
http://www.westernpower.co.kr 한국서부발전
http://www.khnp.co.kr 한국수력원자력
http://www.kosep.co.kr 한국남동발전
http://www.kemco.or.kr 에너지관리공단
http://www.keri.re.kr 한국전기연구원

관련서적 및 잡지

1. 송길영, “최신송배전공학”, 동일출판사, 2005년
2. 심상홍 外, “송배전공학”, 진영사, 1999년
3. 송길영, “최신 발전공학”, 동일출판사, 2005년
4. 배상기, “전력공학”, 진영사, 2005년
5. 박규홍, “전력발생공학”, 동일출판사, 2003년
6. H.Sadat, “Power System Analysis”, McGraw Hill, 2004년
7. Elgerd, “Basic Electric Power Engineering”, Addison Wesley, 1976년
8. 일본 전기기술자 협회편, “자가용 전기기술자 핸드북”, 대한전기협회,2000년
9. 대한전기학회편, “최신배전시스템공학”, (주)북스힐, 2006년
10. 송길영, “전력계통공학”, 동일출판사, 2000년
11. B.M.Weedy & B.J.Cory, "Electric Power Systems", Wiley,1998년
12. 검정연구회 편, “전기설비설계”, 동일출판사, 1996년

13. 정용기, “신전기설비 기술계산 핸드북”, (주)의제전기설비연구원, 2003년
14. 박건수 外 5인, “전력전송공학”, 청문각, 1997년

2-2 : 복도체 송전선로의 선로정수와 코로나

Module 2-2 : 복도체 송전선로의 선로정수와 코로나

개요

송배전 선로를 단도체로 사용한 경우와 복도체로 사용한 경우에 선로정수의 값의 변화에 대하여 설명한다. 요즈음 대전력 초고압 송전선 건설에 따라서 복도체 가공선로를 사용한 복도체 가공송전 방식을 사용한다.

복도체인 경우 2도체, 3도체, 4도체, 6도체, 8도체 등을 사용한다.

복도체에서의 총 단면적이 같은 단면적의 단도체를 사용하는 경우와 비교하면

1) 전선의 인덕턴스가 감소하여 송전용량을 증가한다.
2) 전선의 정전용량이 증가하여 송전용량이 증가한다.
3) 전선 표면의 전위경도가 저감되어서 코로나 개시전압이 높아지므로 코로나 손실을 줄일 수 있어 송전손실이 줄어든다.
4) 안정도를 증가 시킬 수 있다.

반면에 정전용량의 증가는 페란티 효과를 증대할 수 있으며, 단락 사고시 각 소도체에 같은 방향 대전류가 흘러 소도체가 충돌하여 전선 표면을 손상시킬 수 있다.

학습목표

1. 복도체 송전선로의 선로정수를 공부한다.
2. 전력 케이블인 경우에 선로정수를 공부한다.
3. 송전계통의 임피던스를 공부한다.
4. 임피던스와 %임피던스와의 관계를 공부한다.
5. 코로나 방전과 코로나 발생 임계전압을 공부한다.

주요어

선로정수, 복도체, 코로나, 임피던스, %임피던스, 코로나 발생 임계전압, 전력 케이블, 기하학적 평균거리, 충전전류, 충전용량.

2-2-1 복도체 송전선로인 경우에 선로정수를 설명한다.

단도체가 아닌, 복도체를 사용하는 경우에 인덕턴스는 감소하고, 정전용량은 증가하게 된다. 그것을 수식으로 알아보면 다음과 같다

1) 인덕턴스 값의 변화

복도체인 경우 복도체 각각의 여러개 도체를 소도체라고 하면, 소도체의 반지름을 r[m], 소도체 수를 n, 소도체의 간격을 S[m]라고 할 때 도선내부의 자속 쇄교 수에 의한 것은 단도체의 1/n로 된다.

따라서, 등가 반지름은 다음으로 증가한다.

$$r_e = \sqrt[n]{rS^{n-1}}\ [\mathrm{m}] \tag{2.56}$$

일반적으로 n개의 도체로 구성된 복도체(비투자율μ_s=1인 경우)에 대한 일반식은 다음으로 계산 되어진다.

$$Ln = \frac{0.05}{n} + 0.4605\log_{10}\frac{D}{\sqrt[n]{rS^{n-1}}}\ [\mathrm{mH/km}] \tag{2.57}$$

$$\text{2도체인 경우 : } L_2 = \frac{0.05}{2} + 0.4605\log_{10}\frac{D}{\sqrt{rS}}\ [\mathrm{mH/km}] \tag{2.58}$$

$$\text{3도체인 경우 : } L_3 = \frac{0.05}{3} + 0.4605\log_{10}\frac{D}{\sqrt[3]{rS^2}}\ [\mathrm{mH/km}] \tag{2.59}$$

$$\text{4도체인 경우 : } L_4 = \frac{0.05}{4} + 0.4605\log_{10}\frac{D}{\sqrt[4]{rS^3}}\ [\mathrm{mH/km}] \tag{2.60}$$

4도체인 경우 소도체 상호간의 기하학적 평균거리 S는 아래 그림에서

$$S = \sqrt[3]{SoX\sqrt{2}SoXSo} = \sqrt[6]{2}\mathrm{So}[\mathrm{m}] \text{ 이다.} \tag{2.61}$$

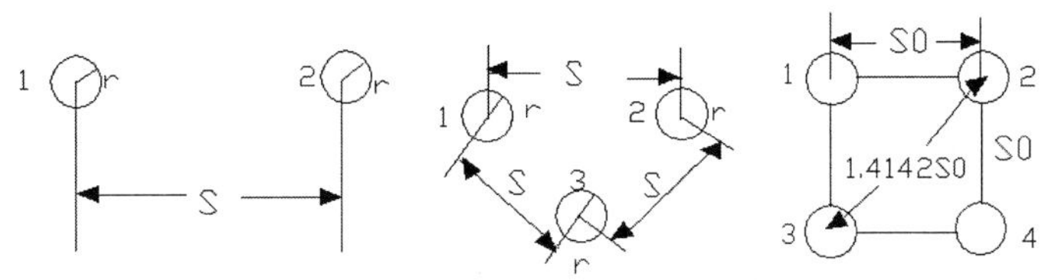

그림 2.16 복도체 소선의 배치

또한, 1선과 대지귀로의 자기 인덕턴스 Le와 대지를 귀로로 하는 2선간의 상호 인덕턴스 Le'는 다음으로 계산된다.

$$Le = \frac{0.05(n+1)}{n} + 0.4605\log_{10}\frac{2He}{\sqrt[n]{rS^{m-1}}} \text{ [mH/km]} \tag{2.62}$$

$$Le' = 0.05 + 0.4605\log_{10}\frac{2He}{D} \text{ [mH/km]} \tag{2.63}$$

3선 일괄 대지 귀로의 경우의 1선당 자기인덕턴스 L_{e3}는 다음이다.

$$L_{e3} = Le + 2Le' \tag{2.64}$$

◈ 문제 2-10 : 154[kV] 용에서 사용하는 복도체는 같은 단면적의 단도체에 비해 인덕턴스와 정전용량의 값은 어떻게 변화하는가?

◈ Solution

단도체의 수식과 비교하면 등가반지름이 증가함을 알 수 있다.

$$L = 0.05 + 0.4605\log_{10}\frac{D}{r} \tag{2.65}$$

$$Ln = \frac{0.05}{n} + 0.4605\log_{10}\frac{D}{\sqrt[n]{rS^{m-1}}} \text{ [mH/km]} \tag{2.66}$$

$$C = \frac{0.02413}{\log_{10}\frac{D}{r}} \tag{2.67}$$

$$Cn = \frac{0.02413}{\log_{10}\frac{D}{\sqrt[n]{rS^{n-1}}}} \ [\mu F/km] \tag{2.68}$$

따라서 복도체는 단도체에 비하여 인덕턴스는 감소하고, 정전용량은 증가한다.

◈ 문제 2-11 : 송전계통에서 복도체가 사용되는 주된 목적은 무엇인가?

◈ Solution : 인덕턴스는 감소하고, 정전용량이 증가하므로 송전용량이 증가하고, 안정도가 향상되고, 코로나 임계전압이 증가하여 코로나를 방지할 수 있다.

2) 정전용량 값의 변화

정전용량의 값은 계산에서도 등가반지름 $r_e = \sqrt[n]{rS^{n-1}}$ [m]을 사용하여 구하면 된다.

일반적으로 n개의 도체로 구성된 복도체(비투자율μ_s=1인 경우)에 대한 일반식은 다음으로 계산되어진다.

$$Cn = \frac{0.02413}{\log_{10}\frac{D}{\sqrt[n]{rS^{n-1}}}} \ [\mu F/km] \tag{2.69}$$

$$2\text{도체인 경우} : C_2 = \frac{0.02413}{\log_{10}\frac{D}{\sqrt{rS}}} \ [\mu F/km] \tag{2.70}$$

$$3\text{도체인 경우} : C_3 = \frac{0.02413}{\log_{10}\frac{D}{\sqrt[3]{rS^2}}} \ [\mu F/km] \tag{2.71}$$

$$4\text{도체인 경우} : C_4 = \frac{0.02413}{\log_{10}\frac{D}{\sqrt[4]{rS^3}}} \ [\mu F/km] \tag{2.72}$$

◈ 문제 2-12 : 정전용량 0.01[uF/km], 길이 180[km], 선간전압 60,000[V], 주파수 60[Hz]인 송전선로의 충전전류[A]는 얼마인가?

◈ Solution

$$I_c = \omega ClE = 2\pi fClE \tag{2.73}$$

$$= 2\pi \times 60 \times 0.01 \times 10^{-6} \times 180 \times \frac{60000}{\sqrt{3}} = 23.5[A]$$

2-2-2 전력 케이블인 경우에 선로정수를 설명한다.

전력 케이블인 경우에 선로정수 저항, 인덕턴스, 정전용량을 생각해 본다.

1) 저항

전력 케이블 도체는 주로 연동선을 사용한다. 연동의 저항 값은 교류에서의 저항 값이 직류에서의 저항 값보다 약간 더 크다. 이유는 도체 표면의 표면작용과 도체간의 거리가 작아지므로, 일어나는 근접효과로 전류가 불균일하게 되기 때문이다.

케이블의 저항은 20[℃]에서 직류 표준 저항 값으로 나타낸다.

$$R_0 = \frac{1}{58\sigma} \times \frac{1}{\frac{\pi}{4}d_0^2 n}(1+k_2)(1+k_3)\ [\Omega] \tag{2.74}$$

- σ : 도전율 0.97~0.99
- d_0 : 연동선(소선)의 표준지름[mm]
- n : 소선수
- k_2 : 소선연선율(60가닥 이하 2[%], 61가닥 이상 3[%])
- k_3 : 다심 케이블인 경우 심선연선율(2~4심 1[%], 5~7심 2[%])

2) 인덕턴스

심선 1가닥 당의 인덕턴스는 외장 및 연피를 무시하면 다음과 같다.

$$L = 0.05 + 0.4605\log_{10}\frac{D}{r}\ [\text{mH/km}] \tag{2.75}$$

◦ D : 도체간의 중심거리[m]
◦ r : 도체의 반지름[m]

케이블인 경우의 도체간의 중심거리는 가공전선로에서의 도체 간의 중심거리보다 훨씬 작아져서 인덕턴스의 값은 대략 0.2~0.4[mH/km]로 줄어든다.

3) 정전용량

단심 케이블의 정전용량의 값은 다음과 같다.

$$C = \frac{0.02413\epsilon}{\log_{10}\frac{R}{r}}\ [\mu\text{F/km}] \tag{2.76}$$

◦ r : 도체의 반지름[m]
◦ R : 연피의 안쪽 반지름(절연반지름)[m]
◦ ϵ : 절연체의 유전율(유침지 절연층이면 3.4~3.9, 비닐이면 7.0, 폴리에틸렌 2.3, 부틸고무는 4.0)

다심 케이블인 경우의 정전용량은 다음과 같다.

$$C = \frac{0.0556\epsilon n}{G}\ [\mu\text{F/km}] \tag{2.77}$$

◦ n : 심선 수(3심 케이블은 n=3)
◦ G : 형상계수

전력 케이블인 경우의 정전용량은 가공전선로에서의 선간거리 D을 대신하여 절연반지름인 R을 사용하여 가공전선로의 정전용량에 비하여 30배 정도 커서 대략 C = 0.3~1.7[μF/km]가 된다.

다심 케이블인 경우에서 3심 케이블의 작용정전용량을 구하여 보자.

작용정전용량은 그림 2.17에서처럼 대지정전용량 C_s, 상호정전용량 C_m을 구하여 알 수 있다.

그림 2.17(b)에서 3심 일괄과 연피간의 정전용량 Ca를 측정하면

$$C_a = 3C_s \qquad \therefore C_s = \frac{C_a}{3} \tag{2.78}$$

그림 2.17(c)에서 1심과 2심과 연피를 연결한 것과의 사이에서 정전용량 C_b를 측정하면 다음이다.

$$C_b = C_s + 2C_m \qquad \therefore Cm = \frac{1}{2}(C_b - C_s) = \frac{1}{2}\left(C_b - \frac{C_a}{3}\right) \tag{2.79}$$

3상 전압을 인가하였을 경우 1상당의 작용정전용량은 다음과 같다.

$$C = C_s + 3C_m = \frac{9C_b - C_a}{6} \quad [\mu F/km] \tag{2.80}$$

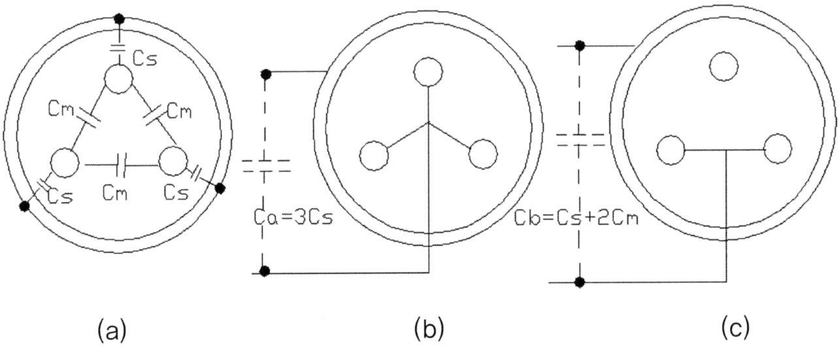

그림 2.17 3심 벨트 케이블의 정전용량

4) 전력 케이블인 경우의 충전전류, 충전용량

전력 케이블인 경우의 충전전류와 충전용량은 다음과 같다.

$$I_c = \omega C \frac{V}{\sqrt{3}} \text{ X } 10^{-3} \text{ [A]} \qquad (2.81)$$

◦ I_c : 케이블의 충전전류, C : 정전용량[μF], V : 선간전압(사용전압)

◦ ω : $2\pi f$(f는 주파수[Hz])

◦ $Q_c = \sqrt{3} V I_c = \omega C V^2 \text{ X } 10^{-3} = 3\omega c E^2$[kVA] (2.82)

일반적으로 케이블인 경우는 정전용량이 커지기 때문에 선간전압이 승압이 되면 충전전류, 충전용량이 커지는 문제가 생기게 된다.

◈ 문제 2-13 : 일정한 길이의 3심 벨트 케이블이 있다. 3심을 일괄한 것과 연피와의 사이에 60[Hz], 6000[V]의 전압을 인가하면, 충전전류는 6.792[A]이다. 또, 임의의 2심간에 60[Hz], 6000[V] 전압을 인가하니 충전전류는 2.292[A]이다. 지금, 60[Hz], 22,900[V]를 인가하면 충전전류는 얼마인가?

◈ Solution

3심 벨트 케이블의 대지정전용량 Cs, 상호정전용량 Cm의 분포는 아래 그림과 같다.

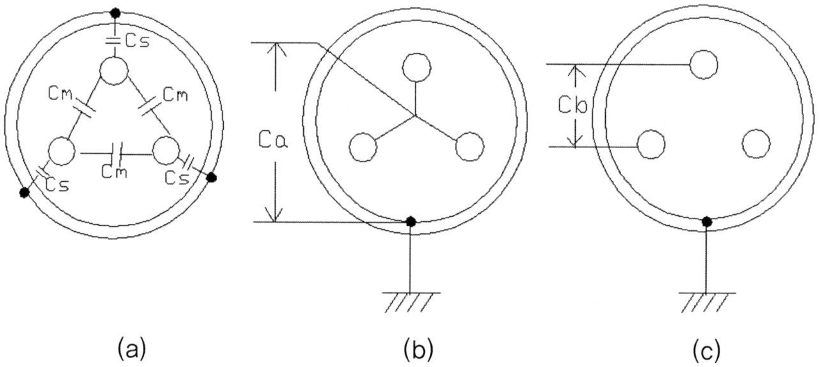

그림 2.18

위의 그림 2.18에서 가운데의 그림(b)은 3심을 일괄한 것이고 Ca, 오른쪽 그림(c)은 2심간을 나타내고 Cb이다.

$$Ca = 3Cs \qquad (2.83)$$

$$Cb = \frac{1}{2}(3Cm + Cs) \tag{2.83}$$

위의 2개의 식으로부터 대지정전용량과 상호정전용량을 구할 수 있다.

$$Cs = \frac{1}{3}Ca \tag{2.84}$$

$$Cm = \frac{2}{3}(Cb - \frac{Cs}{2}) \tag{2.85}$$

1회 측정결과로부터 Ca를 구한다.

$$Ia = 2\pi f\ Ca\ E \times 10^{-6} = 2 \times 3.14 \times 60 \times Ca \times 6{,}000 \times 10^{-6} = 6.792[A] \tag{2.86}$$

$$\therefore Ca \fallingdotseq 3.00[uF]$$

따라서, 1심선의 대지정전용량 $Cs = \frac{1}{3}Ca = 1.00[uF]$이고, 2회 측정결과로부터 Cb를 구한다.

$$Ib = 2\pi f\ Cb\ E \times 10^{-6} = 2 \times 3.14 \times 60 \times Cb \times 6{,}000 \times 10^{-6} = 2.292[A] \tag{2.87}$$

$$\therefore Cb \fallingdotseq 1.01[uF]$$

$$\text{따라서 상호정전용량 } Cm = \frac{2}{3}(Cb - \frac{Cs}{2}) = 0.34[uF] \tag{2.88}$$

1상의 작용정전용량 Cn은 다음이다.

$$Cn = Cs + 3Cm = 1.00 + 3 \times 0.34 = 2.02[uF] \tag{2.89}$$

구하는 충전전류 Ic는 다음이다.

$$Ic = 2\pi f\ Cn \times 10^{-6} \times \frac{22900}{\sqrt{3}} = 10.07[A] \tag{2.90}$$

◈ 문제 2-14 : 지중송전선 계통은 가공송전선 계통에 비하여 인덕턴스와 정전용량을 비교하면 어떻게 되는가?

◈ Solution : 지중송전선은 가공송전선에 비하여 선간거리가 짧으므로 인덕턴스 값은 작고, 정전용량 값은 커진다.

2-2-3 송전계통의 임피던스와 %임피던스와의 관계를 설명한다.

1) 옴[Ω]임피던스

송전선로의 임피던스는 R, L, C, G로 구성이 되어있다. 3상 3선으로 되어 있는 회로를 하나의 1회선으로 환산하면 선로 1회선 당 임피던스 Z와 어드미턴스 Y는 다음과 같이 표현된다.

$$Z = R + j\omega L = R + jX \ [\Omega/km] \qquad (2.91)$$

$$Y = G + j\omega C = G + jY \ [℧/km]] \qquad (2.92)$$

일반적으로 콘덕턴스 G는 무시하므로 다음으로 쓴다.

$$Y = j\omega C = jY \ [℧/km]] \qquad (2.93)$$

그림 2.19에서 발전소, 변전소, 송전선로를 생각해 본다. 이같은 경우에는 변전소의 변압기로 임피던스 단일화하는데 문제가 생길 수 있다.

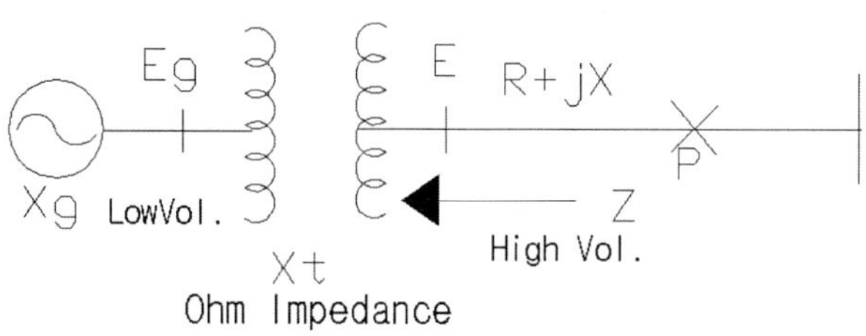

그림 2.19 오옴 임피던스의 집계

그림 2.19에서 송전선로의 임의의 점 P로부터 전원측을 본 전체 임피던스를 구해본다. 발전기는 Eg의 전압을 갖고 발전기의 리액턴스는 Xg[Ω]이다. 주어진 계통에서 전압 Eg는 변압기를 거쳐서 승압이 되어 전압 E가 되므로 그대로 선로임피던스에 발전기 리액턴스 Xg를 더할 수 없다. 따라서 Xg를 일단 선로 회로에서의 값으로 환산을 해 주어야 한다. 발전기 권선이 Y결선이므로 양측의 회로 전압비(권선비) n = $\frac{E}{Eg}$ = (고압/저압)의 제곱을 곱해 주면 된다. Xt는 고압측에서 본 임피던스이므로 P점에서 본 전체 임피던스는 다음과 같다.

$$\dot{Z} = jXg(\frac{E}{Eg})^2 + jXt + R + jX \tag{2.94}$$

만약, 이 때 변압기의 접속이 $\Delta - \Delta$결선일 경우는 선로측에서 본 변압기 리액턴스는 Δ의 값이므로 이것을 $\Delta \rightarrow$ Y변환공식에 따라 Y의 값으로 환산해서 다음과 같이 나타낸다.

$$\dot{Z} = jXg(\frac{E}{Eg})^2 + jXt/3 + R + jX \tag{2.95}$$

식 (2.95)에서와 같이 전압이 다른 각 부분에 걸치 회로의 전체 임피던스를 고려 할 때는 반드시 사전에 그 전압을 어느 한 쪽의 값으로 통일하고 각 부분의 임피던스를 이 통일된 전압에 맞추어서 환산한 다음에 집계해 나가야만 한다.

2) %임피던스

실제로 송전계통에서는 임피던스를 [Ω]값으로 나타내지 않고, [%] 값으로 나타내고 있다. 즉, 어떤 양을 나타내는데 그 절대량이 아니고 기준량에 대한 비(比)로 나타내는 방법을 단위법(PU)이라고 하는데, 이 값을 100배 한 값으로 나타내는 것을 백분율법, 퍼센트법(%)이라고 한다. %법에서 기준량은 정격전압, 정격속도, 정격전류, 정격주파수를 사용한다.

%법이나, 단위법(PU) 사용 시의 이점으로 다음과 같은 것이 있다.

(1) 값이 단위를 가지지 않으므로 계산 도중에 환산할 필요가 없다.
(2) 식 중에 정수 등이 생략이 되어 식이 간단하다.

(3) 기기의 용량과 관계없이 그 값이 일정한 범위 내에 들어가기 때문에 기억하기 쉽다.

%임피던스를 정의하면 변압기나 발전기 내부의 임피던스, 전선로의 임피던스를 %값으로 나타내는 것이다.

그림 2.20에서처럼 임피던스 Z[Ω]이 접속되고 정격전압 E[V]가 인가되어 있을 때 회로에는 정격전류 I[A]가 흐르고 전압강하는 ZI[V]가 된다. 이 전압강하가 회로의 정격전압 E[V]에 대한 비가 몇%인가를 나타내 준 것이다. 따라서 %임피던스로 나타내면 다음과 같다.

$$\%Z = \frac{Z[\Omega]I[A]}{E[V]} \times 100[\%] \tag{2.96}$$

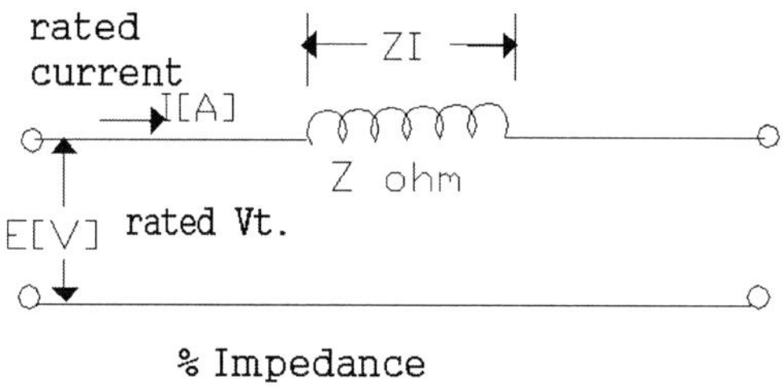

그림 2.20 (a) %임피던스

만약에 변압기의 전압비가 $E_2 > E_1$라면 즉, 권선비 n = $\frac{E_2}{E_1}$인 경우는 1차측에서 본 임피던스를 $Z_1[\Omega]$, 2차측에서 본 임피던스를 $Z_2[\Omega]$라 하면 다음과 같이 나타난다.

$$\%Z_2 = \frac{Z_2 I_2}{E_2} \times 100[\%] = \frac{n^2 Z_1 X \frac{1}{n} I_1}{n E_1} \times 100[\%]$$

$$= \frac{Z_1 I_1}{E_1} \times 100[\%] = \%Z_1 \tag{2.97}$$

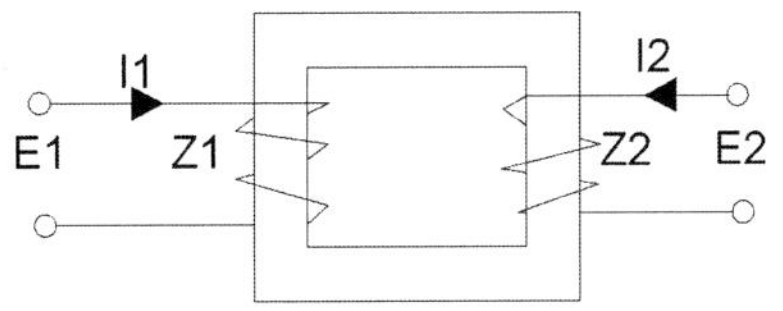

그림 2.20(b) 변압비

위와 같은 결과로 변압기 임피던스를 %임피던스로 나타내면 고압측에서 보거나, 저압측에서 보더라도 언제나 그 값이 같기 때문에 옴 임피던스처럼 전압에 신경을 쓸 필요가 없다. 그래서 실제로 발전소나 변전소에서는 임피던스를 %임피던스로 나타낸다.

3) 옴 임피던스와 %임피던스와의 관계

%Z의 식(2.96)으로부터 정격전압 E[V]를 [kV]단위로 나타내면 다음과 같이 변화된다.

$$\%Z = \frac{ZI}{1000E} \times 100 = \frac{ZI}{10E}[\%] \tag{2.98}$$

분자, 분모에 E[kV]를 곱하여 옴임피던스와 %임피던스 관계식을 만들 수 있다.

$$\%Z = \frac{ZI \cdot E}{10E \cdot E} = \frac{Z \cdot kVA}{10E^2}[\%] \tag{2.99}$$

$$\therefore Z[\Omega] = \frac{\%Z \cdot 10E^2}{kVA}[\Omega] \tag{2.100}$$

여기서, kVA는 변압기의 정격용량[kVA]이다. (단상변압기 1대일 경우 계산식)

만약에 kVA_3가 3상용량을 나타내고 V가 선간전압[kV]을 나타내면 식 (2.100)을 3상 접속시 1선당의 변압기 임피던스 계산식으로 나타내어 다음과 같이 쓸 수 있다.

$$Z[\Omega] = \frac{\%Z \cdot 10V^2}{kVA_3}[\Omega] \tag{2.101}$$

◈ 문제 2-15 : 154[kV], 1회선 송전선에서 1선의 리액턴스가 22[Ω], 전류가 300[A]일 때 %리액턴스는 얼마인가?

◈ Solution

우선, 전류와 선간전압으로부터 용량을 구한다.

$$P = \sqrt{3}VI = \sqrt{3} \times 154 \times 300 = 80020.75[kVA]$$

따라서 %임피던스는 공식으로부터 구해진다.

$$\%Z = \frac{Z \cdot P}{10V^2} = \frac{22 \cdot 80020.75}{10 \cdot 154^2} = 7.423[\%]$$

◈ 문제 2-16 : 송전단에서 발전기 전압 6.6[kV]를 66[kV]로 승압하고 수전단에서는 66[kV]을 3.3[kV]의 부하전압으로 강압하는 송전선이 있다. 각 부분의 임피던스는 그림과 같은 경우 선로의 임피던스를 0.19+j0.36[Ω/km]라 하고 송전단에서 40[km], 수전단에서 30[km]인 점 P에서 본 전계통의 임피던스를 산출하라.

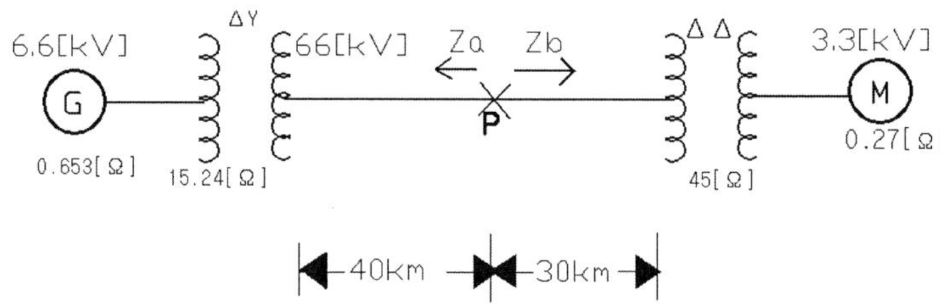

그림 2.21

◈ Solution

점 P에서 본 전원측의 임피던스 Za는 다음이다.

$$Za = j0.653(\frac{66}{6.6})^2 + j15.24 + (0.19+j0.36) \times 40 = 7.6 + j\,94.94[\Omega]$$

또한 점 P에서 본 부하 측의 임피던스 Zb는 다음이다.

$$Zb = j0.27(\frac{66}{3.3})^2 + j\frac{45}{3} + (0.19+j0.36) \times 30 = 5.7 + j133.8[\Omega]$$

P점에서 본 전 계통의 임피던스

$$Z = \frac{ZaZb}{Za+Zb} = 3.58 + j55.55[\Omega]$$

4) %Z을 집계할 경우 기준용량

%Z을 집계할 경우에는 먼저 기준용량을 정하고 그 기준용량 하에서 %Z을 환산해 주어야 한다. 그런 다음에 각 부분의 임피던스 강하를 전부 집계해 나간다.

kVA용량이 서로 다른 각 부분의 %Z을 채택된 기준용량 하에서 환산하기 위해서는 그 기준용량이 kVA와 실제 기기의 kVA와의 비를 곱해 주기만 하면 된다.

예를 들어 5,000[kVA] 변압기가 7[%] 임피던스를 갖고 있으면 기준용량을 10,000[kVA]로 정한 경우에 기준용량으로의 %Z는 다음과 같이 계산된다.

$$\%Z = 7 \times \frac{10,000}{5,000} = 14[\%]$$

즉, 기준용량을 kVA_b라고 하면 환산하게 되는 $\%Z_b$는 다음과 같다.

$$\%Z_b = \%Z \times \frac{kVA_b}{kVA}$$

기준용량은 송전선로의 전압 154[kV] 이하인 경우는 10,000[kVA]을 채용하고, 22[kVA] 이상의 전압에서는 100,000[kVA]을 기준용량으로 사용한다.

2-2-4 코로나 방전과 코로나 발생 임계전압을 설명한다.

앞에서 설명한 것과 같이 송전선로에서는 송전전압을 높이면, 전선의 굵기를 굵게 하지 않아도 많은 전력을 송전할 수 있다. 그러나 송전전압을 높여줄 경우에는 여러 문제점이 나타난다.

① 전선 주위의 전위경도가 커지기 때문에 코로나손, 코로나 잡음이 발생하기 쉽다.
② 변압기, 차단기, 단로기 등의 절연 레벨이 높아지기 때문에 기기가 비싸진다.
③ 철탑, 애자 등의 절연 레벨이 높아지므로 선로 건설비가 많이 든다.

④ 태풍, 뇌해 및 염해 등의 대책이 요구된다.

전선 주위에 발생하는 코로나손을 살펴보면 다음과 같다. 전선 주위에 공기가 있으므로, 공기의 절연내력에 대하여 생각해 보아야 한다. 공기는 20[℃], 760[mmHg]의 표준기압 하에서 직류에서는 약 30[kV/cm], 교류(실효값)에서는 그 $1/\sqrt{2}$인 약 21[kV/cm]의 전위 경도를 가하면 절연이 파괴되는데 이것을 파열 극한 전위 경도라고 한다. 아래 그림에서 전선 표면에서의 거리에서 파열 극한 전위 경도를 보여 주고 있다. 즉, 송전선로에서 전선 표면의 근방세서는 전극간의 일부분에서만 전위 경도가 30[kV]의 한계 값을 넘을 때에는 그 부분에서만 공기의 절연이 파고되어 전체로서는 섬락에 이르게 되지는 않는다. 이같이 공기의 절연성이 부분적으로 파괴되어서 낮은 소리나 엷은 빛을 내면서 방전하게 되는 현상을 코로나(corona) 또는 코로나 방전이라고 한다.

즉, 코로나는 불꽃방전의 일보직전의 국부적인 방전 현상이다. 변전소에서나 고압송전선 아래에 서서 코로나 방전의 소리를 들을 수 있다. 안개가 많이 낀 날에 방전이 심해진다. 코로나 방전은 일기에 영향을 받고, 공기 밀도, 전선의 표면상태 등에 영향을 받는다.

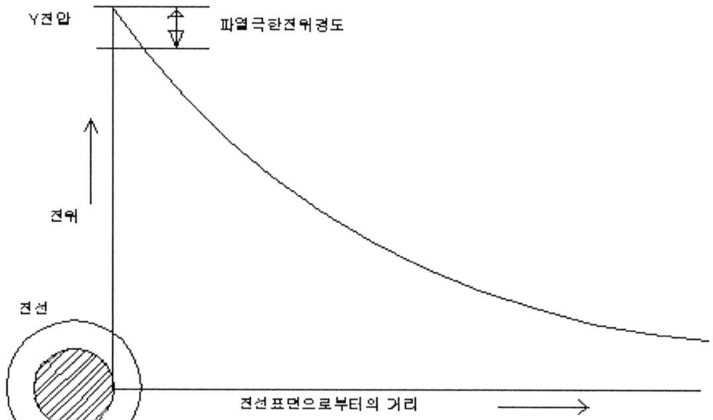

그림 2.22 전위경도

1) 코로나 임계전압

전선표면에서 교류 실효 값으로 21.1[kV]일 때, 코로나가 발생하므로 전선에 얼마의 전압이 인가된 경우에 코로나가 발생하는지를 알아 볼수 있다. 즉, 코로나 임계전압을 수식으로 정리하여 볼 수 있다.

전선의 반지름이 r[m], 전선의 단위 길이당 전하량 Q[C/m]일 때, 전선 표면의 전위 경도 g[V/m]는 다음이다.

$$g = \frac{Q}{2\pi\epsilon r} \fallingdotseq \frac{2Q}{r} \text{ x } 9 \text{ x } 10^9 \text{ [V/m]} \tag{2.102}$$

식 (2.101)의 값이 파열극한 전위 경위 경도 g_0(21.1[V/m])을 넘으면 코로나가 발생하므로 실효값이 E인 3상 송전선에 대하여 생각하면, 송전선간의 선간거리 D[m], 지표상에서의 높이가 h[m]인 경우에 전선의 반지름 r에 비하여 상당히 커서, 전계분포는 같이 지어서 식(2.102)은 성립됨을 알 수 있다. 전선의 중성점에 대한 정전용량(작용정전용량)을 C[F/m]라고 하면, 전하 Q = CE[c/m]가 된다. 따라서 위 식은 다음과 같이 된다.

$$g = \frac{CE}{2\pi\epsilon r} \fallingdotseq \frac{2CE}{r} \text{ x } 9 \text{ x } 10^9 = \frac{E}{r\log_e \frac{D}{r}} \text{ [V/m]} \tag{2.103}$$

위 식 (2.103)은 다음 식으로 다시 쓸 수 있다.

$$g = \frac{E}{r} X \frac{0.4343}{\log_{10}\frac{D}{r}} \text{ [kV/cm]} \tag{2.104}$$

따라서, 평상시 운전 상태에서 코로나 임계전압 E_0[kV]는 g = g_0(21.1[kV/cm])를 놓아서 풀면 다음과 같은 식으로 표시된다.

$$21.1 = \frac{E_0}{r} X \frac{0.4343}{\log_{10}\frac{D}{r}} \tag{2.105}$$

$$\therefore E_0 = 24.3 \text{ x } 2r \text{ x } \log_{10}\frac{D}{r} = 24.3 \text{ x } d \text{ x } \log_{10}\frac{D}{r} \tag{2.106}$$

(단, d = 2r :전선의 지름 [cm])

위 식 (2.106)에서 전선의 굵기가 코로나 임계전압과 관계가 있어서 전선의 굵기가 굵어지면 임계전압이 높아짐을 알 수 있다. 반대의 경우, 전선의 굵기가 작아지면 임계전압은 낮아진다. 송전선로의 설계에서 임계전압은 선간거리와 전선의 반지름으로 좌우되게 된다. 따라서 345[kV]를 넘는 송전선로에서는 전선의 반지름때문에 중공도선이나, ACSR 선이 사용된다.

실제로는 앞에서 언급한 대로 전선의 표면상태, 기온, 압력에 영향을 받는다. 이러한 계수를 고려하여 다음과 같은 식을 쓸 수 있다.

$$E_0 = 24.3\ m_0\ m_1\ \delta\ d\ \log_{10}\frac{D}{r}\ [kV] \tag{2.107}$$

여기서, m_0 : 전선의 표면 상태로 정해지는 계수 (표 4.5 참조)

m_1 : 일기에 관계하는 계수로 공기의 절연내력의 저하도를 표시함 (맑은 날 1.0, 비, 눈, 안개 등의 우천 시는 0.8)

δ : 상대공기밀도로 기온 t[℃]에서의 기압을 b[mmHg]인 경우

$$\delta = \frac{0.386b}{273+t} \quad \text{(표준기압 760[mmHg], t=20[℃]인 경우 : } \delta = 1) \tag{2.108}$$

표 2.2 전선의 표면계수

전선의 표면상태	m_0
잘 다듬어진 단선	1
표면이 거친 단선	0.98~0.93
7개 연선	0.87~0.83
19~61개 연선	0.85~0.80

2) 코로나 장해

코로나가 발생하면 다음과 같은 장해를 일으킨다.

① 코로나 손실

코로나 손실이 발생하여 송전효율이 저하된다. 코로나 손실을 줄이기 위해서는 굵은 전선을 사용하여야 하나, 굵은 전선 사용 시에는 건설비가 비싸진다.

$$P = \frac{241}{\delta}(f+25)\sqrt{\frac{d}{2D}}(E - E_0)^2 \times 10^{-5} \text{ [kW/km/line]}$$

- E : 전선의 대지전압[kV]
- E_0 : 코로나 임계전압 [kV]
- f : 주파수[Hz]
- d : 전선의 지름[cm]
- D : 선간거리[m]
- δ : 상대공기밀도

② 코로나 잡음

교류전압의 반파마다 간헐적으로 일어나게 되는데, 코로나에 의해 생기는 코로나 펄스는 선로에 따라서는 전파되어 송전선로 근방에 있는 라디오라든가 텔레비전의 수신 또는 송전선로의 보호, 보수용으로 사용되고 있는 반송계전기나 반송 통신설비에 잡음을 준다.

③ 통신선에서의 유도장해

코로나에 의한 고조파 전류 중 제 3고조파 성분은 중성점 전류로서 나타나고 중성점 직접접지 방식의 송전선로에서는 부근의 통신선에 유도장해를 일으킬 우려가 있다.

④ 소호 리액터의 소호능력 저하

1선 지락 시에 건전상의 대지전압 상승에 의한 코로나 발생은 고장점의 잔류 전류의 유효분을 증가해서 소호능력을 저하시키기 때문에 소호 리액터 접지 방식에서는 문제가 된다.

⑤ 전선의 부식촉진

코로나에 의한 화학작용으로 전선 지지점 등에서 전선의 부식이 일어나게 된다.

◈ 문제 2-17 : 송전선로에 코로나가 발생하면 전선이 부식된다. 무엇에 의하여 부식되는가?

◈ Solution

오존과 산화질소는 코로나 방전시에 발생하여 습기와 혼합하면 질산이 되므로 전선이나 부속물을 부식시킨다.

◈ 문제 2-18 : 코로나 방지 대책을 아는 대로 쓰시오?

◈ Solution

① 전선의 지름을 크게 한다.

② 복도체를 사용한다.

③ 가선금구를 개량 한다.

④ 가선 시에 전선 표면에 금구를 손상하지 않게 한다.

형성 평가

◈ 문제 2-19 : 어느 발전소의 발전 시는 전압이 13.3[kV], 용량이 92,000[kVA]이고 동기 임피던스 Z_s는 95[%]라고 한다. 이 발전기의 Z_s는 몇[Ω]인가?

◈ 문제 2-20 : 다음 경우의 임피던스를 %임피던스로 나타내어라.

① 선간전압 345[kV], 전부하 전류가 100[A] 기기가 있다. 1상단의 임피던스는 j7 [Ω]이다.

② 어느 기기의 3상 단락전류를 측정 하였더니 그 값은 전부하 전류의 3배였다.

③ ①의 경우를 기준용량 100[MVA]로 환산하라.

총괄평가

학습자 자기점검표

◆ 작성법

학생 스스로가 자신의 성취도를 성취 달성 정도에 따라 해당란에 'V' 표를 하시오.

이것은 학생이 모듈을 배우면서 부족한 점과 보충해야할 사항을 점검하기 위한 자기 평가입니다. 정직하고, 솔직하게 체크하십시오.

성취 능력	매우 미흡	미흡	보통	우수	매우 우수
1. 복도체 송전선로에서 작용인덕턴스에 대해서 설명하라.	①	②	③	④	⑤
2. 복도체 송전선로에서 작용정전용량에 대해서 설명하라.	①	②	③	④	⑤
3. 복도체 송전선로의 경우 소도체 상호간의 기하학적 평균거리에 대해서 설명하라.	①	②	③	④	⑤
4. 지중송전선로에 사용되는 전력케이블의 경우에 인덕턴스의 값은 가공송전선로와 비교하면 어떻게 되는가?	①	②	③	④	⑤
5. 지중송전선로에 사용되는 전력케이블의 경우에 정전용량의 값은 가공송전선로와 비교하면 어떻게 되는가?	①	②	③	④	⑤
6. 케이블의 충전전류, 충전용량를 나타내는 식을 쓰고 설명하라.	①	②	③	④	⑤
7. 옴임피던스와 %임피던스의 관계를 수식을 쓰고 설명하라.	①	②	③	④	⑤
8. 코로나 방전이란 어떠한 것인지 설명하라.	①	②	③	④	⑤
9. 실제로 사용되는 코로나 임계전압의 식을 쓰고, 전선 표면의 상태와 일기와의 관계를 설명하라.	①	②	③	④	⑤
10. 코로나 장해의 종류를 쓰고 방지대책을 논하라.	①	②	③	④	⑤

◆ 성취수준에 따른 자기평가 수준

모든 항목에서 '매우 우수' 혹은 '우수' 라고 평가한 학생을 제외하고는 부족한 내용에 대하여 다시 찾아가서 개별적으로 보충 학습을 하고 실험을 하십시오. 그래도 모르는 경우는 E-mail을 이용하거나, 개별적인 질문을 하시기 바랍니다.

인터넷 자료

http://www.kiee.or.kr 대한 전기학회
http://www.electricity.or.kr 대한 전기협회
http://www.keca.or.kr 한국전기공사협회
http://www.keea.or.kr 한국전력기술인협회
http://www.kieeme.or.kr (사)한국전기전자재료학회
http://cafe.naver.com/power 119 전기박사
http://cafe.naver.com/renewableenergy.cafe 신재생에너지
http://www.kepco.co.kr 한국전력
http://www.komipo.co.kr 한국중부발전
http://www.westernpower.co.kr 한국서부발전
http://www.khnp.co.kr 한국수력원자력
http://www.kosep.co.kr 한국남동발전
http://www.kemco.or.kr 에너지관리공단
http://www.keri.re.kr 한국전기연구원

관련서적 및 잡지

1. 송길영, "최신송배전공학", 동일출판사, 2005년
2. 심상홍 外, "송배전공학", 진영사, 1999년
3. 송길영, "최신 발전공학", 동일출판사, 2005년
4. 배상기, "전력공학", 진영사, 2005년
5. 박규홍, "전력발생공학", 동일출판사, 2003년
6. H.Sadat, "Power System Analysis", McGraw Hill, 2004년
7. Elgerd, "Basic Electric Power Engineering", Addison Wesley, 1976년
8. 일본 전기기술자 협회편, "자가용 전기기술자 핸드북", 대한전기협회,2000년
9. 대한전기학회편, "최신배전시스템공학", (주)북스힐, 2006년
10. 송길영, "전력계통공학", 동일출판사, 2000년
11. B.M.Weedy & B.J.Cory, "Electric Power Systems", Wiley,1998년

12. 검정연구회 편, “전기설비설계”, 동일출판사, 1996년
13. 정용기, “신전기설비 기술계산 핸드북”, (주)의제전기설비연구원, 2003년
14. 박건수 外 5인, “전력전송공학”, 청문각, 1997년
15. 박동화 외 2인, “수변전설비의 계획과 설계”, 도서출판 의제, 1997년
16. 김수용 외 4인, “디지털 송배전공학”, 문운당, 2007년
17. 검정연구회, 전기기사시리즈4 “전력공학”, 동일출판사, 2008년
18. Alston, "High Voltage Technology", Oxford University Press, 1968년

Module 2-3 : 송전특성 1 (집중정수회로, 장거리 송전선로)

개요

일반적으로 전력계통은 발전소(송전단)에서 수전단(수용가)까지 수백[km]에 이르는 경우가 많으나, 발전소에서 가까운 위치에 수용가가 있는 경우도 있다. 이런 경우에는 각 전선마다의 선로정수, 즉 저항 R, 인덕턴스 L, 정전용량 C, 누설 콘덕턴스 g가 균일 하게 분포되어 있어도, 선로정수가 집중되어 있는 경우로 생각을 하여 취급하여도 된다.

1. 수[km] 단거리 송전선로 : 저항과 인덕턴스만의 직렬회로로 집중정수회로로 취급을 하고 정전용량과 누설 콘덕턴스는 상대적으로 작은 값으로 무시한다.
2. 수십[km] 중거리 송전선로 : 저항과 인덕턴스의 직렬회로와 병렬 어드미턴스인 정전용량으로 구성된 T형회로와 π형회로의 집중정수회로로 취급한다.
   누설 콘덕턴스는 상대적으로 작은 값으로 무시한다.
3. 수백[km] 장거리 송전선로 : 저항과 인덕턴스의 직렬회로와 병렬 어드미턴스인 정전용량과 누설 콘덕턴스가 병렬회로로 구성된 분포정수회로로 취급한다.

학습목표

1. 단거리 송전선로에서 선로정수를 통한 전기적 특성을 공부한다.
2. 중거리 송전선로에서 선로정수를 통한 전기적 특성을 공부한다.
3. 장거리 송전선로에서 선로정수를 통한 전기적 특성을 공부한다.
4. 분포정수회로(장거리 송전선로)에서 특성임피던스와 전파정수를 공부한다.
5. 송 · 수전단 전압, 전류의 관계를 4단자 정수로 나타낸다.

주요어

단거리 송전선로, 중거리 송전선로, 장거리 송전선로, 전압 강하율, T형 회로, π형 회로, 분포정수회로, 집중정수회로, 전파방정식, 특성 임피던스, 전파정수, 4단자정수.

2-3-1 단거리(수[km]정도) 송전선로에서 등가회로를 통한 전기적 특성을 공부한다.

단거리 송전선로의 경우에는 선로정수가 저항과 인덕턴스만의 등가회로로 취급한다. 아래 그림 2.23은 단거리 송전선로의 등가 회로와 벡터도를 나타낸다.

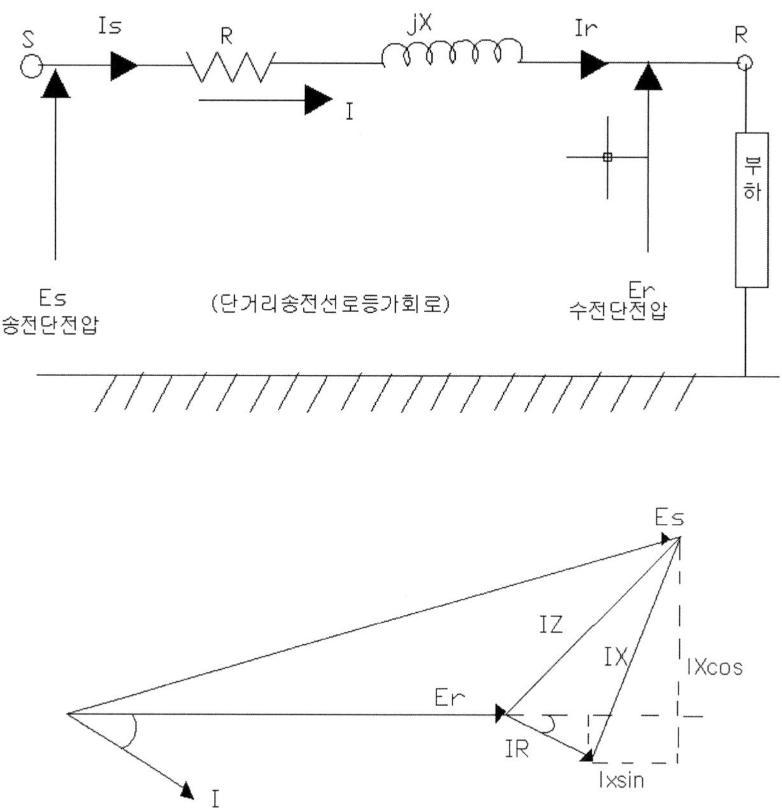

그림 2.23 단거리 송전선로 등가회로와 벡터도

위의 그림 2.23에서 $\dot{Es}$, $\dot{Er}$은 각각이 송전단과 수전단의 중성점에 대한 대지전압이다. 벡터도를 통한 송전단 전압과 수전단 전압과의 관계는 다음과 같다.

$$\dot{Es} = \dot{Er} + \dot{I}\dot{Z} = \dot{Er} + I(\cos\theta_r - j\sin\theta_r)(R + jX)$$

$$= (\dot{Er} + IR\cos\theta_r + IX\sin\theta_r) + j(IX\cos\theta_r - IR\sin\theta_r) \qquad (2.109)$$

송전단 전압의 크기를 나타내면 다음과 같다.

$$Es = \sqrt{(Er + IRcos\theta_r + IXsin\theta_r)^2 + (IXcos\theta_r - IRsin\theta_r)^2} \quad (2.110)$$

2번째 항의 크기가 첫 번째 보다 작아서 무시하면 다음으로 간략화 된다.

$$Es \fallingdotseq Er + I(Rcos\theta_r + Xsin\theta_r) \quad (2.111)$$

단거리 송전선로에서 생긴 전압 강하는 다음으로 나타난다.

$$전압강하 = Es - Er = I(Rcos\theta_r + Xsin\theta_r) \quad (2.112)$$

따라서 전압강하율 ϵ은 다음이 된다.

$$\epsilon = \frac{Es - Er}{Er} \times 100[\%] = \frac{I(Rcos\theta_r + Xsin\theta_r)}{Er} \times 100[\%] \quad (2.113)$$

여기서 Es, Er은 송전단, 수전단 상전압이다. 송수전단의 선간전압 Vs, Vr로 나타내면 다음과 같아진다.

$$Vs = Vr + \sqrt{3}\, I\,(Rcos\theta_r + Xsin\theta_r) \quad (2.114)$$

따라서 송전단전력(3상) Ps, 수전단전력(3상) Pr은 다음이다.

$$Ps = \sqrt{3}\, Vr\, I\, cos\,\theta_r + 3\, I^2R \quad (2.115)$$

$$Pr = \sqrt{3}\, Vr\, I\, cos\,\theta_r \quad (2.116)$$

◈ 문제 2-21 : 단일부하 배전선에서 부하역률 $cos\Theta$, 부하전류 I, 선로저항 r, 리액턴스 x라 하면 배전선에서 최대 전압강하가 생기는 조건을 나타내라.

◈ Solution

$$\text{선로손실} \quad \Delta E = I(\ r\cos\Theta \ + \ x\sin\Theta) \tag{2.117}$$

$$\frac{\Delta E}{\partial \Theta} = I(-r\sin\Theta \ + x\cos\Theta) = 0 \tag{2.118}$$

전류 I는 0이 아니므로 $-r\sin\Theta \ + x\cos\Theta \ = 0$가 되어야 한다.

$$x\cos\Theta \ = r\sin\Theta$$

$$\therefore \tan\ \Theta \ = \frac{x}{r} \tag{2.119}$$

◈ 문제2-22 : 늦은 역률의 부하를 갖는 단거리 송전선로의 전압강하의 근사식을 쓰시오. 단, P는 3상 부하 전력[kW], V는 선간전압[kV], R은 선로저항[Ω], X는 리액턴스[Ω], Θ는 부하의 늦은 역률각이다.

◈ Solution

3상 전력 $P=\sqrt{3}\ V\ I\ \cos\Theta$ 에서 $I = \dfrac{P}{\sqrt{3}\ V\cos\Theta}$ 가 된다.

따라서, 3상 전압강하는 다음과 같다.

$$Vs - Vr = \sqrt{3}\ I\ (R\cos\Theta \ + \ X\sin\Theta)$$

$$= \sqrt{3}\ \frac{P}{\sqrt{3}\ V\cos\Theta}(R\cos\Theta \ + X\sin\Theta)$$

$$= \frac{P}{V}(R + X\frac{\sin\Theta}{\cos\Theta}) = \frac{P}{V}(R + X\ \tan\Theta) \tag{2.120}$$

◈ 문제2-23 : 수전단 전압 50[kV], 전류 200[A], 선로의 저항과 리액턴스가 각각 7.6[Ω], 11.8[Ω]일 때 송전단전압과 전압 강하율은 얼마인가? 단, 수전단 역률은 0.8(지상)이다.

◈ Solution

송전단 전압은 다음 식으로 나타낸다.

$$Vs = Vr + \sqrt{3}\ I\ (R\cos\theta_r + X\sin\theta_r) = 50{,}000 + \sqrt{3}\ 200$$
$$(7.6X0.8 + 11.8X0.6) = 54{,}559[V] \quad (2.121)$$

전압 강하율은 다음과 같다.

$$\epsilon = \frac{Es - Er}{Er}\ X\ 100[\%] = \frac{Vs - Vr}{Vr}\ X\ 100[\%]$$

$$= \frac{54{,}559 - 50{,}000}{50{,}000}\ X\ 100[\%] = 9.12[\%] \quad (2.122)$$

◎ 2-3-2 중거리(수십[km] 정도) 송전선로에서 등가회로를 통한 전기적 특성을 공부한다.

송전선로의 길이가 수십[km]가 넘어서면, 정전용량을 무시할 수가 없어진다. 따라서 저항, 리액턴스 및 어드미턴스의 집중정수 회로로 취급하게 된다. 정전용량이 선로의 중앙 또는 양 끝단에 집중되어 있는 것으로 취급하여 T형 회로와 π형 회로 2가지로 송전단 전압, 전류의 식을 나타낸다. 일반적으로 T형 회로는 산악지역에서 사용하고, π형 회로는 평야지역에서 적용한다.

1) T형 회로

정전용량을 병렬로 접속하여 병렬 어드미턴스 $\dot{Y}$를 송전선로 중앙에 집중시키고, 직렬 임피던스 $\dot{Z}$를 2개로 분리하여 선로의 양단에 둔다.

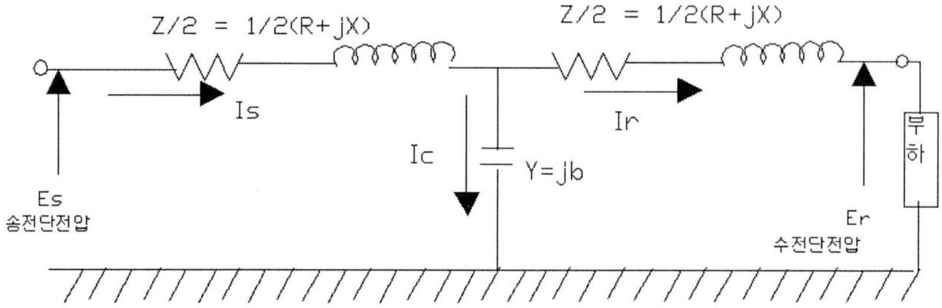

그림 2.24 T형 회로 (산악지대)

위 그림 2.24에서 각부분의 전압과 전류는 다음과 같다.

$$\dot{E}_c = \dot{E}_r + \frac{1}{2}\dot{Z}\dot{I}_r \qquad (2.123)$$

$$\dot{I}_c = \dot{Y}\,\dot{E}_c$$

따라서 송전단 전압과 전류는 다음과 같이 나타낼 수 있다.

$$\dot{E}_s = \dot{E}_c + \frac{1}{2}\dot{Z}\dot{I}_s = (1 + \frac{\dot{Z}\dot{Y}}{2})\dot{E}_r + \dot{Z}(1 + \frac{\dot{Z}\dot{Y}}{4})\dot{I}_r \qquad (2.124)$$

$$\dot{I}_s = \dot{I}_r + \dot{I}_c = \dot{I}_r + \dot{Y}(\dot{E}_r + \frac{1}{2}\dot{Z}\dot{I}_r) = \dot{Y}\dot{E}_r + (1 + \frac{\dot{Z}\dot{Y}}{2})\dot{I}_r$$

단, 여기서 $\dot{Y}$는 g + j2πfC에서 누설 콘덕턴스를 무시하여 g=0으로, $\dot{Y}$는 단지 $\dot{Y}$ = j2πfC로 표시된다.

2) π형 회로

임피던스 $\dot{Z}$를 전부 선로의 중앙에 집중시키고 어드미턴스 $\dot{Y}$는 2등분하여 선로의 양 끝단에 설치한다.

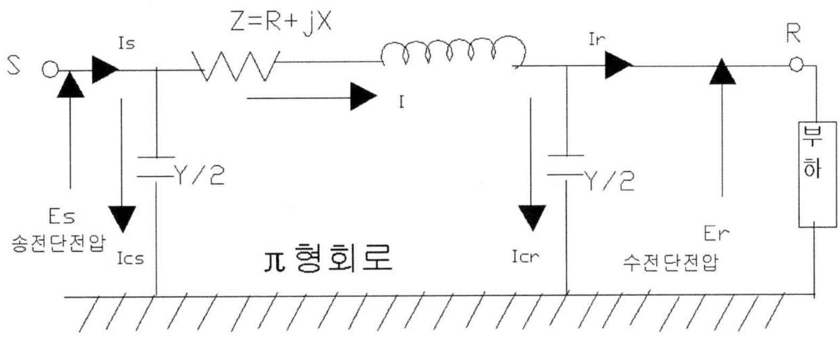

그림 2.25 π형 회로 (평야지대)

위 그림 2.25에서 각 부분의 전압, 전류 및 정수를 나타내면 다음과 같다.

$$\dot{I}_{cr} = \dot{E}_r \frac{\dot{Y}}{2}$$

$$\dot{I} = \dot{I}_{cr} + \dot{I}_r = \dot{E}_r \frac{\dot{Y}}{2} + \dot{I}_r$$

$$\dot{E}_s = \dot{E}_r + \dot{Z}\dot{I} = \dot{E}_r + \dot{Z}(\dot{E}_r \frac{\dot{Y}}{2} + \dot{I}_r) \tag{2.125}$$

$$\dot{I}_{cs} = \dot{E}_s \frac{\dot{Y}}{2}$$

$$\dot{I}_s = \dot{I}_{cs} + \dot{I} \tag{2.126}$$

따라서, 송전단 전압과 전류는 다음과 같다.

$$\dot{E}_s = (1 + \frac{\dot{Z}\dot{Y}}{2})\ \dot{E}_r + \dot{Z}\dot{I}_r \tag{2.127}$$

$$\dot{I}_s = \dot{Y}(1 + \frac{\dot{Z}\dot{Y}}{4})\dot{E}_r + (1 + \frac{\dot{Z}\dot{Y}}{2})\dot{I}_r \tag{2.128}$$

◈ 문제 2-24 : 중거리 송전선로의 T형 회로와 π형회로에서 에서 송전단 전류 I_s는? 단, Z, Y는 선로의 직렬 임피던스와 병렬 어드미턴스, E_r은 수전단전압, I_r은 수전단 전류이다.

◈ Solution

$$\text{T형회로}: \dot{I}_s = \dot{Y}\dot{E}_r + (1 + \frac{\dot{Z}\dot{Y}}{2})\dot{I}_r \tag{2.129}$$

$$\pi\text{형회로}: \dot{I}_s = \dot{Y}(1 + \frac{\dot{Z}\dot{Y}}{4})\dot{E}_r + (1 + \frac{\dot{Z}\dot{Y}}{2})\dot{I}_r \tag{2.130}$$

2-3-3 장거리(100[km]이상) 송전선로에서 분포정수 회로를 통한 전기적 특성을 공부한다.

송전선로의 길이가 100[km] 이상이 되면, 집중정수회로로 취급하면 오차가 커져 실제의 전압, 전류 분포를 정확히 알 수 없게 되어 분포정수 회로(distribution constant circuit)로 설명을 해주어야 한다.

송전선로의 단위 길이 당 직렬임피던스 $\dot{z}$ 및 병렬 어디미턴스 $\dot{y}$를 다음으로 나타낼 수 있다.

$$\dot{z} = r + j\omega L = r + jx\ [\Omega/km] \tag{2.131}$$

$$\dot{y} = g + j\omega C = g + jb\ [℧/km] \tag{2.132}$$

이 $\dot{z}$ 와 $\dot{y}$는 선로전체에 균일하게 분포되어 있어서 아래 그림에서처럼 $\dot{z}$ 와 $\dot{y}$가 연속되어 있는 전기회로로 나타낼 수 있다.

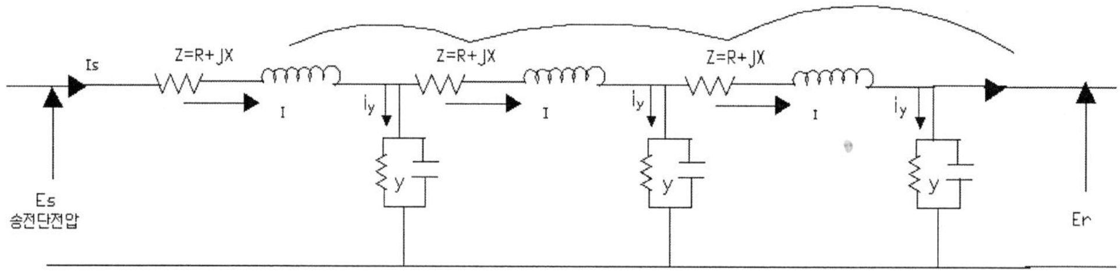

그림 2.26 장거리 송전선로의 등가 회로

아래의 그림 2.27에서처럼 송전단에서 x의 거리에 있는 dx에서의 전압, 전류의 변화를 $d\dot{E}$, $d\dot{I}$는 다음으로 표시된다.

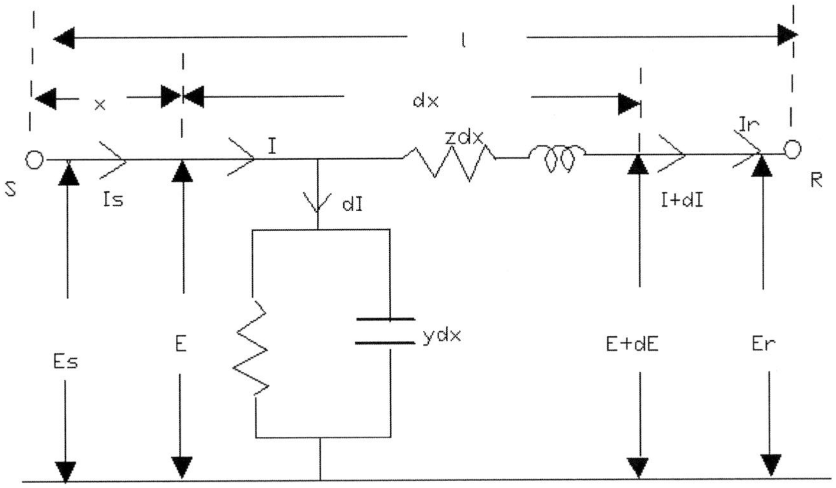

송전선 각 부분의 전압,전류

그림 2.27 장거리 송전선 각 부분의 전압, 전류

$$d\dot{E} = -\dot{I}\dot{z}dx, \quad d\dot{I} = -\dot{E}\dot{y}dx$$

$$\therefore \ -d\dot{E}/dx = \dot{I}\dot{z}, \quad -d\dot{I}/dx = \dot{E}\dot{y} \tag{2.133}$$

양변을 x에 대하여 미분하면 다음이다.

$$\frac{d^2\dot{E}}{dx^2} = \dot{z}\dot{y}\dot{E}, \qquad \frac{d^2I}{dx^2} = \dot{z}\dot{y}\dot{I} \tag{2.134}$$

2계미분방정식의 일반해는 다음과 같다.

$$\dot{E} = \frac{\dot{r}}{\dot{y}}\left(A_1\epsilon^{-\dot{r}x} + A_2\epsilon^{\dot{r}x}\right) \tag{2.135}$$

$$\dot{I} = \dot{A_1}\epsilon^{-\dot{r}x} - \dot{A_2}\epsilon^{\dot{r}x}$$

여기서 $\dot{r} = \sqrt{\dot{z}\dot{y}}$ 이다.

위의 두 식에서 x = l 로 두고, $\dot{A_1}$와 $\dot{A_2}$을 구하고, 쌍곡선함수 관계식을 이용하여 정리하면 다음과 같이 수전단의 전압, 전류가 주어졌을 경우에 송전선의 임의의 위치 x에서 전압 $\dot{E_x}$, 전류 $\dot{I_x}$을 구하는 일반식이 얻어진다.

$$\dot{E_x} = \dot{E_r}\cosh\dot{r}(l-x) + \frac{\dot{r}}{\dot{y}}\dot{I_r}\sinh\dot{r}(l-x) \qquad (2.136)$$

$$\dot{I_x} = \dot{I_r}\cosh\dot{r}(l-x) + \frac{\dot{y}}{\dot{r}}\dot{E_r}\sinh\dot{r}(l-x)$$

경계조건으로서(l=0) 송전단의 전압$\dot{E_s}$, 전류$\dot{I_s}$가 주어지면 다음과 같이 된다.

$$\dot{E_x} = \dot{E_s}\cosh\dot{r}x - \frac{\dot{r}}{\dot{y}}\dot{I_s}\sinh\dot{r}x \qquad (2.137)$$

$$\dot{I_x} = -\frac{\dot{y}}{\dot{r}}\dot{E_r}\sinh\dot{r}x + \dot{I_s}\cosh\dot{r}x$$

식 (2.136)에서 x=0일 경우가 곧 송전단의 전압 $\dot{E_s}$, 전류$\dot{I_s}$가 된다.

$$\dot{E_s} = \dot{E_r}\cosh\dot{r}l + \dot{I_r}\dot{Z_w}\sinh\dot{r}l \qquad (2.138)$$

$$\dot{I_s} = \dot{I_r}\cosh\dot{r}l + \dot{E_r}\frac{1}{\dot{Z_w}}\sinh\dot{r}l$$

여기서 $\dot{Z_w} = \sqrt{\dot{z}/\dot{y}}$ 이다.

식 (2.138)는 전파방정식으로 송전선이나 통신선에서 전선로에 전해지는 전압, 전류의 성질을 나타내는 기본식이다.

전파방정식에서 나타내는 정수$\dot{Z_w}$는 송전선의 특성임피던스 또는 파동임피던스라고 하는데 저항 및 누설 콘덕턴스를 무시하면 $\sqrt{L/C}$로서 가공송전선에서는 300~500 [Ω]의 값을 갖는다.

$$\dot{Z}_w = \sqrt{\dot{z}/\dot{y}} = \sqrt{\frac{r+jx}{g+jb}} \fallingdotseq \sqrt{\frac{jwL}{jwC}} = \sqrt{\frac{L}{C}}\ [\Omega] \tag{2.139}$$

또한, 정수 $\dot{r}$는 전파정수로 불리워지는데 여기서도 상대적으로 작은 값인 저항과 누설 콘덕턴스를 무시하면 아래와 같아진다.

$$\dot{r} = \sqrt{\dot{z}\dot{y}} = \sqrt{(r+jx)(g+jb)} \fallingdotseq \sqrt{jwLjwC} = \text{jw}\sqrt{LC}\ [\text{rad}] \tag{2.140}$$

◈ 문제 2-25 : 무손실 전기회로에서 C = 0.009 [uF/km], L = 2[mH/km]일 때 특성 임피던스를 구하라.

◈ Solution

$$\text{Z}_0 = \sqrt{\frac{L}{C}} = \sqrt{\frac{2X10^{-3}}{0.009X10^{-6}}} = 471.4[\Omega]$$

◈ 문제 2-26 : 송전선로에서 수전단을 단락한 경우 송전단에서 본 임피던스는 400[Ω]이고, 수전단을 개방한 경우에는 1200[Ω]일 때 이 선로의 특성임피던스를 구하라.

◈ Solution

$$\dot{Z}_w = \sqrt{\dot{z}/\dot{y}} = \sqrt{\frac{400}{\frac{1}{1200}}} = 692.8\ [\Omega]$$

◈ 문제 2-27 : 무손실 전기회로에서 C=0.0001[uF/km], L =1[mH/km]일 때 특성 임피던스는 몇 [Ω]인가?

◈ Solution

$$\dot{Z}_w = \sqrt{\dot{z}/\dot{y}} = \sqrt{\frac{1X10^{-3}}{0.001X10^{-6}}} = 1000[\Omega]$$

◈ 문제2-28 : 길이가 200[km]의 3상 1회선 송전선이 있다. 단위 길이당 임피던스와 어드미턴스가 다음과 같다.

$$\dot{z} = r + jx = 0.09500 + j\ 0.4900[\Omega/km]$$

$$\dot{y} = jwC = j3.322 \times 10^{-6}[\mho/km]$$

저항을 무시한 경우의 송전선의 특성 임피던스와 전파정수를 구하여라.

◈ Solution ;

$$\dot{Z}_w = \sqrt{\dot{z}/\dot{y}} = \sqrt{\frac{j0.4900}{j3.322x10^{-6}}} = 384[\Omega]$$

$$\dot{r} = \sqrt{\dot{z}\dot{y}} = \sqrt{(j0.4900)(j3.322x10^{-6})} = j1.2758x10^{-3}[rad]$$

2-3-4 송 · 수전단 전압, 전류의 관계를 4단자 정수로 나타낸다.

일반적인 전기회로를 취급하는 경우에 회로의 특성을 전기회로에서의 4단자 정수로 나타내는 경우가 실용적이다.

그림 2.28에서처럼 송수전단에 2개의 단자를 가지고 선로정수는 양단자의 어느 쪽에서 보더라도 대칭이고 또한 회로 내에 기전력을 갖지 않기 때문에 이것을 4단자 회로로 취급하는 경우가 많다.

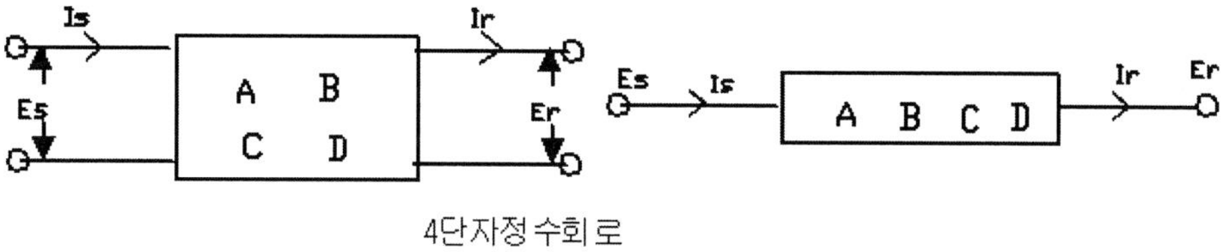

그림 2.28 4단지 정수 회로

일반적으로 송수전단의 전압, 전류 관계는 다음으로 표시된다.

$$\dot{E}_s = \dot{A}\dot{E}_r + \dot{B}\dot{I}_r \qquad (2.141)$$
$$\dot{I}_s = \dot{C}\dot{E}_r + \dot{D}\dot{I}_r$$

또는

$$\begin{pmatrix} \dot{E}_s \\ \dot{I}_s \end{pmatrix} = \begin{pmatrix} \dot{A}\dot{B} \\ \dot{C}\dot{D} \end{pmatrix}\begin{pmatrix} \dot{E}_r \\ \dot{I}_r \end{pmatrix} \qquad (2.142)$$

단, A, B, C, D는 4단자 정수 이며 이들 사이에는 $\dot{A}\dot{D} - \dot{B}\dot{C} = 1$ 관계가 있다.

◈ 문제2-29 : 송전선로의 일반 회로 정수가 A=0.5, B=j190, D=2.0이라면 C의 값은 얼마인가?

◈ Solution

AD - BC = 1이므로 $C = \frac{AD-1}{B} = \frac{0.5X2.0-1}{j190} = 0$ 이므로

$\therefore$ C = 0

1) 단거리 송전선로를 4단자 정수로 나타내면

$$\dot{E}_s = \dot{E}_r + \dot{Z}\dot{I}_r \qquad (2.143)$$
$$\dot{I}_s = \dot{I}_r$$

이것을 행렬식으로 나타내면 다음과 같다.

$$\begin{pmatrix} \dot{E}_s \\ \dot{I}_s \end{pmatrix} = \begin{pmatrix} \dot{A}\dot{B} \\ \dot{C}\dot{D} \end{pmatrix}\begin{pmatrix} \dot{E}_r \\ \dot{I}_r \end{pmatrix} = \begin{pmatrix} 1 & \dot{Z} \\ 0 & 1 \end{pmatrix}\begin{pmatrix} \dot{E}_r \\ \dot{I}_r \end{pmatrix} \qquad (2.144)$$

2) 중거리 송전선로를 4단자 정수로 나타내면

① T형 회로인 경우

$$\begin{pmatrix}\dot{E}_s\\ \dot{I}_s\end{pmatrix} = \begin{pmatrix}\dot{A}\dot{B}\\ \dot{C}\dot{D}\end{pmatrix}\begin{pmatrix}\dot{E}_r\\ \dot{I}_r\end{pmatrix} = \begin{pmatrix}1+\frac{ZY}{2} & Z(1+\frac{ZY}{4})\\ Y & 1+\frac{ZY}{2}\end{pmatrix}\begin{pmatrix}\dot{E}_r\\ \dot{I}_r\end{pmatrix} \qquad (2.145)$$

② π형 회로인 경우

$$\begin{pmatrix}\dot{E}_s\\ \dot{I}_s\end{pmatrix} = \begin{pmatrix}\dot{A}\dot{B}\\ \dot{C}\dot{D}\end{pmatrix}\begin{pmatrix}\dot{E}_r\\ \dot{I}_r\end{pmatrix} = \begin{pmatrix}1+\frac{\dot{Z}\dot{Y}}{2} & \dot{Z}\\ \dot{Y}(1+\frac{\dot{Z}\dot{Y}}{4}) & 1+\frac{\dot{Z}\dot{Y}}{2}\end{pmatrix}\begin{pmatrix}\dot{E}_r\\ \dot{I}_r\end{pmatrix} \qquad (2.146)$$

3) 장거리 송전선로를 4단자 정수로 나타내면

$$\begin{pmatrix}\dot{E}_s\\ \dot{I}_s\end{pmatrix} = \begin{pmatrix}\dot{A}\dot{B}\\ \dot{C}\dot{D}\end{pmatrix}\begin{pmatrix}\dot{E}_r\\ \dot{I}_r\end{pmatrix} = \begin{pmatrix}\cosh\dot{\gamma}l & Z_w\sinh\dot{\gamma}l\\ \frac{1}{\dot{Z}_w}sinh\dot{\gamma}l & \cosh\dot{\gamma}l\end{pmatrix}\begin{pmatrix}\dot{E}_r\\ \dot{I}_r\end{pmatrix} \qquad (2.147)$$

이같은 4단자 정수를 사용하면 선로에 기기가 접속된 경우 또는 정수가 서로 다른 선로가 접속된 경우 등의 취급이 아주 편하다. 아래 그림에서처럼 2개의 회로가 직렬로 접속된 경우 이것의 합성 4단자 정수는 다음과 같이 나타낼 수 있다.

$$\begin{pmatrix}\dot{A}\dot{B}\\ \dot{C}\dot{D}\end{pmatrix} = \begin{pmatrix}\dot{A}1 & \dot{B}1\\ \dot{C}1 & \dot{D}1\end{pmatrix}\begin{pmatrix}\dot{A}2 & \dot{B}2\\ \dot{C}2 & \dot{D}2\end{pmatrix} = \begin{pmatrix}\dot{A}1\dot{A}2+\dot{B}1\dot{C}2 & \dot{A}1\dot{B}2+\dot{B}1\dot{D}2\\ \dot{A}2\dot{C}1+\dot{C}2\dot{D}1 & \dot{B}2\dot{C}1+\dot{D}1\dot{D}2\end{pmatrix} \qquad (2.148)$$

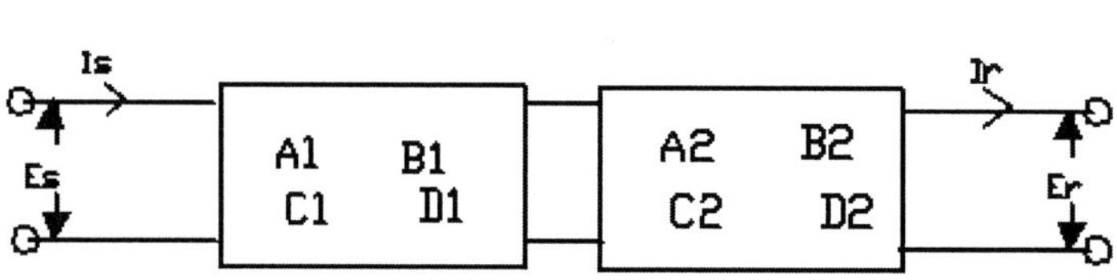

그림 2.29

아래 그림 2.30에서처럼 송전선의 수전단에 변압기 $\dot{Z}_{tr}$가 접속된 경우를 생각해 보자. 먼저 R'와 R 사이의 $\dot{Z}_{tr}$에 대한 4단자 정수는 다음과 같다.

$$\dot{E}r' = \dot{E}r + \dot{I}r\dot{Z}tr \qquad (2.149)$$
$$\dot{I}r' = \dot{I}r$$

따라서 S-R 사이의 합성 4단자 정수는 다음과 같이 나타난다.

$$\begin{pmatrix} \dot{E}_s \\ \dot{I}_s \end{pmatrix} = \begin{pmatrix} \dot{A}\dot{B} \\ \dot{C}\dot{D} \end{pmatrix}\begin{pmatrix} \dot{E}_r \\ \dot{I}_r \end{pmatrix} = \begin{pmatrix} \dot{A}1 & \dot{B}1 \\ \dot{C}1 & \dot{D}1 \end{pmatrix}\begin{pmatrix} 1 & \dot{Z}_{tr} \\ 0 & 1 \end{pmatrix}\begin{pmatrix} \dot{E}_r \\ \dot{I}_r \end{pmatrix} = \begin{pmatrix} \dot{A}1 & \dot{A}1\dot{Z}_{tr} + \dot{B}1 \\ \dot{C}1 & \dot{C}1\dot{Z}_{tr} + \dot{D}_1 \end{pmatrix}\begin{pmatrix} \dot{E}_r \\ \dot{I}_r \end{pmatrix} \qquad (2.150)$$

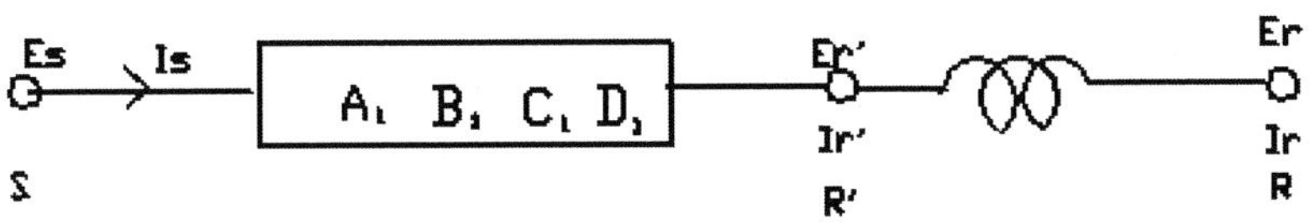

그림 2.30

◈ 문제 2-30 : 다음 그림의 4단자 정수를 쓰시오? 단, Z, Y는 선로의 직렬 임피던스와 병렬 어드미턴스, E_r은 수전단전압, I_r은 수전단 전류이다.

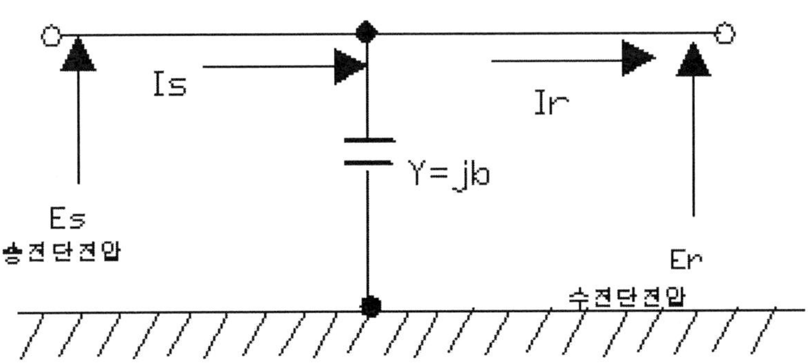

그림 2.31

◈ Solution

$$\begin{pmatrix} \dot{E}_s \\ \dot{I}_s \end{pmatrix} = \begin{pmatrix} \dot{A}\dot{B} \\ \dot{C}\dot{D} \end{pmatrix}\begin{pmatrix} \dot{E}_r \\ \dot{I}_r \end{pmatrix} = \begin{pmatrix} 1 & 0 \\ Y & 1 \end{pmatrix}\begin{pmatrix} \dot{E}_r \\ \dot{I}_r \end{pmatrix} \tag{2.151}$$

◈ 문제 2-31 : 전기 회로 상태가 아래와 같은 경우에 회로의 4단자 정수를 구하여라.

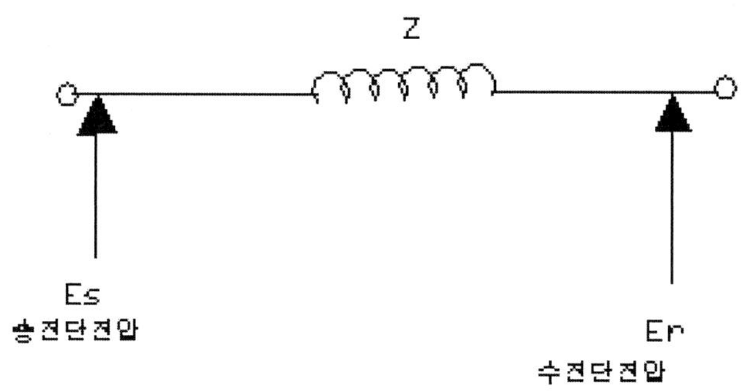

그림 2.32

◈ Solution

$$\begin{pmatrix} \dot{A}\dot{B} \\ \dot{C}\dot{D} \end{pmatrix} = \begin{pmatrix} 1 & \dot{Z} \\ 0 & 1 \end{pmatrix} \tag{2.152}$$

◈ 문제 2-32 : 선로의 특성 임피던스는 선로의 길이와 어떤 관계가 있는가?

◈ Solution

$Z_0 = \sqrt{\dfrac{L}{C}}$ 이므로 선로의 길이와는 무관하다.

◈ 문제 2-33 : 파동 임피던스가 400[Ω]인 가공 송전선 1[km]당의 인덕턴스 L과 정전용량 C을 구하여라.

◈ Solution

$Z_0 = \sqrt{\dfrac{L}{C}} = 138\ \log_{10}\dfrac{D}{r} = 400[\Omega]$이므로

$\log_{10}\dfrac{D}{r} = \dfrac{400}{138}$이 된다.

따라서 L과 C는 다음이다.

$$L = 0.05 + 0.4605\log_{10}\frac{D}{r} \fallingdotseq 0.4605\frac{400}{138} = 1.33\ [\mathrm{mH/km}]$$

$$C = \frac{0.02413}{\log_{10}\dfrac{D}{r}} = \frac{0.02413}{\dfrac{400}{138}} = 0.0083[\mathrm{uF/km}]$$

◈ 문제2-34 : 아래 그림에서 송전단 및 수전단 변압기의 임피던스를 각각 Zts, Ztr라 하고 선로의 4단자 정수를 A, B, C, D라고 할 때 이 회로의 합성 4단자 정수 A_0, B_0, C_0, D_0를 구하여라.

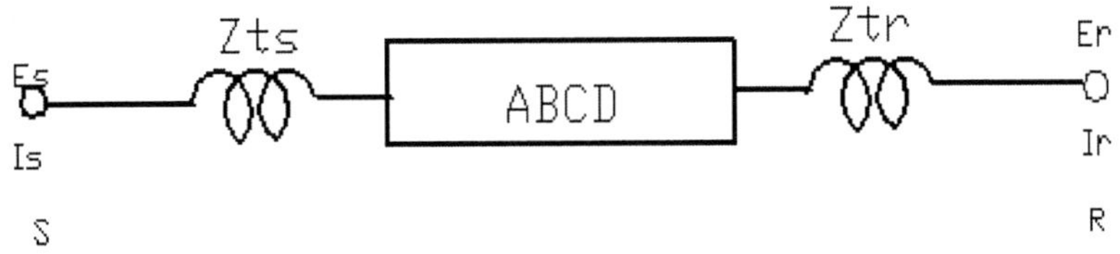

그림 2.33

◈ Solution

$$\begin{pmatrix}\dot{E}_s \\ \dot{I}_s\end{pmatrix} = \begin{pmatrix}Ao & Bo \\ Co & Do\end{pmatrix}\begin{pmatrix}\dot{E}_r \\ \dot{I}_r\end{pmatrix} = \begin{pmatrix}1 & Zts \\ 0 & 1\end{pmatrix}\begin{pmatrix}A & B \\ C & D\end{pmatrix}\begin{pmatrix}1 & Ztr \\ 0 & 1\end{pmatrix}\begin{pmatrix}\dot{E}_r \\ \dot{I}_r\end{pmatrix}$$

$$= \begin{pmatrix}A + CZts & B + AZtr + DZts + CZtr \\ C & D + CZtr\end{pmatrix}\begin{pmatrix}\dot{E}_r \\ \dot{I}_r\end{pmatrix} \qquad (2.153)$$

총괄평가

학습자 자기점검표

◆ 작성법

학생 스스로가 자신의 성취도를 성취 달성 정도에 따라 해당란에 'V' 표를 하시오.

이것은 학생이 모듈을 배우면서 부족한 점과 보충해야할 사항을 점검하기 위한 자기평가입니다. 정직하고, 솔직하게 체크 하십시오.

성취 능력	매우 미흡	미흡	보통	우수	매우 우수
1. 단거리 송전선로에서 송전단전압, 전류를 나타내고 설명하라.	①	②	③	④	⑤
2. 중거리 송전선로에서 송전단전압, 전류를 나타내고 설명하라. (T형 회로인 경우)	①	②	③	④	⑤
3. 중거리 송전선로에서 송전단전압, 전류를 나타내고 설명하라. (π형 회로인 경우)	①	②	③	④	⑤
4. 송전단전압과 수전단 전압을 알고 있을 때, 전압강하율을 수식으로 나타내고, 설명하라.	①	②	③	④	⑤
5. 단거리 송전선로의 벡터도를 그리고, 송전전압과 수전전압과의 관계를 설명하라.	①	②	③	④	⑤
6. 장거리 송전선로에서 송전단 전압과 전류를 나타내는 전파방정식을 쓰고 설명하라.	①	②	③	④	⑤
7. 장거리 송전선로에서 특성임피던스를 나타내는 식을 쓰고 설명하라.	①	②	③	④	⑤
8. 장거리 송전선로에서 전파정수를 나타내는 식을 쓰고 설명하라.	①	②	③	④	⑤
9. 중거리 송전선로(T형회로)경우에 송전단 전압과 전류를 나타내는 식을 4단자 정수로 나타내고 설명하라	①	②	③	④	⑤
10. 장거리 송전선로의 경우에 송전단 전압과 전류를 나타내는 식을 4단자 정수로 나타내고 설명하라	①	②	③	④	⑤

◆ 성취수준에 따른 자기평가 수준

모든 항목에서 '매우 우수' 혹은 '우수' 라고 평가한 학생을 제외하고는 부족한 내용에 대하여 다시 찾아가서 개별적으로 보충 학습을 하고 실험을 하십시오. 그래도 모르는 경우는 E-mail을 이용하거나, 개별적인 질문을 하시기 바랍니다.

인터넷 자료

http://www.kiee.or.kr 대한 전기학회
http://www.electricity.or.kr 대한 전기협회
http://www.keca.or.kr 한국전기공사협회
http://www.keea.or.kr 한국전력기술인협회
http://www.kieeme.or.kr (사)한국전기전자재료학회
http://cafe.naver.com/power 119 전기박사
http://cafe.naver.com/renewableenergy.cafe 신재생에너지
http://www.kepco.co.kr 한국전력
http://www.komipo.co.kr 한국중부발전
http://www.westernpower.co.kr 한국서부발전
http://www.khnp.co.kr 한국수력원자력
http://www.kosep.co.kr 한국남동발전
http://www.kemco.or.kr 에너지관리공단
http://www.keri.re.kr 한국전기연구원

관련서적 및 잡지

1. 송길영, "최신송배전공학", 동일출판사, 2005년
2. 심상홍 外, "송배전공학", 진영사, 1999년
3. 송길영, "최신 발전공학", 동일출판사, 2005년
4. 배상기, "전력공학", 진영사, 2005년
5. 박규홍, "전력발생공학", 동일출판사, 2003년
6. H.Sadat, "Power System Analysis", McGraw Hill, 2004년
7. Elgerd, "Basic Electric Power Engineering", Addison Wesley, 1976년
8. 일본 전기기술자 협회편, "자가용 전기기술자 핸드북", 대한전기협회,2000년
9. 대한전기학회편, "최신배전시스템공학", (주)북스힐, 2006년
10. 송길영, "전력계통공학", 동일출판사, 2000년
11. B.M.Weedy & B.J.Cory, "Electric Power Systems", Wiley,1998년
12. 검정연구회 편, "전기설비설계", 동일출판사, 1996년

13. 정용기, “신전기설비 기술계산 핸드북”, (주)의제전기설비연구원, 2003년
14. 박건수 外 5인, “전력전송공학”, 청문각, 1997년
15. 박동화 외 2인, “수변전설비의 계획과 설계”, 도서출판 의제, 1997년
16. 김수용 외 4인, “디지털 송배전공학”, 문운당, 2007년
17. 검정연구회, 전기기사시리즈4 “전력공학”, 동일출판사, 2008년
18. Alston, "High Voltage Technology", Oxford University Press, 1968년

Module 2-4 : 송전특성 2 (전력원선도, 전압조정)

개요

전력계통은 교류 송전을 하는 경우에는 송수전단 전압을 일정하게 유지해서 운용하는 정전압 송전방식을 쓰고 있다. 교류전력을 벡터적 표시방법으로 사용하여, 통상 부하측의 전압의 위상이 전류측보다 뒤지는 지상 무효전력이므로, 지상 무효전력인 경우를 감안하여 전력원선도를 작성하여 정전압 송·수전방식에 따른 전압 조정 방법을 설명하고, 동기조상기, 전력용 콘덴서 필요성에 대한 이유를 공부한다. 장거리 송전선로인 경우에 무부하인 경우에 선로의 정전용량으로 발생하는 장해에 대하여 설명한다.

학습목표

1. 정전압 송전방식에 따른 전력 원선도를 공부한다.
2. 전력원선도와 전압조정 방법을 공부한다.
3. 정전압 송·수전방식에서 동기 조상기 필요성을 공부한다.
4. 정전압 송·수전방식에서 전력용 콘덴서 필요성을 공부한다.
5. 송전선로 충전에 의한 장해 현상을 공부한다.

주요어

정전압 송전, 정전압 수전, 전력원선도, 동기조상기, 전력용 콘덴서, 페란티 현상 선로의 충전용량, 발전기 용량, 지상무효전력, 진상무효전력

2-4-1 정전압 송전방식에 따른 전력 원선도를 설명한다.

교류전압과 교류전류를 표시하고, 전압과 전류의 곱인 전력을 표시하면 다음과 같다. (단, 전류가 전압보다 위상이 뒤지는 지상무효전력인 경우)

$$\dot{E} = \mathrm{E}\angle\phi_1, \qquad \dot{I} = \mathrm{I}\angle\phi_2 \tag{2.154}$$

$$\phi = \phi_1 - \phi_2$$

$$\dot{W} = \dot{E}\dot{I}^{※} = EI\cos\phi + jEI\sin\phi = P + jQ \tag{2.155}$$

송전단 전압, 전류를 4단자 정수로 표시하면 다음과 같다.

$$\dot{Es} = \dot{A}\dot{Er} + \dot{B}\dot{Ir}$$

$$\dot{Is} = \dot{C}\dot{Er} + \dot{D}\dot{Ir}$$

위의 4단자 정수를 이용하여 송전단 전력 $\dot{Ws}$는 다음과 같다.

$$\dot{Ws} = \dot{Es}\dot{Is}^{※} = (m' + jn')\dot{Es}^2 - \rho\angle(\theta+\beta) \tag{2.156}$$

단, 여기서 $\rho = \dfrac{EsEr}{b}$, $\dot{A}/\dot{B} = m - jn$,

$\dot{D}/\dot{B} = m' - jn'$, $1/\dot{B} = 1/b\angle-\beta$ 이다.

마찬가지로 4단자정수를 이용하여 수전단전력 $\dot{Wr}$은 다음이다.

$$\dot{Wr} = \dot{Er}\dot{Ir}^{※} = \rho\angle(\beta-\theta) - (m'+jn')Er^2 \tag{2.157}$$

정전압송전방식에 따라 송수전단 전력은 전압의 크기가 각각 일정하다고 하면 송수전단 전압간의 상차각 θ에 따라서 움직이게 된다.

송수전단 전력의 변화를 유효전력, 무효전력의 전력원선도에 원으로 그릴 수 있다.

$$\dot{Ws} = Ps + jQs = (m' + jn')\dot{Es}^2 - \rho\angle(\theta+\beta)$$

$$\dot{Wr} = Pr + jQr = \rho\angle(\beta-\theta) - (m'+jn')Er^2$$

위의 두식에서 거리를 구하고 이를 제곱하면 원의 방정식이 된다.

$$(Ps - m' Es^2)^2 + (Qs - n'Es^2)^2 = \rho^2 \tag{2.158}$$

$$(Pr + m Er^2)^2 + (Qr + nEr^2)^2 = \rho^2$$

송전원의 중심은 ($m'Es^2$, $n'Es^2$)이고 반지름은 $\rho = \dfrac{EsEr}{b}$인 원이고

수전원의 중심은 ($-mEr^2$, $-nEr^2$)이고 반지름은 $\rho = \dfrac{EsEr}{b}$인 원이다.

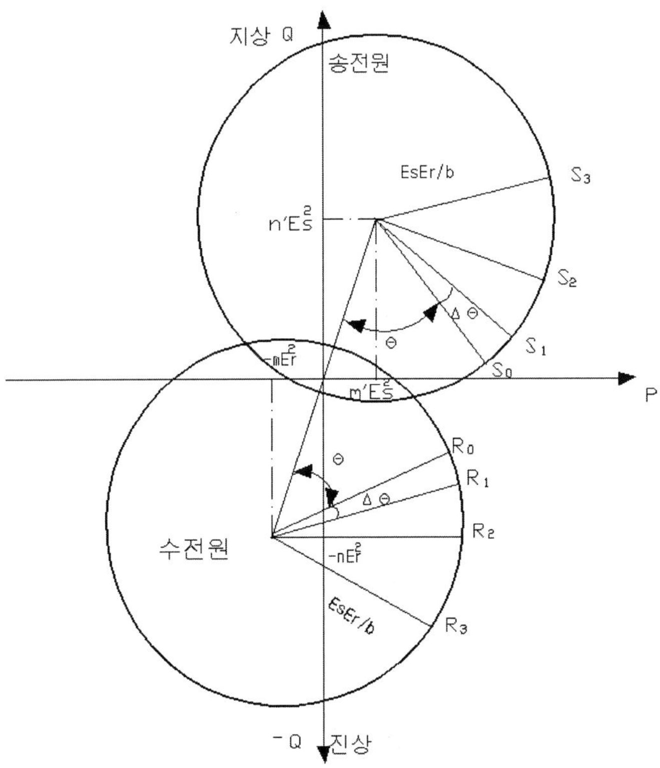

그림 2.34 전력원선도

위의 그림 2.34에서 알 수 있듯이 정전압 송전방식으로 항상 송전전압 Es와 수전전압 Er은 크기를 일정하게 유지하고, 반지름은 크기도 항상 같다. 그림에서 수전원의

Ro에 해당하는 송전원의 점을 찾으려면, 송전원에서 똑같은 각도 θ만큼 회전시킨 So가 된다. Ro에서 유효전력(횡축)에 내린 직선과 So에서 유효전력과의 내린 직선과의 차이가 유효전력 손실에 해당하고, Ro에서 무효전력(종축)에 내린 직선과 So에서 무효전력과의 내린 직선과의 차이가 무효전력 손실에 해당한다.

이상과 같이 전력원선도를 사용하면 다음 사항들을 알 수 있다.

①선로손실과 송전효율
②필요한 전력을 보내기 위한 송수전단 전압간의 상차각
③송수전할 수 있는 최대전력
④요구하는 부하전력을 수전단에서 받기 위해서 필요로 하는 조상용량

◈ 문제 2-35 : 전력 원선도에서 가로축과 세로축은 각각 무엇을 나타내는가?

◈ Solution
◦ 가로축 P : 유효전력
◦ 세로축 Q : 무효전력

◈ 문제 2-36 : 송수전단 전압을 Es, Er이라고 하고 4단자 정수를 A, B C, D라고 하면 전력 원선도를 나타내는 반지름은 어떻게 쓸 수 있는가?

◈ Solution
◦ 송전원 반지름 : $\rho = \dfrac{E_s E_r}{b}$ (단, $\dot{B} = b\angle\beta$)
◦ 수전원 반지름 : $\rho = \dfrac{E_s E_r}{b}$ (단, $\dot{B} = b\angle\beta$)

◈ 문제 2-37 : 전력 원선도에서 코로나 손실을 알 수 있는가?

◈ Solution
전력 원선도에서 알 수 있는 사항은 5가지로 요약 된다.
① 최대 전력 - 정태 안정 극한 전력　　② 송수전단의 상차각
③ 조상기 용량　　④ 수전단 역률　　⑤ 선로 손실과 송전효율

2-4-2 전력원선도와 전압조정 방법을 설명한다.

정전압 송전에서는 Ps, Qs, Pr, Qr 중에서 어느 것 하나가 결정되면 나머지 것들이 따라서 정해져 버린다.

수전단에서 Pr을 수전하기 위해서는 송수전단은 모두 여기에 해당하는 역률로서 운전되어져야 한다. 이 때 송전단에서는 발전기의 여자를 가감해서 필요한 무효전력을 발전기로서 공급할 수 있지만, 수전단에서는 원선도에서 주어지는 역률과 부하가 요구하는 역률간의 차이를 조정하기 위해 무효전력을 공급 해 주어야 하는데 수전단의 무효전력 공급원이 조상기이다.

그림 2.35는 수전전력원선도와 부하곡선을 나타낸다.
OL의 부하역률 직선이 일정한 역률로 작용할 때, 부하가 커짐에 따라서 이를 수전하기 위한 수전원상의 점도 원주상을 이동해 간다.(M1-M2-M3-----) M1인 경우는 Pr1에서 M1사이의 점선을 보면, 부하 역률 직선과의 차이가 생기게 되어 정전압 수전이 어려워질 수 있으므로 지상 무효전력을 공급해 주어야 한다. M4인 경우는 부하역률직선과 M4사이에 상당한 차이가 생기게 된다. 이 경우는 진상무효전력을 공급해 주어야 한다.

이상에서와 같이 부하가 M점을 초과할 경우에는 수전단에서는 콘덴서, 동기 조상기로 진상무효전력을 공급해 주고, 부하가 M점을 초과하지 않은 경우에는 분로리액터, 동기조상기로 지상 무효전력을 공급해 주어야 한다.

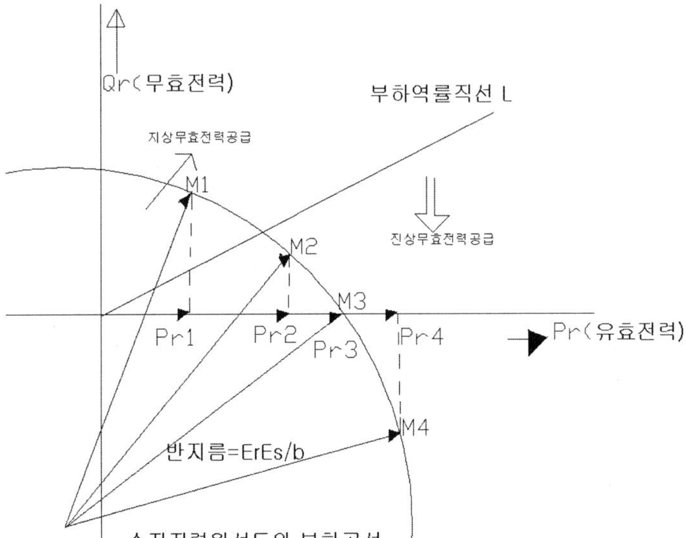

그림 2.35 수전전력 원선도와 부하곡선

2-4-3 정전압 송 · 수전방식에서 동기 조상기, 전력용 콘덴서의 필요성을 설명한다.

전력원선도와 전압 조정에서 알 수 있듯이 우리나라는 정전압 송수전 방식을 사용하고 있고, 그에 따라서 무효전력을 맞추어 주기 위해서는 지상 무효전력을 공급하기 위한 분로 리액터, 진상 무효전력을 공급하는 콘덴서, 그리고 지상, 진상을 다 공급할 수 있는 동기조상기가 필요함을 알 수 있었다.

동기조상기(synchronous condenser)는 동기전동기를 영역률(무부하 운전)로 운전해서 그 전기자 반작용에 기인하는 V 특성을 이용해서 경부하시에는 부족여자로 지상전류를 취해서 역률을 조정하고, 중부하시에는 과여자로 진상전류를 사용 한다.

그림 2.36의 동기조상기 V곡선에서처럼 조상기는 무부하 운전을 하면서 직류의 계자회로 저항을 가감함으로써 전기자에 흐르는 전류의 위상을 90° 앞서게 하거나 90° 뒤지게 하여 송전선로에 송전되는 P와 Q를 전력원선도상에 맞추어 주는 역할을 한다.

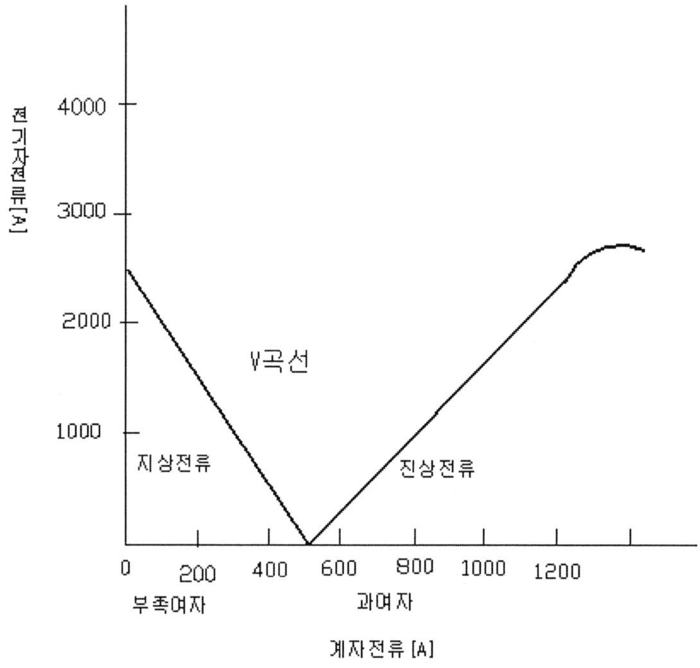

그림 2.36 동기조상기 V곡선

전력용 콘덴서는 중부하시에 진상 무효전력만을 공급해 준다. 이것은 정지기로 동기조상기에 비해서 가격이 싸고, 손실도 적고, 소음이 적다. 콘덴서의 설비 용량을 적당한 용량군(뱅크용량)으로 나누어 부하에 증감에 따라서 개폐를 해준다. 아래의 표 2.3은 동기조상기, 전력용 콘덴서, 분로 리액터를 비교한 것이다.

표 2.3 조상 설비의 비교

항목	동기조상기	전력용 콘덴서	분로리액터
무효전력 흡수능력	진상, 지상	진상	지상
무효전력 조정방법	연속적	단계적	단계적
전압유지능력	크다	작다	작다
가격 및 연경비	비싸다.	싸다	싸다
출력에 대한 전력 손실의 비율	1.5~2.5%	0.3%이하	0.6%이하
보수 난이도	복잡하다.	쉽다	쉽다

◈ 문제 2-38 : 전력용 콘덴서를 변전소에 설치할 때 직렬리액터를 설치하려 한다. 직렬 리액터를 결정하는 식은 어떻게 쓸 수 있는가? 단, fo는 전원의 기본 주파수, C는 역률개선용 콘덴서 용량, L은 직렬 리액터 용량이다.

◈ Solution

직렬 리액터은 제 5고조파를 억제하기 위해서 사용하는 기기로 아래와 같은 수식으로 나타난다.

$$2\pi(5fo)\ L = \frac{1}{2\pi(5f_0)C} \tag{2.159}$$

◈ 문제 2-39 : 아래 표 2.4에서 맞으면 "O"를 틀리면 " X"표를 하여라.

표 2.4

	진상	지상	시충전	전압조정방법
(전력용)콘덴서	0			단계적
(분로)리액터		0	0	단계적
동기조상기	0	0	0	연속적

◈ 문제 2-40 : 다음 중에서 동기 조상기에 대한 설명으로 맞는 것은?

① 무부하로 운전되는 동기발전기로 역률을 개선한다.
② 무부하로 운전되는 동기전동기로 역률을 개선한다.
③ 전부하로 운전되는 동기발전기로 위상을 조정한다.
④ 전부하로 운전되는 동기 전동기로 위상을 조정한다.

◈ 문제 2-41 : 전력계통의 전압 조정 설비의 특징에 대한 설명 중 틀린 것은?

① 병렬 콘덴서는 진상능력만을 가지며 병렬 리액터은 진상능력이 없다.
② 동기조상기는 조정의 단계가 불연속적이나 직렬 콘덴서 및 병령 리액터는 그것이 연속적이다.
③ 동기조상기는 무효전력의 공급과 흡수가 모두 가능하여 진상 및 지상용량을 갖는다.
④ 병렬 리액터는 장거리 초고압 송전선 또는 지중선 계통의 충전용량 보상용으로 주요 발·변전소에 설치된다.

2-4-4 송전선로 충전에 의한 장해 현상을 설명한다.

장거리 송전선로에서 정전용량이 영향은 매우 큰데, 그 중에서도 무부하 송전선을 충전하는 경우에는 큰 문제가 된다.

1) 페란티 현상

아래의 그림 2.37(a)에서 처럼 일반적인 경우에는(부하가 큰 경우) 부하의 역률은 수전단 전압 E_r보다 뒤지는 지상역률이 되어 전류가 전압의 위상에 뒤진다. 따라서 송전단 전압 E_s은 수전단 전압 E_r보다 앞서게 된다.

그림 2.37(b)의 경우는 경부하의 경우로 (특히 무부하의 경우에는) 선로의 정전용량 때문에 전압 보다 위상이 90° 앞선 충전 전류의 영향이 커져서 선로의 전류가 진상이 되어, 이 전류 I_c와 선로의 자기 인덕턴스에 의한 수전단의 전압이 송전단의 전압보다 높아지게 된다. 이러한 현상을 페란티 현상(혹은 페란티 효과)라고 한다. 이러한 현상은 송전선의 단위 길이당의 정전용량이 클수록, 송전선로의 길이가 길수록 커진다.

장거리 무부하 송전선을 처음으로 시충전할 경우에는 E_r가 정격전압에 같게 되게끔 E_s로 충전하는 것이 보통이다.

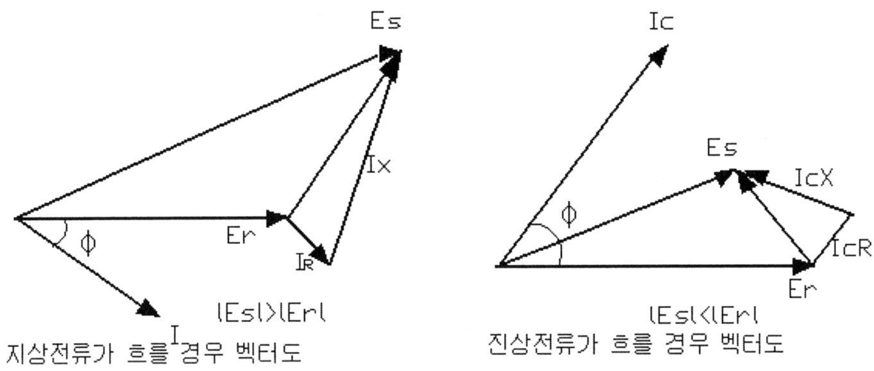

(a) 지상전류가 흐를 경우의 벡터도 (b) 진상전류가 흐를 경우의 벡터도

그림 2.37 지상전류와 진상전류가 흐를 경우의 벡터도

◈ 문제 2-42 : 표피 효과, 근접 효과, 페란티 효과의 차이점을 말해 보시오.

◈ Solution

- 페란티 효과 : 송전선로에 충전전류가 흐르면 수전단 전압이 송전단 전압 보다 높아지는 현상을 말한다.
- 표피효과 : 교류전류의 경우에 도체의 중심보다 도체의 표면에 전류가 많이 흐르는 현상을 말한다.
- 근접효과 : 같은 방향의 전류는 바깥쪽으로 다른 방향의 전류는 안쪽으로 모이는 현상을 말한다.

◈ 문제 2-43 : 초고압 장거리 송전선로에 접속되는 1차 변전소에 분로 리액터를 설치 하는 목적은?

① 송전용량의 증가 ② 전력 손실의 경감

③ 과도 안정도의 증진 ④ 페란티 효과의 방지

2) 발전기의 자기 여자 현상

장거리 송전선로에서 용량이 작은 발전기로 장거리 송전 선로를 충전할 경우(무부하 송전선에 발전기를 투입해야 하는 경우)에는 발전기의 여자 회로를 개방한 채로 발전기를 송전선로에 접속하더라도 발전기의 전압이 빠르게 이상 상승하게 된다. 장거리 송전선로의 충전전류가 발전기의 전압 보다 위상이 90° 앞서 있기 때문에 교류 발전기의 전기자 반작용에 의해 지상 전류의 경우와는 반대로 발전기의 단자 전압이 상승하기 때문이다.

이러한 현상을 발전기의 자기여자현상이라 하고, 송전선로를 시충전할 경우에 이 자기여자현상이 일어나지 않도록 충분히 검토해야 한다.

발전기 용량과 선로의 충전 용량과의 관계를 살펴 볼 수 있다.

한 대의 발전기로 자기여자를 일으키지 않고 충전전압 V'의 전압으로 충전할 수 있는가 어떤가를 조사하기 위해서는 발전기의 단락비가 아래 식의 K_s보다 큰지를 알아보면 된다.

$$K_s \geq \frac{Q'}{Q} \left(\frac{V}{V'} \right)^2 (1 + \sigma) \qquad (2.160)$$

여기서 K_s : 발전기의 단락비

V : 발전기의 정격 전압 [V]

V' : 충전전압 [kV]

Q : 발전기의 정격 출력 [MVA]

Q' : 충전전압 V'에 대한 송전선의 소요 충전 용량 [MVA]

위의 수식으로부터 결과적으로 단락비가 큰 발전기일수록 송전선로의 충전에 적합하다는 얘기를 할 수가 있다. 단락비가 1보다 커지는 경우에는 발전기가 대형으로 되어서 경제적이지 못하게 되므로 단락비는 1정도일 경우가 가장 경제적이다.

발전기의 자기 여자현상을 방지하기 위한 대책으로 단락비가 커져야 한다는 의미는 충전용 발전기의 용량이 송전선로의 충전용량 보다 커야 한다는 것을 의미한다.

3상 3선의 경우에 다음과 같이 표현할 수 있다.

$$발전기의 용량 > 선로의 충전용량 \times 3(선) \tag{2.161}$$

위의 수식 (2.160)을 다시 다음과 같이 쓸 수 있다.

$$Q \geq \frac{Q'}{K_s} \left(\frac{V}{V'} \right)^2 (1 + \sigma) \tag{2.162}$$

위의 조건들을 만족하지 못하는 경우에는 수전단에 병렬 리액터를 접속한다. 리액터의 지상용량으로 진상인 충전용량의 일부를 상쇄해서 선로의 길이를 짧게 하는 것과 같아지게 된다.

◈ 문제 2-44 : 자기여자 현상을 방지하기 위하여 충전용의 발전기 용량이 구비하여야 할 조건은?

◈ Solution
발전기에 자기여자를 일으키지 않고 선로측의 차단기를 투입하여 선로를 충전하기 위해서는
① 발전기의 용량 〉 선로의 충전용량 X 3(선)
② 병렬 리액터를 사용한다.

◈ 문제 2-45 : 직렬 축전기를 선로에 삽입할 때의 이점이 아닌 것은?
① 선로의 인덕턴스를 보상한다. ② 수전단의 전압 변동률을 줄인다.
③ 정태 안정도를 증가한다. ④ 역률을 개선한다.

◈ Solution : 직렬 축전기는 유도 리액턴스(부하의 리액턴스에 비해 작은 값)을 상쇄시키는 것이므로 선로의 전압강하를 줄일 수는 계통의 역률을 개선시킬 정도는 못된다. 선로의 유도 리액턴스를 상쇄시키므로 선로의 정태 안정도를 증가시킨다.

총괄평가

학습자 자기점검표

◆ 작성법

학생 스스로가 자신의 성취도를 성취 달성 정도에 따라 해당란에 'V' 표를 하시오. 이것은 학생이 모듈을 배우면서 부족한 점과 보충해야할 사항을 점검하기 위한 자기평가입니다. 정직하고, 솔직하게 체크 하십시오.

성취 능력	매우 미흡	미흡	보통	우수	매우 우수
1. 전력계통에서 조상설비가 필요한 이유를 설명하라.	①	②	③	④	⑤
2. 동기 조상기의 V곡선을 설명하라.	①	②	③	④	⑤
3. 무효전력을 조정하는 전력용 콘덴서와 분로리액터의 기능과 차이점를 설명하라.	①	②	③	④	⑤
4. 장거리 송전선로를 충전하는 경우에 발생하는 발전기의 자기여자현상을 설명하라.	①	②	③	④	⑤
5. 장거리 송전선로를 충전하는 경우에 발전기의 용량과 선로의 충전용량 사이의 관계를 설명하라.	①	②	③	④	⑤
6. 정전압 송수전방식에서 송수전단 전력원선도로 무엇을 알 수 있는가?	①	②	③	④	⑤
7. 수전단전력원선도와 부하역률 직선사이에서 진상무효전력이 필요한 부분과 지상무효전력이 필요한 부분을 그림에서 설명할 수 있는가?	①	②	③	④	⑤
8. 수전단전력원선도와 부하역률 직선사이에서 조상설비의 용량을 산출할 수 있는가?	①	②	③	④	⑤
9. 전력용콘덴서를 설치하는 경우에 제5고조파를 억제하기 위해서 필요한 직렬리액터의 용량산출을 할 수 있는가?	①	②	③	④	⑤
10. 일반 송전계통의 송전특성을 알기 위해서는 전력원선도를 사용하지 못하고, 전력조류계산방법을 사용해야 하는 이유를 설명하라.	①	②	③	④	⑤

◆ 성취수준에 따른 자기평가 수준

모든 항목에서 '매우 우수' 혹은 '우수' 라고 평가한 학생을 제외하고는 부족한 내용에 대하여 다시 찾아가서 개별적으로 보충 학습을 하고 실험을 하십시오. 그래도 모르는 경우는 E-mail을 이용하거나, 개별적인 질문을 하시기 바랍니다.

인터넷 자료

http://www.kiee.or.kr 대한 전기학회
http://www.electricity.or.kr 대한 전기협회
http://www.keca.or.kr 한국전기공사협회
http://www.keea.or.kr 한국전력기술인협회
http://www.kieeme.or.kr (사)한국전기전자재료학회
http://cafe.naver.com/power 119 전기박사
http://cafe.naver.com/renewableenergy.cafe 신재생에너지
http://www.kepco.co.kr 한국전력
http://www.komipo.co.kr 한국중부발전
http://www.westernpower.co.kr 한국서부발전
http://www.khnp.co.kr 한국수력원자력
http://www.kosep.co.kr 한국남동발전
http://www.kemco.or.kr 에너지관리공단
http://www.keri.re.kr 한국전기연구원

관련서적 및 잡지

1. 송길영, "최신송배전공학", 동일출판사, 2005년
2. 심상홍 外, "송배전공학", 진영사, 1999년
3. 송길영, "최신 발전공학", 동일출판사, 2005년
4. 배상기, "전력공학", 진영사, 2005년
5. 박규홍, "전력발생공학", 동일출판사, 2003년

6. H.Sadat, "Power System Analysis", McGraw Hill, 2004년
7. Elgerd, "Basic Electric Power Engineering", Addison Wesley, 1976년
8. 일본 전기기술자 협회편, "자가용 전기기술자 핸드북", 대한전기협회,2000년
9. 대한전기학회편, "최신배전시스템공학", (주)북스힐, 2006년
10. 송길영, "전력계통공학", 동일출판사, 2000년
11. B.M.Weedy & B.J.Cory, "Electric Power Systems", Wiley,1998년
12. 검정연구회 편, "전기설비설계", 동일출판사, 1996년
13. 정용기, "신전기설비 기술계산 핸드북", (주)의제전기설비연구원, 2003년
14. 박건수 外 5인, "전력전송공학", 청문각, 1997년
15. 박동화 외 2인, "수변전설비의 계획과 설계", 도서출판 의제, 1997년
16. 김수용 외 4인, "디지털 송배전공학", 문운당, 2007년
17. 검정연구회, 전기기사시리즈4 "전력공학", 동일출판사, 2008년
18. Alston, "High Voltage Technology", Oxford University Press, 1968년

Module. 3

접지방식과 고장계산

Module 3-1 : 중성점 접지방식

개요

송전계통는 3상 3선식을 사용한다. 따라서 전력 계통의 변전소나 변압기에서 3상 변압기로 전압을 높여 주거나, 낮추어 준다. 이렇게 하여 수용가에 공급하는데 변압기 Y결선인 중성점을 어떻게 처리하는가에 따라 송전선 및 기기의 절연 설계, 송전선에 의한 통신선의 유도장해, 고장 구간 검출을 위한 보호계전기의 동작 및 계통의 안정도 등에 커다란 영향을 미친다. 3상 대칭의 송전선에서는 중성점의 전압은 0이 되어야 하나, 실제적으로 계통상에 선로정수의 불평형으로 잔류전압이 존재하게 되고, 중성점을 고전압 송전 시에는 반드시 접지하게 된다.

학습목표

1. 중성점 접지하는 목적을 공부한다.
2. 중성 접지방식 종류를 비교하여 공부한다.
3. 중성점에서 잔류전압이 발생하는 이유를 설명한다.
4. 전력선(송전선)에 의한 통신선 유도장해에 대해 공부한다.

주요어

직접접지, 비접지, 잔류전압, 유도장해, 소호리액터 접지, 단절연, 저항접지, 차폐선 정전유도, 전자유도.

3-1-1 중성점을 접지하는 목적을 공부한다.

저전압 단거리(10km이내) 송전선로에서는 중성점을 접지하더라도 별지장이 없으나, 고전압 장거리송전에서는 중성점을 반드시 접지하여 준다. 중성점을 비접지로 하는 경우에 이상 전압으로 인한 사고시의 발생 등의 많은 문제가 야기 된다. 중성점을 접지하는 목적을 열거하면 다음과 같다.

1) 지락 사고 시 건전상의 대지 전위 상승을 억제해서 전선로 및 기기의 절연 레벨을 경감시킨다.
2) 뇌, 아크지락, 내부 이상전압 등의 경감 및 발생을 방지한다.
3) 지락 고장 시 접지 계전기의 동작을 확실하게 한다.
4) 소호 리액터 접지방식을 사용하면 1선지락 시 아크지락을 빨리 소멸시켜 송전을 계속할 수 있게 된다.

송전선에서의 고장은 1선지락이 제일 많고, 이것이 빨리 제거되지 않으면, 고장은 다시 2선지락, 3선지락, 3상단락 등으로 진전이 되는 경우가 많다. 중성점 접지저항을 어떻게 가져가느냐에 따라 1선지락 고장 시에 발생되는 건전상의 전압 상승의 값이 달라질 수 있다. 이 때 전압상승이 평상시 Y전압 1.3배를 넘지 않도록 접지 임피전스를 조절해서 접지하는 것을 유효접지(effective grounding)라고 부른다.

유효접지의 예를 들어 보면, 154[kV] 송전선로에서 상전압 154/ $\sqrt{3}$=88.91[kV]의 1.3배(상전압의 1.3배, 선간전압의 75[%])인 115.5[kV] 즉, 154[kV] 송전계통에서 1선지락 고장 시에 대지전위가 115.5[kV] 이상으로 상승하지 않도록 접지하면 그때의 접지를 유효접지라고 한다.

이같은 유효접지에 의해서

1)기기 및 선로의 절연 레벨을 낮출 수 있고,
2)변압기의 단절연이 가능하고,
3)보호 계전기의 신속 정확한 동작이 가능하다.

◈ 문제 3-1 : 송전계통의 중성점을 접지하는 목적은 다음 중에 어느 것인가?

① 전압 강하의 감소　　② 이상전압의 방지
③ 송전용량의 감소　　④ 유도장해의 감소

◈ 문제 3-2 : 송전선의 중성점을 접지하는 이유가 되지 못하는 것은?

① 코로나 방지　　② 지락전류의 감소
③ 이상전압의 방지　　④ 지락 사고선의선택 차단

3-1-2 중성점 접지 종류를 비교하여 검토한다.

중성점 접지방식에서 접지 임피던스 Zn의 크기와 조건에 따라 다음으로 분류한다.

1) 비접지 방식 : 접지를 시키지 않음 Zn =∞
2) 직접접지방식 : 중성선을 금속선으로 직접 접지 Zn = 0
3) 저항접지 방식 : 접지 저항값을 Zn = R (고저항접지, 저저항접지)
4) 소호리액터 접지 방식 : 접지 임피던스 값을 대지 정전용량과 공진하는 리액터(인덕턴스)를 접지 Zn = jX_L

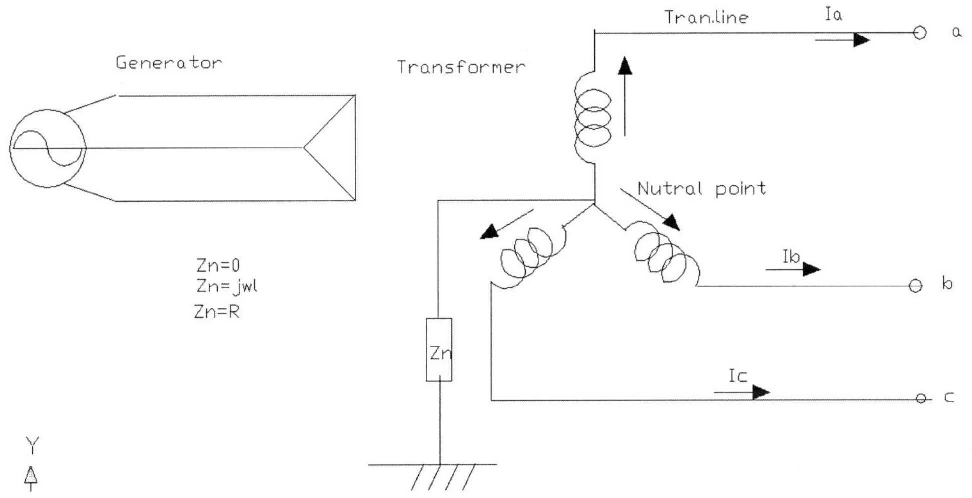

그림 3.1 중성점 접지 방식

표 3.1 중성점 접지 방식 비교

	비접지	직접접지	고저항접지	소호리액터 접지
지락사고 시 건전상의 전압상승	크다	작다	약간크다	크다($\sqrt{3}$배까지)
절연레벨, 애자개수, 변압기	감소불능 최고 전절연	감소가능 최저 단절연가능	감소불능 전절연 비접지보다 낮음	감소불능 전절연 비접지보다 낮음
지락전류	적다	최대	중간정도 (100~300[A])	최소
보호계전기동작	곤란	가장 확실	확실	곤란
1선지락시 통신선유도장해	작다	최대	중간정도	최소
과도안정도	크다	최소	보통	보통

◈ 문제 3-3 : 중성점 비접지 방식을 이용하기에 적당한 것은 다음 중 어느 것인가?
① 고전압 장거리 ② 고전압 단거리 ③ 저전압 단거리 ④ 저전압 장거리

◈ 문제 3-4 : 비접지 방식과 직접 접지 방식을 비교한 것 중 옳지 않은 것은?
① 전자 유도 장해가 경감 된다.
② 지락 전류가 작다
③ 보호 계전기의 동작이 확실하다.
④ Δ결선을 하여 영상 전류를 흘릴 수 있다.

◈ Solution
비접지의 특징은 다음과 같다.(직접 접지와 비교하여)
① 유도장해 감소로 지락전류가 비교적 적다.
② 보호 계전기의 동작이 불확실하다.
③ Δ결선이 가능하다.
④ V-V 결선 가능
⑤ 저전압 단거리에 적합

1)비접지 방식

그림 3.2에서처럼 $\Delta-\Delta$ 결선된 3상 변압기인 경우에 중성점이 없다. 선로의 길이가 짧거나 전압이 낮은 33[kV]이하인 경우에 주로 사용한다.

비접지 방식에서는 대지정전용량이 작기 때문에 대지 충전전류는 크지 않아서 1선지락 고장이 발생하면 그림에서처럼 건전상의 대지정전용량에 의한 고장전류가 분류하지만 대지정전용량에 의한 용량 리액턴스가 아주 큰 값이기 때문에 지락전류는 아주 작아서 지락 전류 영점 통과의 순간에 자연 소멸 되어 송전을 계속할 수 있다.

비접지 방식은 접지를 위해 중성점을 뽑을 필요가 없고 $\Delta-\Delta$ 결선으로 연결이 되어 있어서 변압기 고장 시나 점검 수리 시에 변압기 1대를 들어내서 V결선으로 전환해서 송전을 계속할 수 있다.

비접지 방식은 전압이 높고, 선로의 길이가 긴 계통에는 1선지락 고장 시에 충전전류에 의한 간헐 아크지락을 일으켜서 이상전압을 발생하게 되므로 사용할 수 없다.

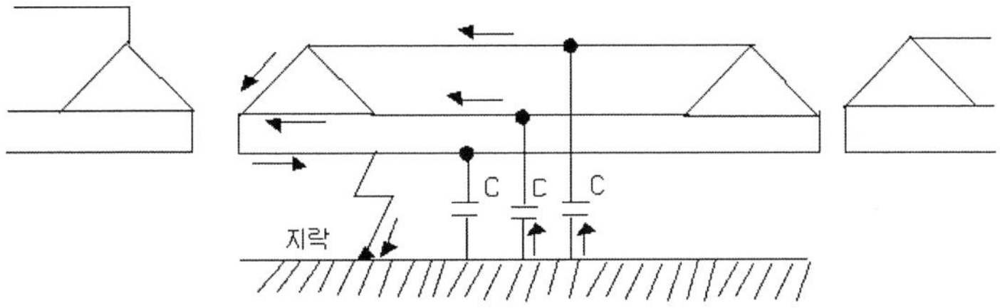

그림 3.2 비접지방식에서의 1선지락 고장

◈ 문제 3-5 : 위의 그림 3.2과 같이 비접지 방식에서 1선 지락 고장 발생 시에 건전상 송전선로의 대지 전위는 높아지는가?

◈ Solution

1선지락 고장 발생 시에 고장점에는 상전압보다 90° 앞선 진상전류가 흐르게 되는데 이 전류는 0.5[Hz] 마다 영이 된다. 따라서 아크 소멸 순간에는 고장 상전압은 90° 뒤져서 지상전류가 흘러 최대 값이 되고 아크 소멸과 동시에 전하로서 남게 되어 절연된 선로의 대지전위를 높게 한다.

다음의 0.5[Hz] 후에는 반대방향의 전원전압이 인가되므로 고장점에는 잔류전압과 전원전압을 합한 전압이 걸리므로 절연이 파괴되고 먼저보다 더 강한 아크가 발생한다. 0.5[Hz] 마다 이런 현상이 반복됨으로서 전압은 계단식으로 상승되며 그 결과 고장점의 전선이나 애자를 파괴하여 선간단락으로 발전되거나 아크에 따른 급격한 전압 동요가 기기를 손상시킬 수 있다.

◈ 문제 3-6 : 배전선로에 3상 3선식 비접지 방식을 채용할 경우 장점에 해당되지 않는 것은?
① 1선 지락 고장 시 지락전류가 작다.
② 1선 지락 고장 시 인접 통신선 유도장해가 작다.
③ 고저압 혼촉 고장 시 저압선의 전위상승이 작다.
④ 1선 지락 고장 시 건전상의 대지전위 상승이 작다.

2) 직접접지 방식

직접접지 방식은 계통에 접속된 변압기의 중성점을 금속선으로 직접 접지하는 방식으로 그림 3.3은 1선지락 시의 고장전류의 분포를 보인다.

우리나라의 송전 계통은 345[kV]로 승압을 하면서 직접접지 방식을 채용하고 있다. 직접접지 방식에는 다음과 같은 이점이 있기 때문이다.

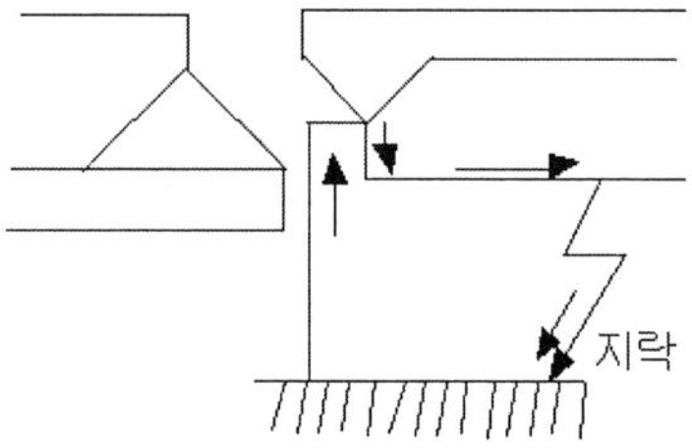

그림 3.3 직접 접지방식

직접접지 방식의 이점

① 1선지락 사고 시 건전상의 대지전압은 거의 상승하지 않고, 또 아크 지락에 의한 이상전압이라든가 차단기의 개폐 동요 시 이상전압 등의 값도 다른 접지방식과 비교해서 낮기 때문에 선로의 애자 수를 줄일 수 있고, 기기의 절연레벨을 감소시킬 수 있다. 이 효과는 전압이 높아질수록 현저해서 매우 경제적이다.
② 개폐동요(서지)의 값을 저하시킬 수 있으므로 피뢰기의 책무를 경감시키고 그 효과를 증대시킬 수 있다. 즉, 선로의 전압 상승이 작기 때문에 정격전압 낮은 피뢰기를 사용할 수 있다.

③ 변압기의 중성점은 항상 영전위부근에 유지되기 때문에 선로측으로 부터 중성점까지로 접근함에 따라 점차적을 낮출 수 있는 단절연이 가능하고, 변압기 및 부속설비의 중량과 가격을 낮출 수 있다.
④ 1선지락 사고 시 1상이 단락 상태로 되어 지락전류가 커지기 때문에 보호계전기의 동작이 확실해 진다. 이 결과로 고장의 선택차단도 확실해져서 고속차단기와 조합하여 고속차단방식(6사이클 이내 차단) 채택이 가능해진다.

반대로 이 방식의 결점은 다음과 같다.

① 지락전류가 저역률 대전류이기 때문에 과도안정도가 나빠진다.
② 지락고장 시에 병행통신선에 전자유도장해가 커지게 된다.
③ 지락전류의 기기에 대한 기계적 충격이 커서 손상을 주기 쉽다.
④ 계통사고의 70~80[%]가 1선지락 사고이므로 차단기로 대전류 차단할 기회가 많아지게 된다.

◈ 문제 3-7 : 직접접지 방식 3상 3선식, 저항접지 3상 3선식, 비접지 3상 3선식, 리액터 접지 3상 3선식 중, 1선지락 전류가 큰 순서대로 배열을 해 보아라?

◈ Solution
직접 접지 〉 저항 접지 〉 비접지 〉 소호 리액터 접지

◈ 문제 3-8 : 변압기의 단절연 또는 저감절연을 설명하시오.

◈ Solution
유효접지계에서는 1선지락 시 건전상의 전압상승이 최대선간 전압의 80[%]이하로 억제되기 때문에, 정격전압이 낮고 충격전압 보호능력이 높은 피뢰기를 이용할 수 있고, 계통에 연결되는 BIL(Basic Impulse Insulation Level = 충격전압 절연강도)를 비유효접지계인 경우보다 낮출 수 있다. BIL이 낮아지면 중량이 가벼워지고, 가격도 저하한다.

기준 BIL을 이용하면 다음과 같다.

BIL = 5 x E + 50[kV]　　　　여기서, E는 최저전압이다.

예를 들어 154[kV]인 경우는 $BIL = 5 \times 154/\sqrt{3} + 50 \fallingdotseq 500[kV]$
아래의 표 3.2는 저감절연의 예의 표이다.

표 3.2 우리나라의 저감절연의 예

계통전압[kV]	기준충격절연강도[kV]	현재사용 BIL[kV]	신형피뢰기에 가능한 보호 BIL[kV]
154[kV]	750	650(1단 저감)	550(2단 저감)
345[kV]	1550	1050(2단 저감)	950(3단 저감)

3) 저항접지방식

중성점을 저항으로 접지하는 방식으로 접지 저항값에 따라 고저항, 저저항 접지로 나눈다.

저저항 접지방식 : R = 30[Ω]정도
고저항 접지방식 : R = 100~1000[Ω]정도

접지 저항 값이 너무 낮으면 고장 발생 시에 통신선에 유도장해가 커지고, 저항 값이 높으면 지락계전기의 동작이 곤란해지고 동시에 건전상의 대지전압 상승을 초래한다.

접지개소의 수는 한 군데에서만 하는 단일 저항접지 보다는 2개소 이상의 중성점을 동시에 접지하는 복저항 접지가 전류를 2개소로 분산되어 유도전압을 감소시키고, 또 접지 계전기의 병행2회선 선택을 쉽게 할 수 있다는 이점이 있어 채택되는 경우가 많다. 그러나 경제성 측면에서 대부분 직접접지 방식으로 전환하는 추세이다.

아래 그림 3.4는 저항접지 방식에서 1선 지락 사고 시 모습이다.

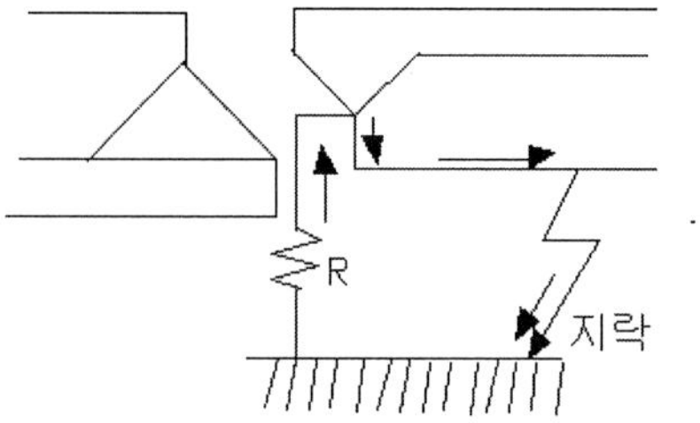

그림 3.4 저항접지 계통의 지락고장

4) 소호 리액터 접지방식

중성점 접지 시에 저항 대신에 리액터를 사용하는 방식으로 보상리액터 접지라고도 한다. 소호 리액터 접지는 계통에 접속된 변압기 중성점을 송전선로의 대지 정전 용량과 공진하는 리액터를 통해 접지하는 방식이다. 이렇게 하면 지락 사고 시 지락전류를 제한하고, 과도안정도를 향상시키게 된다.

이 방식은 교류회로의 L, C 병렬공진을 이용한 것으로 1선과 대지간의 정전용량의 3배, 즉, 3C와 리액터 L에 의한 공진조건 $\frac{1}{3\omega C} = \omega L$ 이 되면 고장점에서 본 합성 리액턴스가 이상적으로 무한대가 되어 1선 지락 고장이 발생하면 지락전류는 거의 0이 되는 것을 이용한 것이다.

따라서, 고장점 아크는 지락전류의 영점통과로 자연히 소멸되어 1선 지락 고장 시에도 정전 없이 송전을 계속할 수 있다.

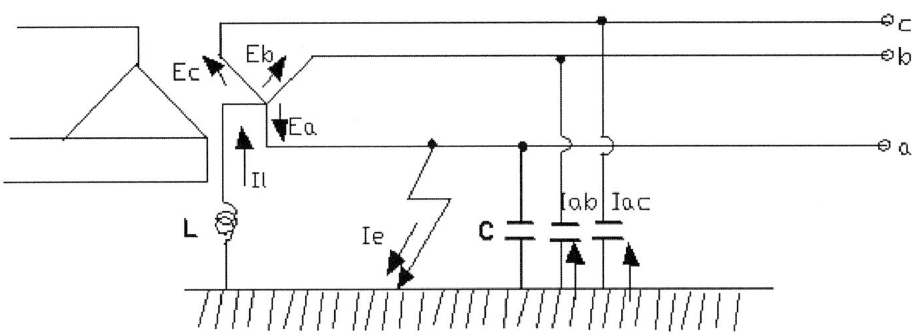

그림 3.5 소호리액터 접지 계통의 지락고장

그림 3.5은 지락 고장 시에 소호리액터 접지 계통의 소호 작용을 보여준다. 상전압 $\dot{E}a$, $\dot{E}b$, $\dot{E}c$ 라고 하면 지락전류 Ie는 L을 흐르는 지상전류 $\dot{I}_L = \frac{\dot{E}a}{j\omega L}$ 과 b상 및 c상의 대지정전용량를 흐르는 지상전류 Iab, Iac로 분류 된다. 이들의 합성값이 0이 되면 지락전류는 0으로 소호작용을 한다.

$$\frac{\dot{E}a}{jwL} + j\omega C(\dot{E}a - \dot{E}b) + j\omega C(\dot{E}a - \dot{E}c) = 0 \tag{3.1}$$

여기서,

$$\dot{E}a = \mathrm{E} \quad (3.2)$$

$$\dot{E}b = \mathrm{E}e^{-j120} = (-\frac{1}{2} - j\frac{\sqrt{3}}{2})\mathrm{E} \quad (3.3)$$

$$\dot{E}c = \mathrm{E}e^{-j240} = (-\frac{1}{2} + j\frac{\sqrt{3}}{2})\mathrm{E} \quad (3.4)$$

위의 관계를 식(3.1)에 넣으면 아래 수식이 된다.

$$\omega \mathrm{L} = \frac{1}{3\omega C} \quad (3.5)$$

즉, 소호리액터 공진조건은 L의 값을 $1/3\omega^2$C로 구할 수 있다.

아래 그림 3.6은 소호리액터의 탭 결선을 보여 준다.

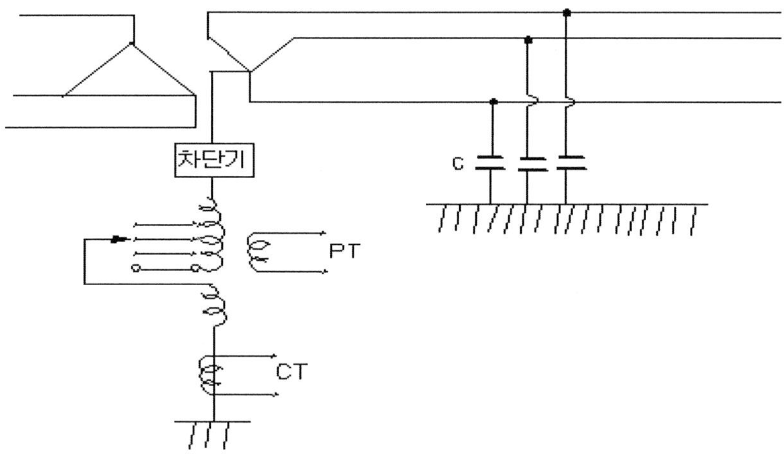

그림 3.6 소호 리액터의 탭

여기서 C와 L은 순캐패시턴스, 순리액턴스로 가정하였으나, 실제로는 변압기, 리액터의 철손, 저항손이 있고, 선로에도 선로 저항 및 누설 콘덕턴스, 코로나손 등이 있어서 고장점의 전류는 완전한 0이 되지 않고 약간의 누설전류가 흐르게 된다.

또한, C의 값은 계통상에서의 개폐나 우천의 경우에 따라서 달라질 수 있어서 그림에서처럼 여러 개의 탭을 설치하여 값을 변경하여서 언제나 공진이 일어나도록 하고 있다.

소호 리액터의 탭이 공진점을 벗어날 수 있는 정도를 나타내는 것을 합조도라고 하는데, 다음 식 (3.6)으로 표시할 수 있다.

$$P = \frac{I - I_c}{Ic} \times 100[\%] \qquad (3.6)$$

(여기서 P는 합조도, I는 사용탭 전류, Ic는 전대지 충전전류이다.)

$\omega L = \frac{1}{3\omega C}$ 경우는 합조도가 0이 된다.

$\omega L < \frac{1}{3\omega C}$ 경우는 합조도가 +값이 되는데, 과보상 상태이고,

$\omega L > \frac{1}{3\omega C}$ 경우는 합조도가 -값이 되는데, 부족보상 상태이다.

계통을 운용하는 입장에서는 부족보상 상태가 아닌 과보상 상태로 항상 사용해야 한다. 부족 보상 시는 운전 중 지락 사고 시에 과대한 이상전압 발생위험이 따르게 되어서 과보상 상태로 운전해야 한다.

◈ 문제 3-9 : 소호 리액터를 송전 계통에 쓰면 리액터의 인덕턴스와 선로의 정전용량이 어느 상태가 되어서 지락 전류를 소멸 시키는가?

◈ Solution : 병렬 공진

◈ 문제 3-10 : 어떤 선로의 양단에 같은 용량의 소호 리액터를 설치한 3상 1회선 송전선로에서 전원측으로부터 선로 길이의 1/4지점에 1선 지락 고장이 일어났다면 영상전류의 분포는 대략 어떻게 그려질 수 있는가?

◈ Solution

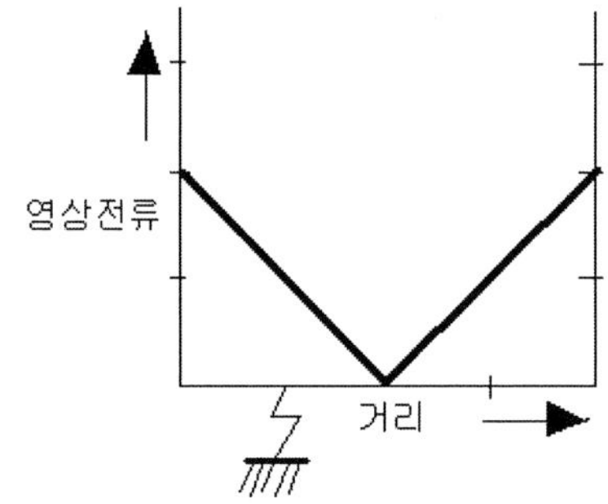

그림 3.7

◈ 문제 3-11 : 접지봉을 사용하여 희망하는 접지 저항 값까지 줄일 수 없을 때 사용하는 선을 무엇이라고 하는가?

◈ Solution

철탑의 탑각 접지 저항을 낮추어 역섬락을 방지하기 위하여 지하 30~60[cm] 정도의 깊이에 30~50[cm] 정도의 아연 도금 철선을 매설하는 선으로 매설 지선이라고 한다.

◈ 문제 3-12 : 3상 1회선, 154[kV], 60[Hz], 1선의 대지정전용량이 0.53[uF]인 송전선의 소호 리액턴스, 인덕턴스, 소호 리액터 용량을 구하여라. 단, 소호 리액터를 접속 시키는 변압기의 1상당의 리액턴스는 9[Ω]이다.

◈ Solution

소호리액터의 리액턴스 $\omega L = \frac{1}{3\omega C_s} - \frac{x_t}{3} = 1665[\Omega]$ (3.7)

소호리액터의 인덕턴스 $L = \frac{1}{3\omega^2 C_s} - \frac{x_t}{3\omega} = 4.42[H]$ (3.8)

소호리액터의 용량 $Pc = 3 \times \omega C_s E^2 X 10^{-9} = 4738.6[kVA]$

3-1-3 중성점에서 잔류전압이 발생하는 이유를 설명한다.

3상 대칭 송전선로에서는 보통 운전 시에는 항상 중성점의 전위는 0이 되어야 이론과 일치하게 된다. 그래서 중성점을 접지하여도 접지선을 통하여 전류가 흐르지 않아야 한다. 그러나 실제에는 3상선의 정전용량 값의 차이가 일어나서 중성점은 약간의 전위를 나타내며, 전류가 흐르게 된다. 이와같이, 보통의 운전상태에서 중성점에 나타나게 될 전위를 잔류전압(residual voltage)이라고 한다.

그림 3.8은 대지어드미턴스로는 정전용량만을 고려해서 누설저항은 무시하고, 중성점에 나타나는 잔류전압을 보여준다.

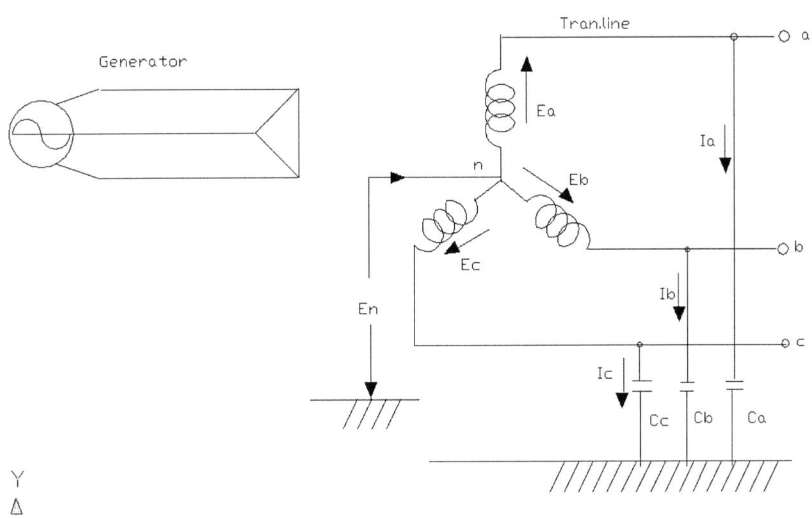

그림 3.8 중성점 잔류전압

잔류전압을 En이라 하고, 잔류전압을 구하여 본다.

그림 3.8에서 전원의 상전압을 $\dot{E}a$, $\dot{E}b$, $\dot{E}c$로 대칭 3상 기전력이라 하고 상회전 방향은 a, b, c 순서로 한다.

$$\dot{E}a = Ea, \quad \dot{E}b = a^2 Ea, \quad \dot{E}c = aEa \qquad (3.9)$$

(여기서 $a = -\frac{1}{2}+j\frac{\sqrt{3}}{2}$, $a^2 = -\frac{1}{2}-j\frac{\sqrt{3}}{2}$이다)

각 선로의 대지전위는 각각 $(\dot{E}n+\dot{E}a)$, $(\dot{E}n+\dot{E}b)$, $(\dot{E}n+\dot{E}c)$이므로 각 선로의 충전 전류는 다음으로 표시된다.

$$\begin{aligned} \dot{I}a &= j\omega Ca(\dot{E}n + \dot{E}a) \\ \dot{I}b &= j\omega Cb(\dot{E}n + \dot{E}b) \\ \dot{I}c &= j\omega Cc(\dot{E}n + \dot{E}c) \end{aligned} \tag{3.10}$$

중성점은 평형이므로

$$\dot{I}a + \dot{I}b + \dot{I}c = 0 \tag{3.11}$$

따라서, 잔류전압 $\dot{E}n$은 다음으로 표시된다.

$$\dot{E}n = -\frac{Ca\dot{E}a + Cb\dot{E}b + Cc\dot{E}c}{Ca + Cb + Cc} \tag{3.12}$$

$\dot{E}n$의 절대값을 계산하면 선간전압은 $V=\sqrt{3}E$라고 하면

$$En = \frac{\sqrt{Ca(Ca - Cb) + Cb(Cb - Cc) + Cc(Cc - Ca)}}{Ca + Cb + Cc} \times \frac{V}{\sqrt{3}} \tag{3.13}$$

위와 같이 되고 만약 $Ca = Cb = Cc$이면 En은 0이 된다.

◈ 문제 3-13 : 3상 3선식 회로에서 a상의 정전용량이 0이고, 나머지 b, c상의 정전용량이 C[uF]이고, 선간전압 V[V]라고 할 때, 중성점과 대지 사이의 잔류전압 En은 몇[V]인가? 단, 선로의 직렬 임피던스는 무시한다.

◈ Solution

중성점 잔류전압의 식에서 Ca = 0, Cb = Cc = C[uF]을 대입하여 계산한다.

$$\therefore \ \mathrm{En} = \frac{C}{2C} \times \frac{V}{\sqrt{3}} = \frac{V}{2\sqrt{3}}$$

◈ 문제 3-14 : 3상 송전선로와 통신선이 병행되어 있는 경우에 통신유도 장해로서 통신선에 유도되는 정전유도 전압은 통신서의 길이와 어떠한 관계가 있는가?

◈ Solution

중성점 잔류전압의 식에서 알 수 있듯이 무관하다.

$$\mathrm{En} = \frac{\sqrt{Ca(Ca-Cb)+Cb(Cb-Cc)+Cc(Cc-Ca)}}{Ca+Cb+Cc} \times \frac{V}{\sqrt{3}} \qquad (3.14)$$

3-1-4 전력선에 의한 통신선 유도 장해와 방지 대책을 공부한다.

송전선과 통신선이 병행 또는 근접시에는 송전선에 의한 통신선에 전압과 전류가 유도되어 통신선에 통신장해를 일으키게 되는데 통신선 유도장해라고 한다.

유도장해에는 정전유도, 전자유도, 고주파유도 등이 있다. 정전유도는 송전선과 통신선사이에 상호정전용량으로 발생하는데 평상시와 사고 시에 문제가 되고, 전자유도 작용은 송전선과 통신선 사이의 상호 인덕턴스로 발생하는데, 지락 사고 시에 특히 문제가 된다.

통신선이 받는 유도장해로 생기는 문제는 다음과 같은 것들이 있다.

① 인체에의 위험

② 통신선의 파손(통신기기의 파손, 절연파괴 등)

③ 통신업무의 방해(통신선의 잡음, 오신호 등)

1) 정전유도

송전선로의 영상전압과 통신선과의 상호정전용량의 불평형에 의해서 통신선에 유도되는 전압으로 송전선로의 고장 시뿐만 아니라 평상시에도 발생한다.

그림 3.9에서처럼 3상의 각각의 전선에 전위를 $\dot{E}_a$, $\dot{E}_b$, $\dot{E}_c$ 통신선의 유도전압을 $\dot{E}_s$, 정전용량을 Ca, Cb, Cc, Cs라고 하면 다음 식이 성립된다.

$$\dot{I}a + \dot{I}b + \dot{I}c = \dot{I}_{cs} \tag{3.15}$$

$$\therefore \omega C_a(\dot{E}_a - \dot{E}_s) + \omega C_b(\dot{E}_b - \dot{E}_s) + \omega C_c(\dot{E}_c - \dot{E}_s) = \omega Cs\dot{E}_s \tag{3.16}$$

따라서, 통신선 유도전압은 다음과 같이 된다.

$$\dot{E}_s = \frac{CaEa + Cb\dot{E}b + Cc\dot{E}c}{Ca + Cb + Cc + Cs} \tag{3.17}$$

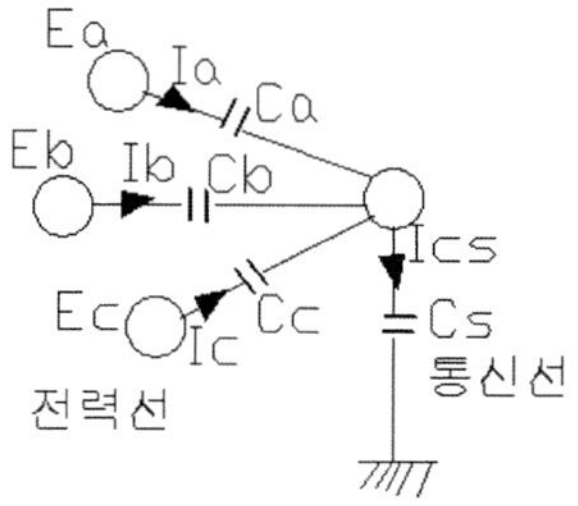

그림 3.9 정전유도

송전선 전압이 3상 평형인 경우 다음과 같이 정전유도전압 절대 값을 구할 수 있다.($\dot{E}_a$ = E, $\dot{E}_b = a^2E$, $\dot{E}c = aE$)

$$|E_s| = \frac{\sqrt{Ca(Ca - Cb) + Cb(Cb - Cc) + Cc(Cc - Ca)}}{Ca + Cb + Cc + Cs} \times E \tag{3.18}$$

위 식의 정전유도전압을 이용하여 병행구간 l[km]에 흐르는 전류를 구해보면 $Is = \dot{\omega} Csl\dot{E}s$ 로 된다. 정전유도전압은 주파수와 병행거리와는 무관함을 알 수 있다.

만약에, 연가가 완전하게 이루어져서 Ca = Cb = Cc가 되면 $\dot{E}_s$=0이 된다.

이같은 정전유도작용은 송전선과 통신선과의 간격을 넓혀주면 정전유도전압은 경감되어 질 수 있다.

◈ 문제 3-15 : 154[kV] 송전선로에서 연가 불충분으로 각 선의 상호정전용량이 Ca = 1.2[uF], Cb = 1.1[uF], Cc = 1.0[uF]이고, 통신선의 상호정전용량 Cs = 1.02[uF] 일 때의 정전유도전압은 ?

◈ Solution : 아래와 같이 공식에 적용한다.

$$| E_s | = \frac{\sqrt{Ca(Ca-Cb)+Cb(Cb-Cc)+Cc(Cc-Ca)}}{Ca+Cb+Cc+Cs} \text{ X E}$$

$$= \frac{\sqrt{1.2(1.2-1.1)+1.1(1.1-1.0)+1.0(1.0-1.2)}}{1.2+1.1+1.0+1.02} \text{X} \frac{154000}{\sqrt{3}}$$

$$= 3564.81[V]$$

2) 전자유도

송전선과 통신선에 흐르는 전류 주변에 생기는 자속에 의해 생기는 유도 장해를 전자유도장해라고 하는데 평상시에는 문제가 되지 않으나, 사고 시에 발생하는 송전선로의 영상전류에 의해서 통신선에 큰 전압과 전류가 발생 시에 인명과 통신기기에 큰 전자유도장해를 일으키게 된다.

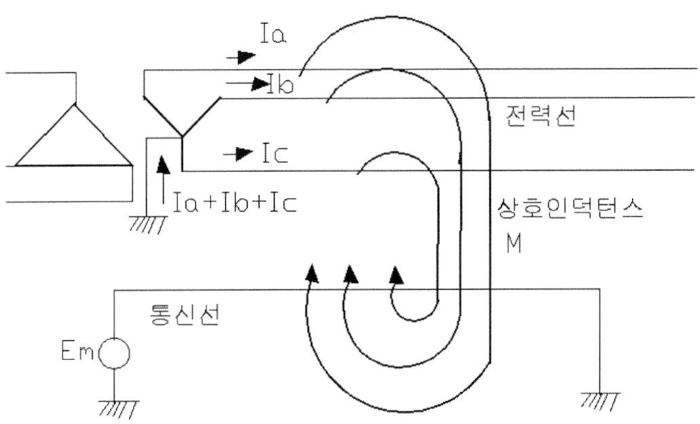

그림 3.10

위의 그림 3.10에서처럼 송전선 각선에 전류 $\dot{I}a$, $\dot{I}b$, $\dot{I}c$가 흐르고 송전선에 사고발생 시, 병행하는 통신선에 받는 전자유도전압 Em은 완전연가시 송전선로와 통신선과의 상호 인덕턴스가 M인 경우 다음과 같다.

$$Em = -j\omega Ml\,(\dot{I}a + \dot{I}b + \dot{I}c) = -j\omega Ml(3\dot{I}o) \tag{3.19}$$

단, $3\dot{I}o$ = 3x영상전류 = 지락전류 = 기유도전류(起誘導電流) (3.20)

◈ 문제 3-16 : 송전선로에 의한 통신선로의 전자 유도 장해 발생 요인은 주로 무엇인가?

◈ Solution

전자유도 전압 $Em = j\omega Ml(3\dot{I}o)$에서 영상 전류임을 알 수 있다.

◈ 문제 3-17 : 66[kV], 60[Hz] 3상3선식 1회 송전선로와 병행하고 있을 때 1선지락 사고 시에 영상전류가 60[A] 흐를 때 통신선에 유도되는 전자유도전압 [V]인가? 단, 병행거리는 50[km]이고, 상호 인덕턴스 M=0.05[mH/km]이다.

◈ Solution

$$Em = -j\omega Ml\,(\dot{I}a + \dot{I}b + \dot{I}c) = -j\omega Ml(3\dot{I}o)$$

$$= -j2\pi 60 x0.05x10^{-3}x50(3x60) = 169\ [V]$$

3) 유도장해 경감대책

전자유도 전압을 억제하기 위해서는 전압유도 전압 식 $Em = -j\omega Ml(3\dot{I}o)$에서 알 수 있듯이 대지전류(기유도 전류)를 줄이든지, 송전선과 통신선 사이의 상호 인덕턴스 M을 줄이든지, 양선로의 병행길이 l을 줄이든지 하면 된다. 또한 유도 장해 시간을 줄여주는 방법이 있다.

전력선측에서의 유도장해 방지대책은 다음과 같다.

① 송전선로는 통신선로로부터 멀리 떨어져야 한다. (M의 저감)
② 중성점을 저항접지 할 경우 저항값을 가능한 한 큰 값으로 한다.(기유도전류 억제)
③ 고속도 지락 보호계전방식을 채택해서 고장선을 신속하게 차단하여 고장지속시간

을 억제한다.

④ 송전선과 통신선 사이에 차폐선을 가설한다.(M의 저감)

통신선로에서의 유도장해 방지 대책은 다음과 같다.

① 통신선의 도중에 중계 코일(절연 변압기)을 넣어서 구간을 분할한다.(병행길이의 단축)
② 연피통신 케이블을 사용한다.(M의 저감)
③ 통신선에 우수한 피뢰기를 설치한다.(유도전압을 강제적으로 저감시킨다.)
④ 배류코일, 중화코일 등으로 통신선을 접지해서 저주파수의 유도전류를 대지로 흘려 주도록 한다.(통신잡음 저감)

그림 3.11은 차폐선(shielding wire)을 나타낸 것으로 전력선과 통신선 사이에 대지와 단락을 시킨 전선을 전력선에 근접해서 설치한다.

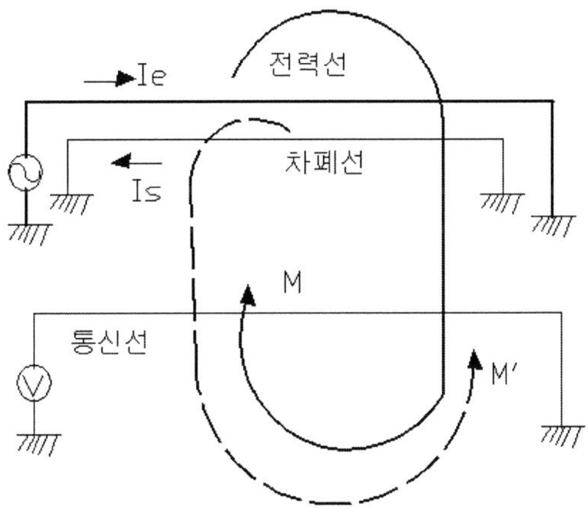

그림 3.11 차폐선

◈ 문제 3-18 : 유도장해 방지책으로 차폐선을 이용하면 유도전압을 몇[%] 정도 줄일 수 있는가?

◈ Solution : 30~50[%] 정도

총괄평가

학습자 자기점검표

◆ 작성법

학생 스스로가 자신의 성취도를 성취 달성 정도에 따라 해당란에 'V' 표를 하시오.

이것은 학생이 모듈을 배우면서 부족한 점과 보충해야할 사항을 점검하기 위한 자기평가입니다. 정직하고, 솔직하게 체크 하십시오.

성취 능력	매우 미흡	미흡	보통	우수	매우 우수
1. 송전선로에서 중성점을 접지해야 하는 이유는 무엇인가?	①	②	③	④	⑤
2. 송전선로에서 중성점을 접지 방식의 종류를 말하고, 장단점을 논하라.	①	②	③	④	⑤
3 우리나라의 초고압 송전계통에서 사용하는 접지방식에 대하여 자세히 설명하라.	①	②	③	④	⑤
4. 소호 리액터 접지에서 탭의 의미는 무엇인가?	①	②	③	④	⑤
5. 직접접지 방식의 장점과 단점을 설명하라.	①	②	③	④	⑤
6. 유효 접지란 무엇인가?	①	②	③	④	⑤
7. 중성점 잔류전압을 나타내는 공식을 쓰고 설명하라.	①	②	③	④	⑤
8 .송전선로에 의해서 통신선로에 발생하는 유도장해를 들고 설명하라.	①	②	③	④	⑤
9. 송전선로에 발생하는 사고에 의해서 통신선로에 생기는 유도 장해를 설명하고 방지대책을 말하라.	①	②	③	④	⑤
10. 초고압송전선로 주위에 발생하는 전자파문제에 대하여 설명하라.	①	②	③	④	⑤

◆ 성취수준에 따른 자기평가 수준

모든 항목에서 '매우 우수' 혹은 '우수' 라고 평가한 학생을 제외하고는 부족한 내용에 대하여 다시 찾아가서 개별적으로 보충 학습을 하고 실험을 하십시오. 그래도 모르는 경우는 E-mail을 이용하거나, 개별적인 질문을 하시기 바랍니다.

인터넷 자료

http://www.kiee.or.kr 대한 전기학회
http://www.electricity.or.kr 대한 전기협회
http://www.keca.or.kr 한국전기공사협회
http://www.keea.or.kr 한국전력기술인협회
http://www.kieeme.or.kr (사)한국전기전자재료학회
http://cafe.naver.com/power 119 전기박사
http://cafe.naver.com/renewableenergy.cafe 신재생에너지
http://www.kepco.co.kr 한국전력
http://www.komipo.co.kr 한국중부발전
http://www.westernpower.co.kr 한국서부발전
http://www.khnp.co.kr 한국수력원자력
http://www.kosep.co.kr 한국남동발전
http://www.kemco.or.kr 에너지관리공단
http://www.keri.re.kr 한국전기연구원

관련서적 및 잡지

1. 송길영, "최신송배전공학", 동일출판사, 2005년
2. 심상홍 外, "송배전공학", 진영사, 1999년
3. 송길영, "최신 발전공학", 동일출판사, 2005년
4. 배상기, "전력공학", 진영사, 2005년
5. 박규홍, "전력발생공학", 동일출판사, 2003년
6. H.Sadat, "Power System Analysis", McGraw Hill, 2004년
7. Elgerd, "Basic Electric Power Engineering", Addison Wesley, 1976년
8. 일본 전기기술자 협회편, "자가용 전기기술자 핸드북", 대한전기협회,2000년
9. 대한전기학회편, "최신배전시스템공학", (주)북스힐, 2006년
10. 송길영, "전력계통공학", 동일출판사, 2000년
11. B.M.Weedy & B.J.Cory, "Electric Power Systems", Wiley,1998년

12. 검정연구회 편, “전기설비설계”, 동일출판사, 1996년
13. 정용기, “신전기설비 기술계산 핸드북”, (주)의제전기설비연구원, 2003년
14. 박건수 外 5인, “전력전송공학”, 청문각, 1997년
15. 박동화 외 2인, “수변전설비의 계획과 설계”, 도서출판 의제, 1997년
16. 김수용 외 4인, “디지털 송배전공학”, 문운당, 2007년
17. 검정연구회, 전기기사시리즈4 “전력공학”, 동일출판사, 2008년
18. Alston, "High Voltage Technology", Oxford University Press, 1968년

Module 3-2 : 고장계산

개요

송전선로에서 고장을 없애기는 어렵다. 특히 가공선로인 경우에 뇌해, 풍수해, 설해 등의 피해로 인한 사고를 피할 수 없다. 송전선로의 사고는 1선지락이 제일 많다.

선간단락, 2선 지락, 심하면 3선 지락 혹은 3상 단락의 경우로 진행이 되는 경우도 있다.

송전선로에서 3상 단락과 같은 평형고장이 일어나는 경우는 극히 드물고, 대부분이 1선 지락과 같은 불평형 고장이므로, 불평형 고장을 대칭 좌표법을 이용한 고장계산을 하여 편리하게 고장전류를 구할 수 있다. 송전선에서 지락이나 단락 사고가 일어나면 얼마나 큰 지락전류나 단락 전류를 흐를 것인가 하는 것을 미리 알아 두는 것이 중요 하다. 고장 시에 대비한 차단기 용량을 결정하거나 차단기 동작을 위한 보호계전기 종류와 정정 등에 사용되기 때문이다. 또한 계통의 안정도도 고장 전류의 영향을 받고, 고장전류가 흐르면 통신계통에 심한 유도 장해를 주기 때문이다.

학습목표

1. 송전선의 고장해석 개요을 공부한다.
2. 3상 단락 전류의 계산을 한다.
3. 발전기의 기본식을 유도한다.
4. 대칭 좌표법에 의한 고장계산을 한다.
5. 무부하 발전기의 고장 계산을 한다.

주요어

1선지락, 선간단락, 3상단락, 대칭좌표법, 발전기 기본식, 고장계산, 무부하발전기, 영상 임피던스, 정상 임피던스, 역상 임피던스.

3-2-1 3상 단락 고장 시에 단락전류의 계산을 한다.

3상 단락 고장은 평형고장으로 잘 일어나지는 않으나, 고장시의 고장전류가 가장 크기 때문에 고장 전류의 값을 알아 두어야한다. 3상 단락전류의 계산은 대칭 좌표법으로도 계산이 가능하고, 정상분만 존재하게 된다.

3상 단락시의 고장전류 값이 차단기 용량을 결정, 보호계전기의 정정, 기기에 가해지는 전자력을 추정하는데 필요하다.

고장계산법에는 ① 송전 계통의 각 부분을 오옴으로 표시하여 계산하는 오옴법, ② 송전 계통의 각 부분을 임피던스로 표시하여 계산하는 %임피던스법 ③ 어떤 양을 절대량이 아니고 기준량에 대한 비로소 나타내는 단위(Per Unit: PU)법이 있다. 송전계통의 임피던스의 크기를 옴 값 대신 %임피던스 값으로 나타내는 경우가 많다.

1) 옴(Ω)법으로 계산하기

옴법을 이용한 3상 단락전류와 3상 단락용량은 다음과 같다.

3상 단락 전류는 고장점에서의 대지전압을 고장점에서 본 전계통의 임피던스 Z[Ω]으로 나누어 준다.

$$I_s = \frac{E}{Z}[A] = \frac{E}{\sqrt{R^2+X^2}}[A] \tag{3.21}$$

$$Ps = 3\ E\ Is\ [kVA] = \sqrt{3}\ V\ Is\ [kVA] \tag{3.22}$$

여기서, V : 단락점(고장점에서의 고장직전)의 선간전압[kV]

Z : 단락 지점에서 전원측을 본 계통 임피던스[Ω]

고장점에서 본 전계통의 임피던스 Z[Ω]을 구하여 주는데, 중간에 변압기가 있는 경우에 변압기 접속법에 주의를 해주어야 하는데 $\Delta-\Delta$결선일 경우에는 $\Delta-Y$로 고쳐주고 계산을 하여야하고, 권선비(변압비)의 제곱을 곱하여 주어야 한다.

2) %임피던스 법에 의한 계산

일반적으로 많이 사용하는 방법으로 임피던스 크기를 옴 값 대신 %임피던스 값으로 나타내는데 다음과 같다.

$$\%Z = \frac{Z[\Omega]I_n[A]}{E[V]} \text{ X } 100[\%] \tag{3.23}$$

여기서, In[A] : 정격전류, E[V] : 정격대지 전압,

Z[Ω] : 단락지점에서 전원측을 본 계통임피던스

따라서, 3상 단락전류는 다음이다. 앞의 식(3.23)을 대입하면

$$Is = \frac{E[V]}{Z[\Omega]} = \frac{E}{\frac{\%ZE}{100In}} = \frac{100}{\%Z}\text{In[A]} \tag{3.24}$$

또한, 3상 단락용량은 다음이다.

$$Ps = \sqrt{3}VIs = \sqrt{3}V\frac{100}{\%Z}\text{In} = \frac{100}{\%Z}\text{xPn[kVA]} \tag{3.25}$$

여기서, Pn = $\sqrt{3}$VIn :3상 정격용량[kVA] 이다.

앞의 수식 (3.24)에서 알 수 있듯이 3상 단락전류 Is의 크기는 정격전류 In의 $\frac{100}{\%Z}$ 배가 된다. 따라서 고장점에서 본 %Z값을 알면 쉽게 3상 단락전류를 알 수 있다. 또한, 단락전류를 통한 %임피던스 값을 사용하여 쉽게 정격용량의 몇 배가 3상 단락용량인지를 알 수 있다.

◈ 문제 3-19 :

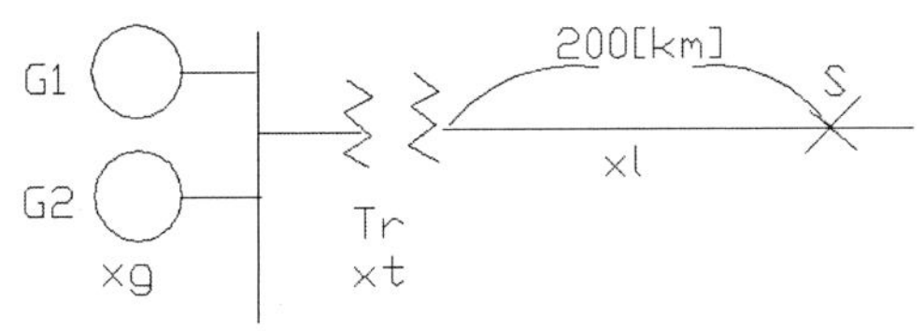

그림 3.12

위의 그림 3.12에서처럼 고압송전선의 S점에서의 3상 단락전류를 구하라. 그리고 3상 단락용량을 구하라. - 단, Ω법에 의한 계산을 하라.

단, G1, G2는 각각 30,000[kVA], 22[kV], 리액턴스 30[%]이고 변압기 T는 60,000[kVA], 22/154[kV], 리액턴스 11[%], 송전선 변압기에서 S지점까지는 200[km], 선로임피던스 Z=0+j0.5[Ω/km]이다.

◈ Solution : 선로측 전압에 맞추어서 발전기와 변압기 리액턴스를 환산한다.

$$xg = \frac{\%x X 10 V^2}{kVA} = \frac{30X10X154^2}{60,000} = 118.58[\Omega] \quad (3.26)$$

$$xt = \frac{11X10X154^2}{60,000} = 43.48\ [\Omega] \quad (3.27)$$

$$xl = 0.5\ X\ 200 = 100\ [\Omega] \quad (3.28)$$

$$\therefore\ Is = \frac{154000}{\sqrt{3}}/(118.58+43.48+100) = 339.281[A] \quad (3.29)$$

$$\therefore Ps = \sqrt{3}\ V\ Is = 90,498[kVA] \quad (3.30)$$

◈ 문제 3-20 : 위의 문제 3-18를 Ω법이 아닌 %임피던스 법으로 계산하라.

Solution : %임피던스 법에서는 우선 기준용량을 잡는다.
기준용량을 100,000[kVA]로 잡고, 이것의 정격전류를 계산하고, %임피던스 값들을 구한다.

$$In = \frac{100,000}{\sqrt{3}X154} = 374.9[A]$$

$$\%Xl = \frac{100X374.9}{154,000/\sqrt{3}}\ X\ 100 = 42.16[\%]$$

$$\%Xt = 11\ X\ \frac{100,000}{60,000} = 18.33[\%]$$

$$\%Xg = 30 \text{ X } \frac{100,000}{30,000} = 100[\%]$$

고장점에서 본 전계통의 %X는 발전기가 2대 이므로

$$\%X = 42.16 + 18.33 + 100/2 = 110.49[\%]$$

$$\therefore \text{ Is} = \frac{100}{\%x} \text{ X In} = \frac{100}{110.49} \text{ X } 374.9 = 339.28[A]$$

$$\therefore \text{Ps} = \sqrt{3} \text{ V Is} = 90,498[kVA]$$

결과적으로 옴법이나 %임피던스 법으로 계산을 하여도 결과는 같다.

3-2-2 대칭 좌표법에 의한 고장계산을 한다.

1선 지락과 같은 불평형 고장은 각 상에 구하는 전압을 따로 따로 구해야 한다. 이것을 구하기는 쉽지 않다. 3상회로의 불평형 문제는 대칭 좌표법을 사용하여 문제를 풀어 주어야 한다. 대칭좌표법은 불평형 전류나 전압을 그대로 풀지 않고 대칭적인 3개의 성분으로 나누어서 실제의 불평형 값을 알아보는 방법이다.

1) 대칭분 전압

그림 3.13의 왼쪽은 불평형 전압을 나타내는데 이것을 오른쪽 그림 (a),(b),(c)에서처럼 3개의 평형 성분으로 나눌 수 있다. 이때 시계방향으로 회전하는 평형 3상 전압을 정상분(positive phase sequence component), 반시계방향으로 회전하는 역상분(negative phase sequence component), 영상분(zero phase sequence component)으로 구분되어질 수 있다.

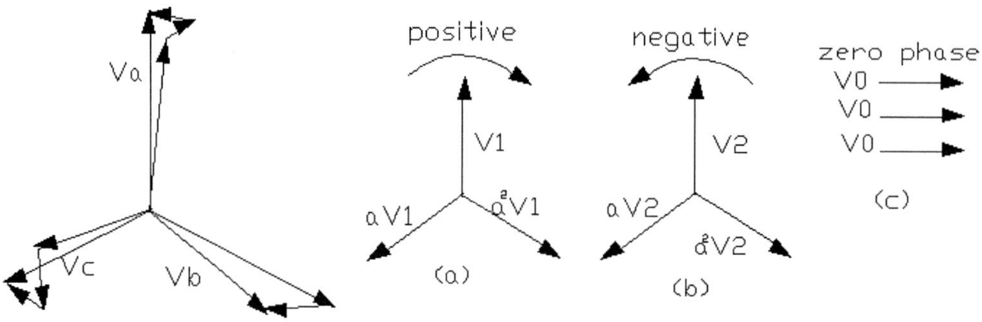

그림 3.13 영상, 정상, 역상분 벡터도

위의 그림 3.13에서처럼 선로정수가 평형된 3상회로에 임의의 불평형 3상 전압 a상의 전압을 기준으로 다음과 같이 만들어 볼 수 있다.

$$\dot{V}o = \frac{1}{3}(\dot{V}a + \dot{V}b + \dot{V}c)$$

$$\dot{V}_1 = \frac{1}{3}(\dot{V}a + a\dot{V}_b + a^2\dot{V}c) \tag{3.31}$$

$$\dot{V}_2 = \frac{1}{3}(\dot{V}a + a^2\dot{V}_b + a\dot{V}c)$$

행렬형식으로 쓰면 다음과 같다.

$$\begin{pmatrix} \dot{V}_0 \\ \dot{V}_1 \\ \dot{V}_2 \end{pmatrix} = \frac{1}{3}\begin{pmatrix} 1 & 1 & 1 \\ 1 & a & a^2 \\ 1 & a^2 & a \end{pmatrix}\begin{pmatrix} \dot{V}a \\ \dot{V}b \\ \dot{V}c \end{pmatrix} \tag{3.32}$$

여기서, $a = 1\angle 120° = -\frac{1}{2} + j\frac{\sqrt{3}}{2}$

$$a^2 = a\ a = 1\angle 240° = -\frac{1}{2} - j\frac{\sqrt{3}}{2} \tag{3.33}$$

$$a^3 = a\ a^2 = 1\angle 360° = 1$$

반대로, $\dot{V}o$, $\dot{V}_1$, $\dot{V}_2$의 대칭분 전압 주어졌을 경우 실제의 각 상 전압 $\dot{V}a$, $\dot{V}b$, $\dot{V}c$는 다음과 같이 나타난다.

$$\begin{pmatrix} \dot{V}a \\ \dot{V}b \\ \dot{V}c \end{pmatrix} = \begin{pmatrix} 1 & 1 & 1 \\ 1 & a^2 & a \\ 1 & a & a^2 \end{pmatrix} \begin{pmatrix} \dot{V}o \\ \dot{V}_1 \\ \dot{V}_2 \end{pmatrix} \qquad (3.34)$$

◈ 문제 3-21 : 송전선이 1선지락 고장으로 3상 전압이 불평형이 되어 $\dot{V}a = 1.0 \angle 10°$, $\dot{V}b = 0.5 \angle(-100°)$, $\dot{V}c = 4\angle 150°$ 일 때, 이들의 대칭성분 $\dot{V}_0$, $\dot{V}_1$, $\dot{V}_2$을 구하여라.

◈ Solution : 앞에서 설명한 수식에 따라서 다음과 같이 쓸 수 있다.

$$\dot{V}o = \frac{1}{3}(\dot{V}a + \dot{V}b + \dot{V}c)$$

$$= \frac{1}{3}(1.0\angle 10° + 0.5\angle(-100°) + 4\angle 150°)$$

$$= \frac{1}{3}\{1.0(0.9848+j0.1736) - 0.5(0.1736+j0.9848) + 4(-0.8666+j0.5)\}$$

$$= 1.023 \angle(-33.2°)$$

$$\dot{V}_1 = \frac{1}{3}(\dot{V}a + a\dot{V}_b + a^2\dot{V}c)$$

$$= \frac{1}{3}\{1.0\angle 10° + (1\angle 120°)(0.5\angle(-100°)) + (1\angle 240°)(4\angle 150°)\}$$

$$= 1.6395 + j0.78148 = 1.816 \angle 25.485°$$

$$\dot{V}_2 = \frac{1}{3}(\dot{V}a + a^2\dot{V}_b + a\dot{V}c)$$

$$= \frac{1}{3}\{1.0\angle 10° + (1\angle 240°)(0.5\angle(-100°) + (1\angle 120°)(4\angle 150°)\}$$

$$= -j4.0 = 4\angle 90°$$

2) 대칭분 전류

대칭분 전압에서와 마찬가지로 대칭분 전류도 각상의 전류를 다음 식 (3.35) 같이 a 상의 전류 $\dot{Ia}$를 기준으로 다음과 같이 행렬식으로 표시할 수 있다.

$$\begin{pmatrix} \dot{Io} \\ \dot{I_1} \\ \dot{I_2} \end{pmatrix} = \frac{1}{3}\begin{pmatrix} 1 & 1 & 1 \\ 1 & a & a^2 \\ 1 & a^2 & a \end{pmatrix}\begin{pmatrix} \dot{Ia} \\ \dot{Ib} \\ \dot{Ic} \end{pmatrix} \tag{3.35}$$

실제로 각 상에 흐르는 전류는 다음과 같이 나타난다.

$$\begin{pmatrix} \dot{Ia} \\ \dot{Ib} \\ \dot{Ic} \end{pmatrix} = \begin{pmatrix} 1 & 1 & 1 \\ 1 & a^2 & a \\ 1 & a & a^2 \end{pmatrix}\begin{pmatrix} \dot{I_o} \\ \dot{I_1} \\ \dot{I_2} \end{pmatrix} \tag{3.36}$$

결과적으로 불평형 3상전류 $\dot{Ia}$, $\dot{Ib}$, $\dot{Ic}$는 각각 평행된 3개의 성분 $\dot{Io}$, $\dot{I_1}$, $\dot{I_2}$ 합으로 구성이 된다.

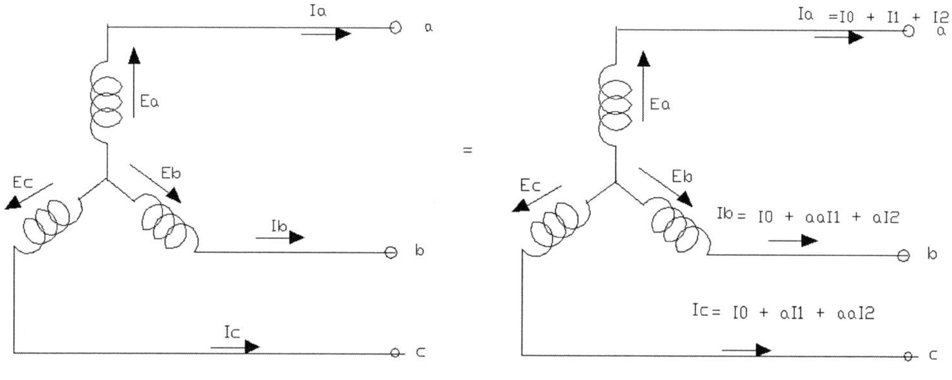

그림 3.14 영상, 정상, 역상 전류

위의 그림 3.14에서 알 수 있듯이 불평형 고장 시에 발생되는 불평형 전류는 각 대칭분의 전류로 분해해서 보이면 우측의 그림에서처럼 영상 전류 I_0, 정상전류 I1, 역상전류 I2로 분해해서 보일 수 있다.

영상 전류 I0의 성분은 같은 크기, 같은 위상각을 가진 평형단상전류이다. 이 전류는 지락 고장시 접지계전기를 동작시키는 전류이면서, 통신선에 전자유도 장해를 일으키는 전류이다.

정상전류 I1은 I1, aI1, a2I1의 평형3상 교류이다. 회전방향은 전원과 동일한 상회전 방향을 갖는다. 전동기에 흐르면 회전 토크를 준다.

역상전류 I2는 I2, a2I2, aI2의 회전의 방향이 역회전 방향의 3상 평형 전류이다. 전동기에 흐르면 상회전 방향이 역이 되어 제동 작용을 하여 출력을 감소시킨다.

결론적으로 3상 교류회로의 전류가 어떠한 불형형으로 흘러도 각각 3개의 대칭성분으로 이루어짐을 알 수 있다.

◈ 문제 3-22 : a, b, c상을 흐르는 전류가 각각 Ia, Ib, Ic라고 할 때 Ix $= \frac{1}{3}$(Ia + aIb +a2Ic)이고, 여기서 a $= -\frac{1}{2}+j\frac{\sqrt{3}}{2}$ 으로 표시되면 Ix는 어떤 전류인가?

◈ Solution : 정상전류
(* 영상전류와 역상전류를 써 보시오.)

◈ 문제 3-23 : 송전선로의 임피던스와 변압기 임피던스에서 크기가 같은 임피던스는 어떤 임피던스인가?

◈ Solution : 정상 임피던스와 역상 임피던스임.
영상 임피던스는 1회선인 경우 정상 임피던스의 4배정도, 2회선인 경우는 7배 정도이다.

3-2-3 발전기의 기본식을 유도한다.

3상 발전기에서 발전기가 임의의 불형형 전류를 흘리고 있을 경우 그 단자 전압과 전류와의 관계를 구해 본다. (여기서, 발전기는 대칭이고 무부하 유도 전압은 3상이 평형인 경우이다.)

$\dot{E}a$, $\dot{E}b$, $\dot{E}c$는 각 상의 무부하 유도전압이고, $\dot{v}_a$, $\dot{v}_b$, $\dot{v}_c$는 각 상의 전압강하, a, b, c각 상의 단자전압을 $\dot{V}a$, $\dot{V}b$, $\dot{V}c$라 하면 다음 식이 성립한다.

$$\dot{V}a = \dot{E}a - \dot{v}_a$$

$$\dot{V}b = \dot{E}b - \dot{v}_b = a^2E_a - \dot{v}_b \quad (3.37)$$

$$\dot{V}c = \dot{E}c - \dot{v}_c = aE_a - \dot{v}_c$$

이들의 대칭분은 식 (3.32) 및 $1 + a + a^2 = 0$, $a^3 = 1$을 이용하면 다음과 같이 된다.

$$\dot{V}_0 = -\frac{1}{3}(\dot{v}_a + \dot{v}_b + \dot{v}_c)$$

$$\dot{V}_1 = \dot{E}a - \frac{1}{3}(\dot{v}_a + a\dot{v}_b + a^2\dot{v}_c) \quad (3.38)$$

$$\dot{V}_2 = -\frac{1}{3}(\dot{v}_a + a^2\dot{v}_b + a\dot{v}_c)$$

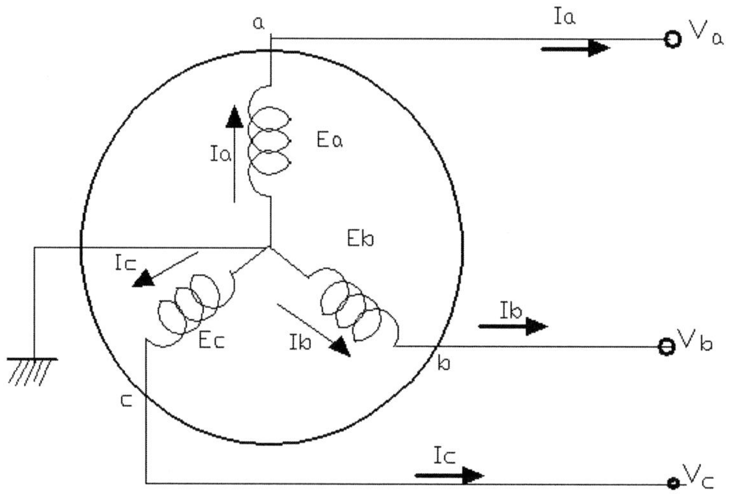

그림 3.15 발전기에 불평형 전류가 흘렀을 경우

전기자 전압 강하를 계산하기 위해서는 먼저 영상전류 $\dot{I}_0$만을 흘렸을 경우에는 각 상의 전압 강하는 동일해서 $\dot{Z}_0 \cdot \dot{I}_0$로 되는데, 이것을 영상 임피던스라고 한다. 발전기에 $\dot{I}_0$인 동상의 전류가 각 상에 흘렀을 때의 임피던스를 말한다. (단, 여기서 $\dot{Z}_{0}$ 이외의 임피던스는 $\dot{I}_0$에 의해서 전압 강하를 발생하지 않는 것으로 하고 있다.)

정상 임피던스는 각 상에 $\dot{I}_1$, $a^2\dot{I}_1$, $a\dot{I}_1$인 정상의 3상 평형 전류를 흘렀을 경우 전압강하는 $\dot{Z}_1\dot{I}_1$, $a^2\dot{Z}_1\dot{I}_1$, $a\dot{Z}_1\dot{I}_1$으로 되는데, 여기서 $\dot{Z}_1$은 정상의 3상 평형 전류를 흘렸을 경우의 임피던스로 이것을 발전기의 정상 임피던스라고 하는데 발전기의 명판에 적혀 있는 동기 임피던스이다.

역상 임피던스는 각 상에 $\dot{I}_2$, $a\dot{I}_2$, $a^2\dot{I}_2$인 역상의 3상 평형 전류를 흘렸을 경우 임피던스 강하로 $\dot{Z}_2\dot{I}_2$, $a\dot{Z}_2\dot{I}_2$, $a^2\dot{Z}_2\dot{I}_2$로 되는데 여기서, $\dot{Z}_2$는 역상의 3상 평형 전류가 흘렀을 경우의 임피던스로 발전기의 역상 임피던스라고 한다.

전기자의 전압 강하를 이들의 대칭분 전류가 흘렀을 경우 각 상분의 전압 강하로 구하여 보면 다음과 같다.

$$\dot{v}_a = \dot{Z}_{0}\cdot\dot{I}_0 + \dot{Z}_1\dot{I}_1 + \dot{Z}_2\dot{I}_2$$

$$\dot{v}_b = \dot{Z}_{0}\cdot\dot{I}_0 + a^2\dot{Z}_1\dot{I}_1 + a\dot{Z}_2\dot{I}_2 \qquad (3.39)$$

$$\dot{v}_c = \dot{Z}_{0}\cdot\dot{I}_0 + a\dot{Z}_1\dot{I}_1 + a^2\dot{Z}_2\dot{I}_2$$

이것을 다시 다음 식으로 쓸 수 있다.

$$\frac{1}{3}(\dot{v}_a + \dot{v}_b + \dot{v}_c) = \dot{Z}_{0}\cdot\dot{I}_0$$

$$\frac{1}{3}(\dot{v}_a + a\dot{v}_b + a^2\dot{v}_c) = \dot{Z}_1\dot{I}_1 \qquad (3.40)$$

$$\frac{1}{3}(\dot{v}_a + a^2\dot{v}_b + a\dot{v}_c) = \dot{Z}_2\dot{I}_2$$

위의 수식을 식 (3.38) 에 대입하여 발전기의 기본식을 구할 수 있다.

$$\dot{V}_0 = -\dot{Z}_{0}\cdot\dot{I}_0$$

$$\dot{V}_1 = \dot{E}a - \dot{Z}_1\dot{I}_1 \quad (3.41)$$

$$\dot{V}_2 = - \dot{Z}_2\dot{I}_2$$

◈ 문제 3-24 : 3상 회로에 사용되는 변압기(3상 변압기 또는 단상 변압기 3대)의 정상, 역상, 영상 임피던스를 각각 $\dot{Z}_1$, $\dot{Z}_2$, $\dot{Z}_0$. 라 할 때 다음 중에 어떠한 관계가 성립하는가?

①$\dot{Z}_1 = \dot{Z}_2 < \dot{Z}_0$.　　②$\dot{Z}_1 < \dot{Z}_2 < \dot{Z}_0$.

③$\dot{Z}_1 > \dot{Z}_2 > \dot{Z}_0$.　　④$\dot{Z}_1 = \dot{Z}_2 = \dot{Z}_0$.

3-2-4b 무부하 발전기의 고장계산을 한다.

대칭 좌표법을 이용하여 고장 계산을 할 수 있다, 고장 조건식과 발전기의 기본식 식 (3.41)을 이용하여 구한다.

1선 지락 고장이 일어날 경우에 계산식을 구하여 본다. 아래의 그림에서처럼 a상이 접지되어 있는 경우에 지락전류 $\dot{I}_a$의 크기와 개방되어 있는 단자 전압 $\dot{V}_b$, $\dot{V}_c$을 구할 수 있다.

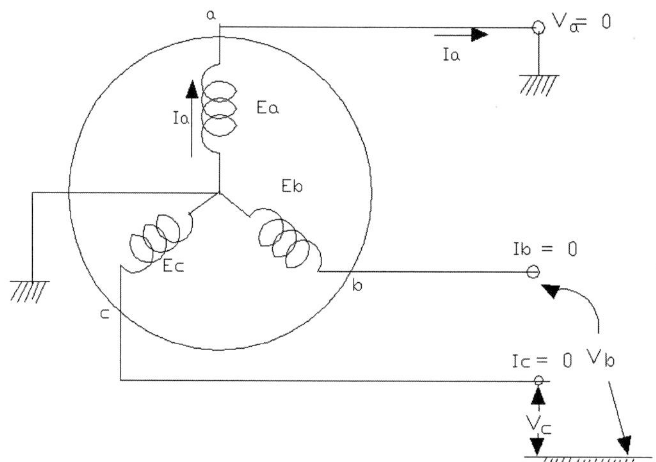

그림 3.16 1선 지락 고장 시

1) 고장 조건과 미지량

고장 조건은 그림 3.16에서 알 수 있다.

$$\dot{I}_b = \dot{I}_c = 0 \tag{3.42}$$

$$\dot{V}_a = 0$$

미지량은 $\dot{I}_a$, $\dot{V}_b$, $\dot{V}_c$ 이다.

2) 대칭분 전압, 전류

$\dot{I}_b$, $\dot{I}_c$를 대칭분으로 나타내면 다음과 같다.

$$\dot{I}_b = \dot{I}_0 + a^2\dot{I}_1 + a\dot{I}_2 = 0 \tag{3.43}$$

$$\dot{I}_c = \dot{I}_0 + a\dot{I}_1 + a^2\dot{I}_2 = 0$$

위 식 (3.43)에서 다음을 알 수 있다.

$$\dot{I}_b - \dot{I}_c = (a^2 - a)\dot{I}_1 + (a - a^2)\dot{I}_2 = (a^2 - a)(\dot{I}_1 - \dot{I}_2) = 0$$

따라서, $\dot{I}_1 - \dot{I}_2 = 0$ 이므로 $\dot{I}_1 = \dot{I}_2$ 가 된다.

이것을 다시 $\dot{I}_b$ 식에 대입하면 다음과 같다.

$$\dot{I}_b = \dot{I}_0 + (a^2 + a)\dot{I}_1 = \dot{I}_0 - \dot{I}_1 = 0$$

$$\therefore \quad \dot{I}_0 = \dot{I}_1 = \dot{I}_2 \tag{3.44}$$

위 식 (3.44)로 1선 지락 사고 시에 3개의 대칭분 전류의 크기와 위상각은 모두 같음을 알 수 있다.

a상이 접지 되고 있으므로, $\dot{V}_a = 0$ 이다.

$\dot{V}_a = \dot{V}_0 + \dot{V}_1 + \dot{V}_2 = 0$ 여기에 발전기의 기본식을 대입한다.

$$\dot{V}_a = -\dot{Z}_0 \cdot \dot{I}_0 + \dot{E}a - \dot{Z}_1\dot{I}_1 - \dot{Z}_2\dot{I}_2$$
$$= \dot{E}a - (\dot{Z}_0 + \dot{Z}_1 + \dot{Z}_2)\dot{I}_0 = 0 \quad (3.45)$$

$$\therefore \dot{I}_0 = \dot{I}_1 = \dot{I}_2 = \frac{\dot{E}a}{\dot{Z}_0 + \dot{Z}_1 + \dot{Z}_2} \quad (3.46)$$

따라서 $\dot{E}_a$를 알면, $\dot{I}_0$, $\dot{I}_1$, $\dot{I}_2$의 크기를 계산할 수 있다.

계산된 대칭분 전류를 발전기의 기본식에 대입하면 영상, 정상, 역상 전압을 구할 수 있다.

$$\dot{V}_0 = -\dot{Z}_0 \cdot \dot{I}_0 = -\dot{Z}_0 \cdot \frac{\dot{E}a}{\dot{Z}_0 + \dot{Z}_1 + \dot{Z}_2} \quad (3.47)$$

$$\dot{V}_1 = \dot{E}a - \dot{Z}_1\dot{I}_1$$
$$= \dot{E}a - \dot{Z}_1\frac{\dot{E}a}{\dot{Z}_0 + \dot{Z}_1 + \dot{Z}_2} = \frac{\dot{Z}_0 + \dot{Z}_2}{\dot{Z}_0 + \dot{Z}_1 + \dot{Z}_2}\dot{E}a \quad (3.48)$$

$$\dot{V}_2 = -\dot{Z}_2\dot{I}_2 = -\dot{Z}_2\frac{\dot{E}a}{\dot{Z}_0 + \dot{Z}_1 + \dot{Z}_2} \quad (3.49)$$

3) 각상 전압, 전류

각상의 전압과 전류는 앞에서 구한 계산 값으로부터 다음과 같이 계산된다.
a상의 지락 전류의 크기

$$\dot{I}_a = \dot{I}_0 + \dot{I}_1 + \dot{I}_2 = 3\frac{\dot{E}a}{\dot{Z}_0 + \dot{Z}_1 + \dot{Z}_2} \quad (3.50)$$

건전상의 전압 $\dot{V}_b$, $\dot{V}_c$

$$\dot{V}_b = \dot{V}_0 + a^2\dot{V}_1 + a\dot{V}_2 = \frac{(a^2-1)\dot{Z}_0 + (\dot{a^2}-a)\dot{Z}_2}{\dot{Z}_0 + \dot{Z}_1 + \dot{Z}_2}\dot{E}a \quad (3.51)$$

$$\dot{V}_c = \dot{V}_0 + a\dot{V}_1 + a^2\dot{V}_2 = \frac{(a-1)\dot{Z}_0 + (\dot{a^2}-a)\dot{Z}_2}{\dot{Z}_0 + \dot{Z}_1 + \dot{Z}_2}\dot{E}a \quad (3.52)$$

◈ 문제 3-25 : 선간 단락 고장을 대칭 좌표법으로 해석할 경우 필요한 것은?

① 정상 임피던스, 역상 임피던스

② 정상 임피던스 , 역상 임피던스, 영상 임피던스

③ 정상 임피던스

④ 정상 임피던스, 영상 임피던스

◈ 문제 3-26 : 그림 3.17과 같은 3상 발전기가 있다. a상이 지락한 경우 지락전류는 얼마인가?

단, $\dot{Z}_0$: 영상 임피던스, $\dot{Z}_1$: 정상 임피던스, $\dot{Z}_2$: 역상 임피던스이다.

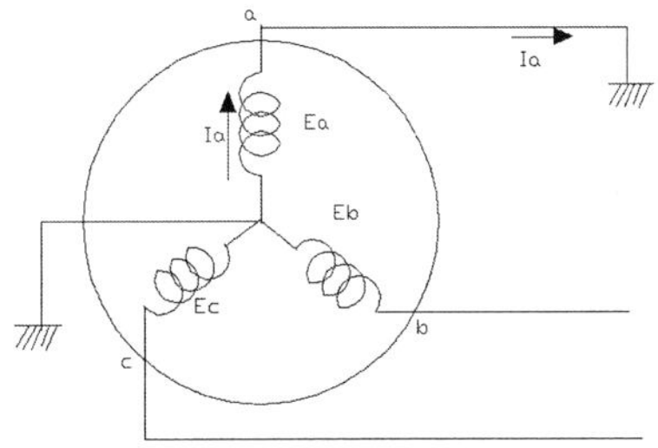

그림 3.17 a상 지락 사고 시

◈ Solution

$$\dot{I}_a = \dot{I}_0 + \dot{I}_1 + \dot{I}_2 = 3\frac{\dot{E}a}{\dot{Z}_0 + \dot{Z}_1 + \dot{Z}_2}$$

표 3.3 대표적인 고장 종류와 계산 공식

고장 종류	고장조건(기지량)	계산식(미지량)
1선 지락 고장	a상 지락 시 $\dot{V}_a = 0$ $\dot{I}_b = \dot{I}_c = 0$	$\dot{I}_a = 3\dfrac{\dot{E}a}{\dot{Z}_0 + \dot{Z}_1 + \dot{Z}_2}$ $\dot{V}_b = \dfrac{(a^2-1)\dot{Z}_0 + (a^2-a)\dot{Z}_2}{\dot{Z}_0 + \dot{Z}_1 + \dot{Z}_2}\dot{E}_a$ $\dot{V}_c = \dfrac{(a-1)\dot{Z}_0 + (a^2-a)\dot{Z}_2}{\dot{Z}_0 + \dot{Z}_1 + \dot{Z}_2}\dot{E}_a$
2선 지락 고장	b, c상 지락 시 $\dot{I}_a=0$ $\dot{V}_b = \dot{V}_c = 0$	$\dot{I}_b = \dfrac{(a^2-a)\dot{Z}_0 + (a^2-1)\dot{Z}_2}{\dot{Z}_0(\dot{Z}_1 + \dot{Z}_2) + \dot{Z}_1\dot{Z}_2}\dot{E}_a$ $\dot{I}_c = \dfrac{(a-a^2)\dot{Z}_0 + (a-1)\dot{Z}_2}{\dot{Z}_0(\dot{Z}_1 + \dot{Z}_2) + \dot{Z}_1\dot{Z}_2}\dot{E}_a$ $\dot{V}_a = \dfrac{3\dot{Z}_0\dot{Z}_2}{\dot{Z}_0(\dot{Z}_1 + \dot{Z}_2) + \dot{Z}_1\dot{Z}_2}\dot{E}_a$
선간 단락 고장	b, c상 단락 시 $\dot{I}_a=0$ $\dot{I}_b + \dot{I}_c = 0$ $\dot{V}_b = \dot{V}_c$	$\dot{I}_b = \dfrac{(a^2-a)\dot{E}_a}{\dot{Z}_1 + \dot{Z}_2} = \dfrac{\dot{E}_{bc}}{\dot{Z}_1 + \dot{Z}_2}$ $\dot{V}_a = \dfrac{2\dot{Z}_2\dot{E}_a}{\dot{Z}_1 + \dot{Z}_2}$ $\dot{V}_b = \dot{V}_c = -\dfrac{\dot{Z}_2\dot{E}_a}{\dot{Z}_1 + \dot{Z}_2}$
3상 단락 고장	a, b, c 상 단락 $\dot{V}_a = \dot{V}_b = \dot{V}_c = 0$ $\dot{I}_0 + \dot{I}_1 + \dot{I}_2 = 0$	$\dot{I}_a = \dfrac{\dot{E}_a}{\dot{Z}_1}$ $\dot{I}_b = \dfrac{a^2\dot{E}_a}{\dot{Z}_1}$ $\dot{I}_c = \dfrac{a\dot{E}_a}{\dot{Z}_1}$

총괄평가

학습자 자기점검표

◆ 작성법

학생 스스로가 자신의 성취도를 성취 달성 정도에 따라 해당란에 'V' 표를 하시오.

이것은 학생이 모듈을 배우면서 부족한 점과 보충해야할 사항을 점검하기 위한 자기평가입니다. 정직하고, 솔직하게 체크 하십시오.

성취 능력	매우 미흡	미흡	보통	우수	매우 우수
1. 대칭 좌표법이 무엇인지 설명하라.	①	②	③	④	⑤
2. 3상 불평형 전압을 $\dot{V}a$, $\dot{V}b$, $\dot{V}c$라고 할 때 대칭분전압을 구하는 계산식을 보여라.	①	②	③	④	⑤
3. 송전선로에서 고장발생 시에 평형고장은 어떠한 것이 있는가?	①	②	③	④	⑤
4. 송전선로에서 고장발생 시에 불평형 고장은 어떠한 것이 있는가?	①	②	③	④	⑤
5. 불평형 고장발생시 어떠한 방법으로 해석을 하는가?	①	②	③	④	⑤
6. 1선지락 고장 시에 알아야 하는 임피던스는 어떠한 것들이 있는가? (대칭좌표법 사용시)	①	②	③	④	⑤
7. 선간 단락 고장 시에 알아야 하는 임피던스는 어떠한 것들이 있는가? (대칭좌표법 사용 시)	①	②	③	④	⑤
8. 3상 단락 고장 시에 알아야 하는 임피던스는 어떠한 것들이 있는가?	①	②	③	④	⑤
9. 3상 발전기에서 발전기가 임의의 불평형전류를 흘리고 있을 경우 그 단자전압과 전류와의 관계를 설명하라.	①	②	③	④	⑤
10. 3상 단락고장 시를 대비한 3상 단락전류와 3상 단락용량을 나타내는 수식을 쓰고 설명하라.	①	②	③	④	⑤

◆ 성취수준에 따른 자기평가 수준

모든 항목에서 '매우 우수' 혹은 '우수' 라고 평가한 학생을 제외하고는 부족한 내용에 대하여 다시 찾아가서 개별적으로 보충 학습을 하고 실험을 하십시오. 그래도 모르는 경우는 E-mail을 이용하거나, 개별적인 질문을 하시기 바랍니다.

인터넷 자료

http://www.kiee.or.kr 대한 전기학회
http://www.electricity.or.kr 대한 전기협회
http://www.keca.or.kr 한국전기공사협회
http://www.keea.or.kr 한국전력기술인협회
http://www.kieeme.or.kr (사)한국전기전자재료학회
http://cafe.naver.com/power 119 전기박사
http://cafe.naver.com/renewableenergy.cafe 신재생에너지
http://www.kepco.co.kr 한국전력
http://www.komipo.co.kr 한국중부발전
http://www.westernpower.co.kr 한국서부발전
http://www.khnp.co.kr 한국수력원자력
http://www.kosep.co.kr 한국남동발전
http://www.kemco.or.kr 에너지관리공단
http://www.keri.re.kr 한국전기연구원

관련서적 및 잡지

1. 송길영, "최신송배전공학", 동일출판사, 2005년
2. 심상홍 外, "송배전공학", 진영사, 1999년
3. 송길영, "최신 발전공학", 동일출판사, 2005년
4. 배상기, "전력공학", 진영사, 2005년
5. 박규홍, "전력발생공학", 동일출판사, 2003년
6. H.Sadat, "Power System Analysis", McGraw Hill, 2004년
7. Elgerd, "Basic Electric Power Engineering", Addison Wesley, 1976년
8. 일본 전기기술자 협회편, "자가용 전기기술자 핸드북", 대한전기협회,2000년
9. 대한전기학회편, "최신배전시스템공학", (주)북스힐, 2006년
10. 송길영, "전력계통공학", 동일출판사, 2000년
11. B.M.Weedy & B.J.Cory, "Electric Power Systems", Wiley,1998년

12. 검정연구회 편, “전기설비설계”, 동일출판사, 1996년
13. 정용기, “신전기설비 기술계산 핸드북”, (주)의제전기설비연구원, 2003년
14. 박건수 外 5인, “전력전송공학”, 청문각, 1997년
15. 박동화 외 2인, “수변전설비의 계획과 설계”, 도서출판 의제, 1997년
16. 김수용 외 4인, “디지털 송배전공학”, 문운당, 2007년
17. 검정연구회, 전기기사시리즈4 “전력공학”, 동일출판사, 2008년
18. Alston, "High Voltage Technology", Oxford University Press, 1968년

Module. 4

안정도와 이상전압

Module 4-1 : 안정도(stability)

개요

전력계통은 양 끝단이 발전기(전력생산)와 전동기(부하)로 되어 있다.

송전선로을 통하여 전달할 수 있는 전력은 송전선로의 임피던스, 송·수전 양단 기기들의 임피던스 등에 의해서 결정될 수 있다. 이것은 양단의 접속된 동기기(발전기와 동기기)의 유도기전력간의 위상차 각이 벌어져서 위상차가 90° 이상 되면 양기기 간의 동기를 유지할 수 없다. 이같은 현상을 탈조(step out)라고 한다. 송전선로에서 전압강하 심해지거나 하는 등의 여러 원인으로 계통이 안정운전을 지속하지 못할 경우가 생길 수 있는데, 전력계통에서 계통의 운전조건하에서 안정한 운전을 계속할 수 있는가를 나타낼 수 있는 능력을 안정도(stability)라고 한다.

학습목표

1. 전력계통에서의 안정도의 개요를 공부한다.
2. 전력계통에서의 정태 안정도(steady state stability)를 설명한다.
3. 전력계통에서의 과도 안정도(transient stability)를 설명한다.
4. 등면적법에 의한 과도 안정도 계산을 설명한다.
5. 안정도 향상 대책에 대해 공부한다.

주요어

안정도, 과도안정도, 정태 안정도, 동태안정도, 등면적법, 안정도 향상, 탈조 1기 무한대 계통, AVR(자동전압조정기).

4-1-1 전력계통에서 안정도의 개요에 대하여 설명한다.

전력계통에서 안정도를 3가지로 크게 구분할 수 있는데, 정태 안정도, 과도 안정도, 동태 안정도로 나눈다.

1) 정태 안정도(steady state stability)

정상적인 운전 상태에서 서서히 부하를 조금씩 증가 했을 때 안정운전을 지속할 수 있는가 어떤가 하는 능력을 말하며 이때의 극한 전력을 정태 안정극한 전력이라 한다.

2)과도안정도(transient stability)

과도안정도는 부하가 갑자기 변하하는 경우, 송전계통에 사고가 발생한 경우 송전계통에 연결된 각 동기기가 동기를 유지하면서 계속 안정적으로 운전할 수 있는가하는 능력을 말한다. 과도안정도를 취급 시에 극한 전력을 과도 안정 극한 전력이라 한다.

3)동태안정도(dynamic stability)

자동전압조정기(Automatic Voltage Regulator)가 안정도에 미치는 영향을 안정도에 넣어서 취급하여야 한다. 또한, 발전기의 조속기도 안정도에 영향을 미칠 수 있으므로 이러한 고성능의 기기의 제어효과를 고려하여 안정도를 취급하는 방법을 동태안정도라 한다.

4-1-2 전력계통에서의 정태안정도에 대하여 설명한다.

정태안정도는 고유정태안정도와 동적정태안정도로 구분할 수 있다. 고유정태 안정도는 AVR이나, 조속기의 특성을 일체 무시하고 안정도를 해석하는 것을 말한다. 송전특성에서 정전압 송전에 대하여 앞의 모듈 2-4에서 설명하였는데 전력은 극대값으로 되어 더 이상전력을 주고받을 수 없다.

정태안정도를 개념은 아래 그림에서와 같은 한대의 발전기가 무한대 모선에 연결된 간단한 1기 무한대 모선계통에서 생각한다. 무한대 모선은 내부 임피 임피던스가 0이고 전압 Er은 크기와 위상이 부하의 증감에 관계없이 전혀 변화하지 않고, 또 극히 큰 관성 정수를 갖는 용량 무한대의 전원이다.

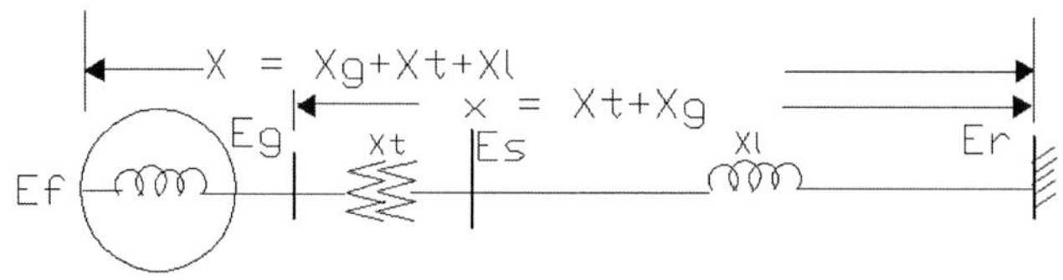

그림 4.1 1기 무한대 모선

여기서, Ef : 발전기의 내부유도전압, Eg : 발전기의 단자전압
Xg : 발전기 리액턴스이다.

1) 정태안정도 최대전력

1기 무한대 모선계통의 벡터도를 그려보면 그림 4.2와 같이 된다.

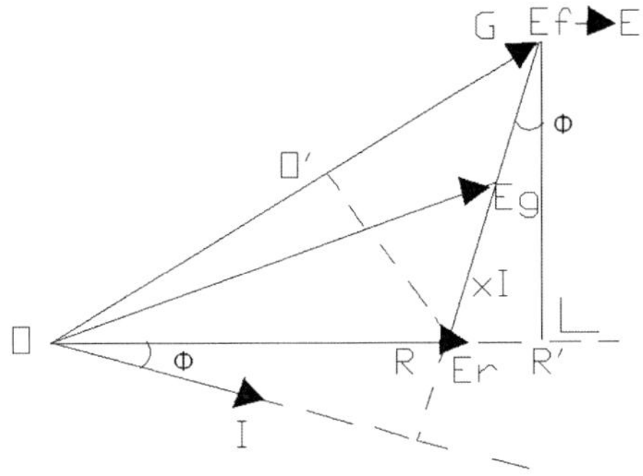

그림 4.2 1기 무한대 모선 계통의 벡터도

부하전류를 $\dot{I}$, 그 역률각을 ϕ , 송수전 양단의 동기기 내부 유도 전압의 상차각을 Θ 라고 하면 수전전력 P는 다음과 같다.

$$P = Er\ I\ \cos\phi \tag{4.1}$$

$$\Delta ORG = \frac{1}{2} \times \overline{OR} \times \overline{GR'} = \frac{1}{2} \times \overline{OG} \times \overline{RO'} = \frac{1}{2}\ EfEr\sin\Theta \tag{4.2}$$

위의 수식 (4.1)로부터 다음과 같이 표시된다.

$$P = \frac{EfEr}{xg + x} \sin\Theta = \frac{EfEr}{X} \sin\Theta = Pm\ \sin\Theta \tag{4.3}$$

$$\text{단, } Pm = \frac{EfEr}{X} \tag{4.4}$$

$$X = xg + x = xg + xt + xl\text{이다.} \tag{4.5}$$

1기 무한대 계통에서 전력 상차각 특성식은 식(4.3)이다. 이 식을 그래프로 나타낸 것이 아래의 그림 4.3이다. 아래 그림에서 $\Theta = 0°$ 일 때 P = 0, $\Theta = 90°$ 일 때는

$$P = \frac{EfEr}{X} \text{가 된다.} \tag{4.6}$$

이것은 최대전력을 나타낸다. 만약에 발전기의 내부 유도전압 $\dot{E}f$ 와 수전단 전압 $\dot{E}r$가 일정하고, 분모의 X(발전기와 변압기의 송전선의 직렬 리액턴스의 합계)가 일정하면 송전전력은 상차각 Θ의 함수로서 sinΘ 에 비례한다.

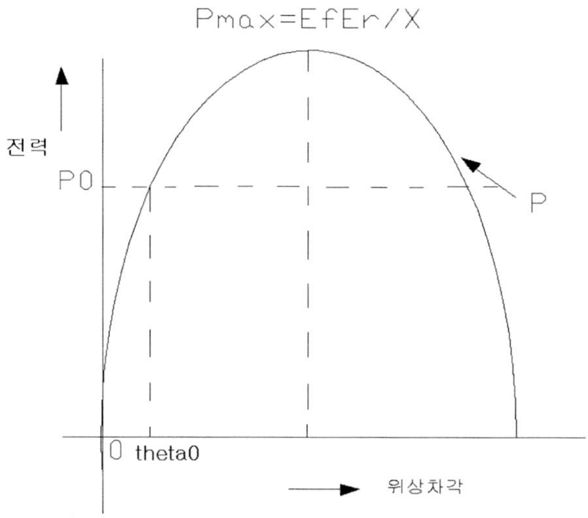

그림 4.3 전력 상차각 곡선

◈ 문제 4-1 : 송전선로의 정상상태 극한(최대) 송전전력은 선로 리액턴스와 대략 어떤 관계가 성립하는가?

◈ Solution

송수전단 사이의 선로의 리액턴스에 반비례한다.

$$P = \frac{EsEr}{X} \sin\Theta \tag{4.7}$$

2) 동기화력(synchronizing power)

전력계통에서 여러 개의 발전기가 동기 운전을 해 주어야 하는데 그러기 위해서는 모든 발전기가 동기속도를 움직여 주어야 한다. 만약에 한 개의 발전기가 원래의 상차각 Θ보다 앞선 경우에는 원래의 위치로 되돌려 보내 주려는 힘이 작용하게 된다. 즉, 발전기에서 기계적인 입력이 일정하면, Θ가 증가할 경우에 발전기의 전기적 출력 Pg가 증가해서 이 증가분에 해당하는 만큼의 운동에너지를 방출해서 발전기를 감속시킬 필요가 있다. 이것은 곧 동기운전을 하기 위해서는 $\frac{dPg}{d\Theta}$ 〉 0이 되어야 한다는 것이다. 이와 같이 Θ의 변화에 의해 생기는 출력 증가분 ΔPg 또는 그 미분계수 $\frac{dPg}{d\Theta}$를 발전기의 동기 화력이라고 한다.

동기 화력이 큰 경우 - 신속하게 평형상태를 회복

외란이 크거나 동기 화력이 작은 경우 - 발전기의 상차각 Θ가 점점 커져서 드디어 동기를 유지할 수 없게 된다.

◈ 문제 4-2 : 송전단 전압 765[kV], 수전단 전압 750[kV], 송수전단 양단의 리액턴스는 다같이 10[Ω]이고, 선로의 리액턴스는 80[Ω]인 계통이 있다. 이 선로에서 보낼 수 있는 최대전력은 얼마인가?

◈ Solution : 위의 수식 (4.7)로부터 최대 전력을 구한다.

$$\text{Pm} = \frac{Es\,Er}{X}\sin\Theta = \frac{765X750}{(10X2)+80} = 5,737.5[\text{MW}]$$

만약에 발전기 자체의 송전전력을 구하고자 하면 발전기의 내부전압 Ef와 발전기의 리액턴스 xg를 포함시켜야 한다.(xg = 20[Ω], Ef = 785[kV]라고 하면)

$$\text{Pm}' = \frac{Ef\,Er}{X} = \frac{785X750}{20+(10X2)+80} = 4,906.25[\text{MW}]$$

◈ 문제4-3 : 송전선로의 정상상태 극한(최대) 송전전력은 선로의 리액턴스와 어떤 관계가 있는가?

◈ Solution : 위의 수식 (4.7)로부터 최대 전력을 구한다.

$Pm = \frac{EfEr}{X}$ 이므로 선로의 리액턴스와 반비례한다.

◈ 송전전력 : P = 261.8[MW]

4-1-3 전력계통에서의 과도안정도에 대하여 설명한다.

과도안정도는 부하가 급격하게 변동하거나 계통의 사고가 일어났을 때의 과도적인 상태에서의 전력- 상차각 특성을 시간적인 요소까지 고려하여 논하는 것이다. 부하가 급변하거가 어떤 고장이 발생 시에 계통의 평형상태가 깨져서 발전기와 전동기간의 입출력에 차가 생겨서 이에 비례해서 회전자가 가속 또는 감속하게 된다. 따라서 평형점으로 이동하여 가는데, 실제로 발전기나 전동기는 관성을 갖고 있어서 평형점을 중심으로 상차각이 동요하게 된다. 이러한 상황은 일반적인 상황이나, 동요 중에 과도안전 극한 전력 이상의 불안정 범위로 벗어나게 되면 발전기나 전동기는 탈조하게 된다.

일반적으로 안정도를 다루는 경우는 AVR과 조속기의 제어효과 무시, 발전기의 내부전압 일정이라는 전제조건하에서 안정도를 다루게 된다. 종래의 과도안정 극한 전력은 정태안정 극한전력의 40~50[%] 정도로 잡아왔으나, 최근은 고속 계전기, 고속차단기의 보급으로 과도안정 극한전력의 70~80[%]까지 높게 잡을 수 있다. 그 밖에 최대 상차각 조건에 따라 130~140° 에 달하여도 안정하게 운전되는 경우도 있다.

과도안정도에서 계통이 안정한가 여부는 보통 외란 발생 후에 약 1초 이내에 결정된다. 따라서 가령 사고기 계통의 안정여부 판정은 1초 이내에 결정된다.

과도 안정도 검토를 위한 모델은 1기 무한대 모선을 사용하여 설명한다.

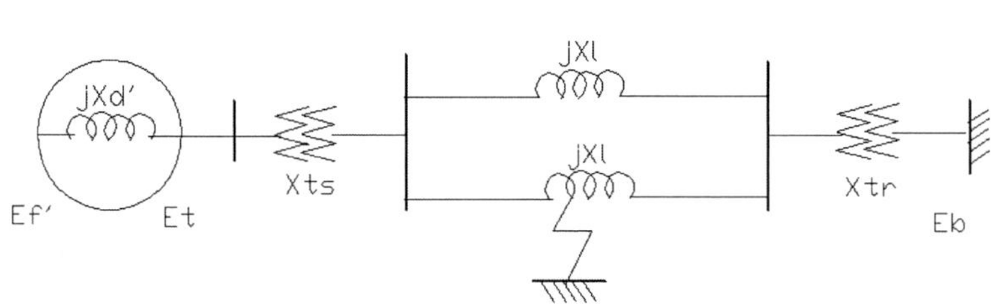

그림 4.4 2회선 송전계통의 모델계통

위의 그림 4.4에서 과도내부전압 $\dot{E_f}'$는 단자전압 $\dot{E_t}$에 과도 임피던스 강하$(r+jx_d')\dot{I}$을 벡터적으로 더한 것이다.

$$\dot{E_f}' = \dot{E_t} + (\mathrm{r}+\mathrm{j}x_d')\dot{I} \tag{4.8}$$

여기서 과도임피던스 x_d'는 2반작용이론에 의해 해석하여야 하나 보통은 x_d '와 x_q 을 적당한 방법으로 조합시킨 대표 값을 적용한다.

◈ 문제 4-4 : 과도 안정 극한 전력은 어떻게 설명되는가?
① 부하가 서서히 감소할 때의 극한 전력
② 부하가 서서히 증가할 때의 극한 전력
③ 부하가 갑자기 사고가 났을 때의 극한 전력
④ 부하가 변하지 않을 때의 극한 전력

1) 고장 중의 전달 임피던스 변화와 송전전력

고장 계산은 앞에서 설명한 대칭좌표법을 이용하여 풀면 된다. 그런데 송전전력은 고장점 임피던스를 알아야 풀 수 있다. 그래서 구체적으로 정상분 등가 회로를 만들고, 고장의 종류에 따라서 정해지는 등가 고장점 임피던스 $\dot{Z}_F$를 정상회로의 고장점에 병렬로 연결하거나 직렬로 연결하여 평형부하로 취급하여 송전전력을 계산한다.

아래의 그림 4.5(a)에서와 같은 송전선의 고장이 일어났을 경우를 생각해 본다 고장 중의 등가 정상회로는 그림 4.5(b)처럼 된다. 이것을 Y-Δ 변환하여 그림 4.5(c)로 된다.

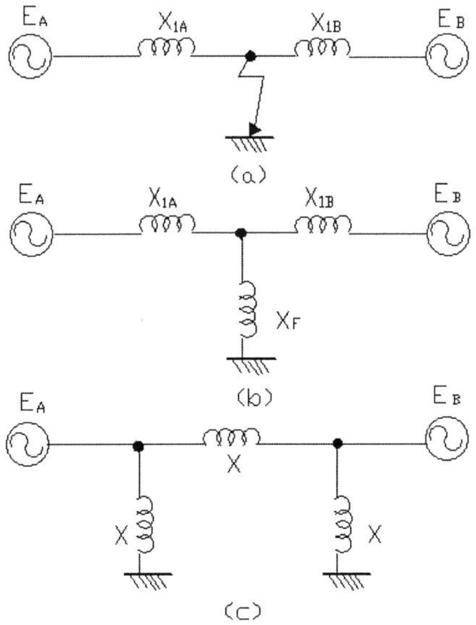

그림 4.5 선로 고장시의 등가 정상 회로

따라서, 고장 중의 전달 임피던스 X는 다음이다.

$$X = X_{1A} + X_{1B} + \frac{X_{1A}X_{1B}}{X_F} \tag{4.9}$$

고장 중의 송전전력

$$P' = \frac{E_A E_B \sin\theta}{X_{1A} + X_{1B} + \dfrac{X_{1A}X_{1B}}{X_F}} \tag{4.10}$$

송전전력은 X_F가 작아질수록 작아진다. 이론상으로는 3상 단락 고장일 경우 즉, X_F = 0이 되면 송전전력 P' = 0이 된다. 이것은 발전기 출력이 P에서 P'=0으로 급변함을 의미하므로 가혹한 사고가 됨을 알 수 있다.

다음 표 4.1는 각종 고장시의 어떤 고장점 임피던스($\dot{Z}_F$)를 고장점에 어떻게 연결하는가는 보여준다.

표 4.1 고장시의 등가 대칭분 임피던스(고장점 임피던스)

<table>
<tr><th>고장의 종류</th><th>등가 고장 임피던스 $\dot{Z}_F$</th><th>임피던스 삽입장소 및 삽입방법</th></tr>
<tr><td>1선지락</td><td>$\dot{Z}_F = \dot{Z}_0 + \dot{Z}_2$</td><td rowspan="4">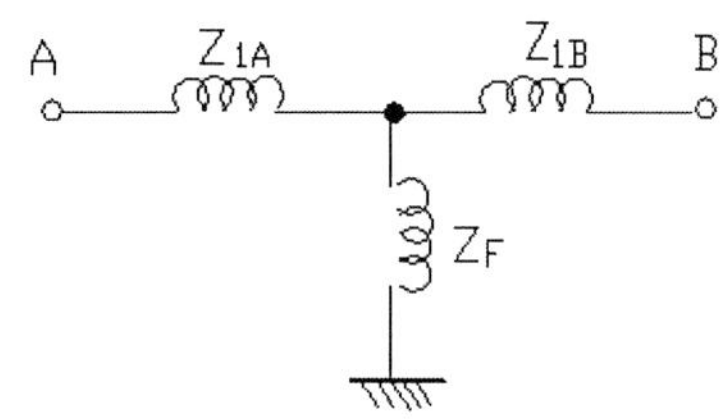
</td></tr>
<tr><td>2선지락</td><td>$\dot{Z}_F = \dfrac{\dot{Z}_0\dot{Z}_2}{\dot{Z}_0 + \dot{Z}_2}$</td></tr>
<tr><td>선간 단락</td><td>$\dot{Z}_F = \dot{Z}_2$</td></tr>
<tr><td>3선 단락</td><td>$\dot{Z}_F = 0$</td></tr>
<tr><td>1선 단선</td><td>$\dot{Z}_F = \dfrac{\dot{Z}_0\dot{Z}_2}{\dot{Z}_0 + \dot{Z}_2}$</td><td rowspan="2">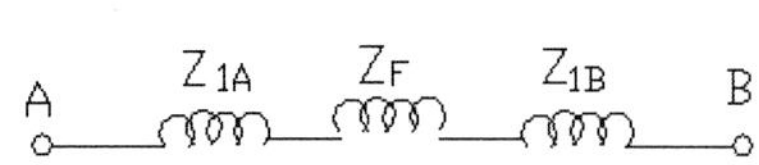
</td></tr>
<tr><td>2선 단선</td><td>$\dot{Z}_F = \dot{Z}_0 + \dot{Z}_2$</td></tr>
</table>

◈ 문제 4-5 : 송전선로의 안정도 향상 대책과 관계가 없는 것은?

① 속응 여자 방식 채용　　　② 재폐로 방식의 채용
③ 역률의 신속한 조정　　　④ 리액턴스의 조정

◈ Solution : 안정도 향상 대책은 다음으로 요약 된다.

- 계통의 직렬 리액턴스 감소(다회선 방식 채택, 복도체 방식, 기기 리액턴스 감소)
- 전압 변동률을 적게한다.(속응 여자 방식 채택, 계통의 연계, 중간 조상 방식)
- 계통에 주는 충격을 적게 한다.(중성점 접지 방식, 고속 차단 방식, 재폐로 방식)
- 고장 중의 발전기 돌입 출력의 불평형을 적게한다.

2) 등면적법을 이용한 과도안정도 계산

계통에 외란(사고) 발생한 후 1초간을 제1차 동요라고 한다. 그리고 이어서 AVR 및 조속기의 동작, 부하의 일부 탈락, 계통 분리 등의 2차적인 동요가 일어난다. 그래서 사고 발생 후 10초 가량 후에 탈조가 발생하는 경우도 있다.

1기 무한대 모선계통에서는 2차 동요 시에 동기를 유지하지만, 2차 동요 시에 탈조가 일어나는 경우도 있다. 그러나 2기계통에서는 기계적인 입력 일정, 과도내부전압 일정, 제동계수 영이라는 통상적인 가정 하에서는 상차각은 제한 없이 증대하거나 정한 진폭으로 진동하든지 하여 최초 1차 동요만을 조사해서 안정을 판별한다.

등면적법은 주로 2기 계통에 적용되는 방법으로 계통의 안정도 판별을 간단한 도면을 사용하여 쉽게 해결할 수 있다. 그러나 위상각 변동과 시간과의 관계를 알 수 없다.

아래 그림 4.6과 같은 간단한 모델을 생각해 본다. 여기서 F점은 고장점을 나타낸다. 고장 전, 고장 중, 고장 후(고장구간 제거)의 그림은 그림 4.7로 나타난다.

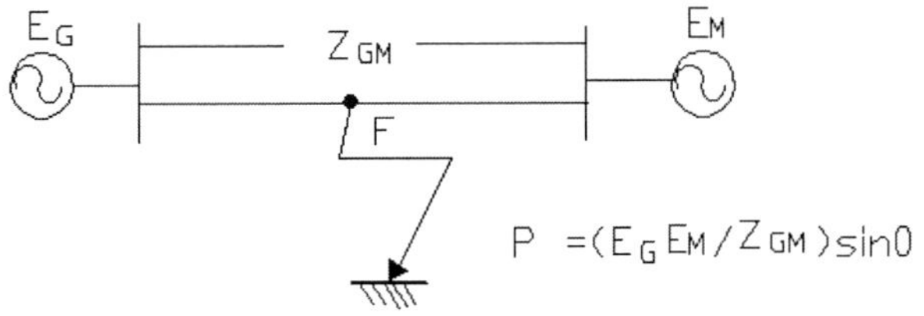

그림 4.6 모델 계통

발전기와 전동기간의 전력-위상차각은 고장에 따라 계통 상태의 변화에 따라서, 3단계로 변화되는데 그림에서 곡선 A는 고장 전, 곡선 B는 고장 중, 곡선 C는 고장 후로 고장 구간이 선택 차단된 후를 나타낸다.

그림 4.7에서 처음의 송전전력 P_0는 다음과 같았다.

$$P_0 = \frac{E_G E_M}{Z_{GM}} \sin\Theta_0 \qquad (4.11)$$

그런데, 고장상태에서는 $Z_{GM} \rightarrow Z_F$로 바뀐다.

$$P_F = \frac{E_G E_M}{Z_{GM}} \sin\theta_F \quad (\text{여기서 } \theta_F = \Theta_0 \sim \Theta_1) \qquad (4.12)$$

그리고, 고장 구간을 선택차단 후에는 $Z_F \rightarrow Z_{GM}'$로 바뀐다.
(여기서 Z_{GM}'는 1회선의 값이므로 Z_{GM}의 2배가 된다.)

$$P' = \frac{E_G E_M}{Z_{GM}'} \sin\Theta' \quad (\text{여기서 } \theta' = \theta_1 \sim \theta_2) \qquad (4.13)$$

그림 4.7의 고장 시의 전력-위상차각 변동곡선을 설명하면 다음과 같다.

처음 a점, 즉 P_0, Θ_0에서 운전을 하고 있던 것이 고장 발생으로 동작점을 b로 이동하게 된다. 이 때 발전기는 $P_0 - P_B \sin\Theta_0$ 입력이 초과 되어서 회전자는 과속하게 되는데, 반대로 부하측의 전동기는 그만큼 입력이 부족하여 회전자는 감속한다.

이러한 관계를 유지하면서 고장이 계속되는 동안 발전기와 전동기의 상차각은 곡선 B를 따라서 이동해 간다. 즉, b에서 c로 가서 이 점에서 차단기가 동작해서 고장 회선을 차단하게 된다. 이번에는 회로 상태가 1회선의 정상상태로 변경이 되어서 동작점이 곡선C의 d점으로 옮기게 된다. d점에서는 발전기 출력이 입력 이상의 것을 요구하므로 감속되고, 전동기의 입력이 출력보다 커지므로 가속한다.

즉, b → c점까지는 발전기는 입력과잉, 전동기는 입력부족으로 양기간의 위상차각을 증대시키는 방향으로 가속되고 있던 것이 d점 이후에서는 반대로 양기간의 위상차각을 감소시키는 방향으로 감속된다. 단, 위상차각은 회전체의 관성 때문에 다음 조건이 만족되는 θ_2까지 벌어진다.

$$\int_{\theta_0}^{\theta_1} (P_0 - P_B \sin\theta)\, d\theta = \int_{\theta_0}^{\theta_1} (P_C \sin\theta - P_0)\, d\theta \qquad (4.14)$$

면적 a b c f = 면적 f d e g (4.15)

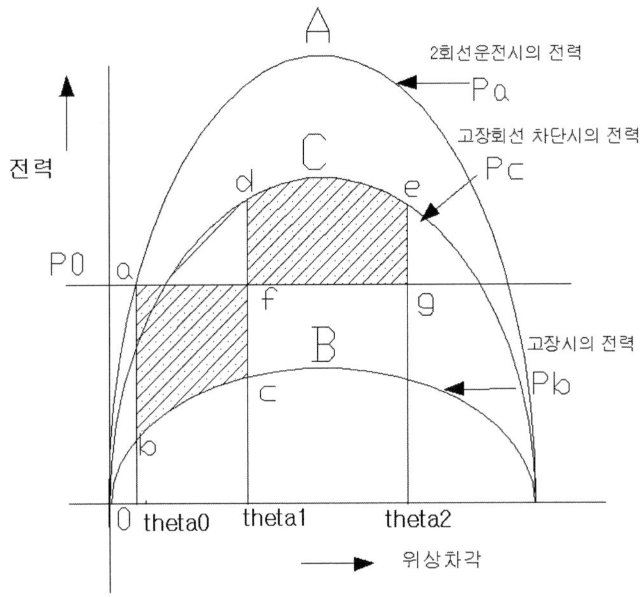

그림 4.7 고장 시의 전력 - 위상차각 특성

이와 같이 일단 d점을 지나쳐서 위의 조건을 만족하는 θ_2까지 증대되었다가 다시 되돌아가는 왕복진동을 되풀이 하는 동안에 제동작용(저항 기타의 손실분에 의함)에 의해서 동요가 점차 감쇠되어 안정한 운전 상태로 낙착하게 된다. 고장 차단시간이 늦어져서 고장을 회복하는 회복력이 부족 시에는 회복력이 마이너스가 되어 탈조하게 된다.

4-1-4 안정도 향상대책에 대하여 공부한다.

일반적으로 사고 발생 시에는 발전기가 가속해서 탈조에 이를 수 있다. 과도 안정도를 향상 시켜서 우선 발전기 가속을 억제하는 것이 가장 대책이다.

간단한 1기 무한대 계통을 살펴보면 다음과 같다.

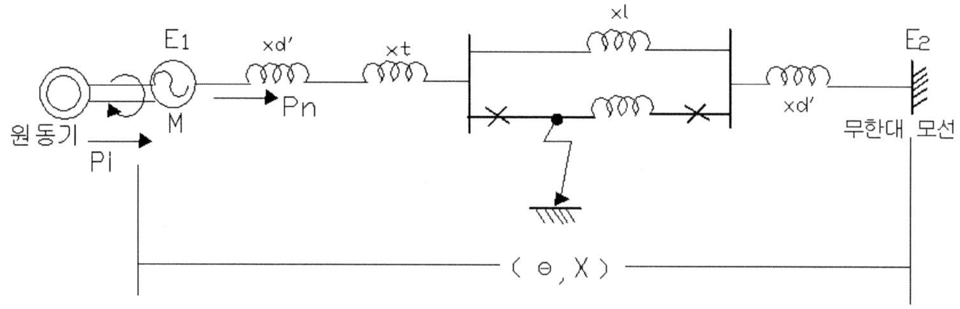

Pi ; 원동기로부터의 입력	X ; 발전기, 변압기, 송전선로의 각 리액턴스의 합계
Pn ; 전기적 출력	E1 ; 발전기 내부 전압 Θ ; E1 ~ E2 간의 상차각
E2 ; 무한대 모선 전압	M ; 관성정수

그림 4.8 1기 무한대 계통

위의 그림 4.8에서 보인 것과 같이 발전기의 운동방정식은 다음과 같다.

$$\frac{d^2\Theta}{dt^2} = \frac{\omega}{M}(\,Pi - Pn\,) = \frac{\omega}{M}(\,Pi - \frac{\dot{E}_1\dot{E}_2}{X}\sin\theta) \tag{4.16}$$

발전기가 가속 탈조되는 것은 위의 식 (4.16)에서 고장 중에 우변이 급격히 커지든지 고장 제거 후에 상당한 시간동안 +값을 계속해서 취하기 때문이다.

$$\text{고장 계속 중 --- } Pi \gg \frac{E_1E_2}{X'}\sin\theta$$

(여기서 X'은 고장 중의 임피던스) (4.17)

$$\text{고장 구간 제거 후 --- } Pi \gg \frac{E_1E_2}{X''}\sin\theta$$

(여기서 X'는 고장 제거 후의 전달 임피던스) (4.18)

따라서, 발전기의 가속을 억제하기 위해서는 강제적으로 전기적 출력 Pn을 증대시키거나, 원동기로부터 공급되는 기계적 입력 P i을 경감시켜 주면 된다는 것을 알 수 있다.

또한 관성정수 M을 크게 하는 것도 $\frac{d^2\Theta}{dt^2}$를 작게 해서 발전기 가속(감속)을 억제할 수 있다.

◈ 문제 4-6 : 안정도 향상 대책을 설명하시오.

◈ Solution

1. 계통의 전달 리액턴스의 감소
   ① 발전기나 변압기의 리액턴스를 감소시킨다.
   ② 선로의 병행회로수를 증가시키거나, 복도체를 사용한다.
   ③ 직렬콘덴서를 삽입하여 선로 리액턴스를 감소시킨다.
   ④ 상위 계급으로의 승압을 한다.

2. 계통의 전압변동의 억제
   ① 발전기 속응 여자 방식을 채용
   ② 계통을 연계
   ③ 중간 조상 설비의 설치

3. 계통에 주는 충격 경감
   ① 보호 계전기, 차단기의 고속도화
   ② 중간 개폐소 설치
   ③ 고속 재폐로 방식 채용

4. 전력 변동의 억제 (발전기 입출력 평형화)
   ① 제동저항(SDR) 설치(동적 제동사용)
   ② 터빈 고속밸브 제어(EVA) 채용 (조속기 동작 신속히)

형성 평가

◈ 문제 4-7 : 다음 중에 송전계통의 안정도를 증진시키는 방법이 아닌 것은?

① 전압 변동을 적게한다. ② 직렬 리액턴스를 크게 한다.
③ 제동 저항기를 설치한다. ④ 중간 조상기 방식을 채용한다.

◈ 문제 4-8 : 송전선에서 차폐선은 안정도 증진과 관계가 있는가?

◈ 문제 4-9 : 송전선로에서 전압 조정을 위해 사용하는 중간 조상 방식(intermediate

phase modifying system)은 송전선로 중간에 무엇을 연결하는 것인가?

◈ Solution : 전압 조정을 위해서 송전선로의 중간에 동기 조상기를 연결하는 방식임.

◈ 문제 4-10 : 송전선로에 사용되는 차단기의 고속도 재폐로(recloser)의 목적은 무엇인가?

◈ Solution : 송전계통의 사고의 대부분은 고장 구간을 잠시 차단하여(개방하여) 무전압으로 해 주면 그 원인이 해소가 되고 다시 폐로를 구성하여 주면, 송전을 계속할 수가 있다. 이러한 조작은 계전기에서 자동으로 되는데 재폐로 보호방식이라 한다. 현재 주요 선로에 거의 이 방식을 채용하고 있는데 선로의 안정도 유지에 효과가 매우 크다. 이 방식은 3상 재폐로 방식과 단상 재폐로 방식 두 가지가 있다. 3상 재폐로 방식은 1선 접지 고장이 나면 고장난 쪽의 회선(3선)을 동시에 차단하고 동시에 재폐로 하는 방식이고, 단상 재폐로 방식은 고장상의 1선 만을 선택하여 차단하고, 재폐로 하는 방식으로 안정도 향상에는 단상이 좋으나, 차단기 쪽의 비용이 더 많이 든다.

재폐로에 걸리는 시간은 계전기 동작에 1[Hz], 차단기 동작에 3~5[Hz]이므로 고장 차단은 고장 발생 후 4~6[Hz]에서 실시되고 무전압 시간은 15~20[Hz] 전후로 잡고 있다. 안정도 측면에서는 무전압 짧은 것이 좋으나, 고장점의 이온 소멸에 의한 절연 내력 회복 시간은 10~15[Hz]정도 소요되어 너무 빠르게는 할 수 없다.

총괄평가

학습자 자기점검표

◆ 작성법

학생 스스로가 자신의 성취도를 성취 달성 정도에 따라 해당란에 'V' 표를 하시오.

이것은 학생이 모듈을 배우면서 부족한 점과 보충해야할 사항을 점검하기 위한 자기평가입니다. 정직하고, 솔직하게 체크 하십시오.

성취 능력	매우 미흡	미흡	보통	우수	매우 우수
1. 정태 안정도는 무엇인지 설명하라.	①	②	③	④	⑤
2. 동태 안정도는 무엇인지 설명하라.	①	②	③	④	⑤
3. 과도 안정도는 무엇인지 설명하라.	①	②	③	④	⑤
4. 탈조란 어떤 현상을 말하는가?	①	②	③	④	⑤
5. 송전계통에서의 안정도 향상 대책을 설명하라.	①	②	③	④	⑤
6. 전력계통에서 고속도 재폐로방식에 대해 설명하라.	①	②	③	④	⑤
7. 1기 무한대 계통에서 송전전력, 최대송전전력을 식으로 나타내어라.	①	②	③	④	⑤
8. 송전선로의 송전용량을 결정할 때 고려해야할 사 항들을 설명하라.	①	②	③	④	⑤
9. 송전계통에서 안정도 향상대책의 하나인 고장전류를 줄이고, 고장 구간을 차단하기 위한 방법은 어떤 것인가?	①	②	③	④	⑤
10. 송전계통에서 안정도 향상대책의 하나인 고장 시 입출력의 불평형을 작게 하는 방법은 어떤 것인가?	①	②	③	④	⑤

◆ 성취수준에 따른 자기평가 수준

모든 항목에서 '매우 우수' 혹은 '우수' 라고 평가한 학생을 제외하고는 부족한 내용에 대하여 다시 찾아가서 개별적으로 보충 학습을 하고 실험을 하십시오. 그래도 모르는 경우는 E-mail을 이용하거나, 개별적인 질문을 하시기 바랍니다.

인터넷 자료

http://www.kiee.or.kr 대한 전기학회
http://www.electricity.or.kr 대한 전기협회
http://www.keca.or.kr 한국전기공사협회
http://www.keea.or.kr 한국전력기술인협회
http://www.kieeme.or.kr (사)한국전기전자재료학회
http://cafe.naver.com/power 119 전기박사
http://cafe.naver.com/renewableenergy.cafe 신재생에너지
http://www.kepco.co.kr 한국전력
http://www.komipo.co.kr 한국중부발전
http://www.westernpower.co.kr 한국서부발전
http://www.khnp.co.kr 한국수력원자력
http://www.kosep.co.kr 한국남동발전
http://www.kemco.or.kr 에너지관리공단
http://www.keri.re.kr 한국전기연구원

관련서적 및 잡지

1. 송길영, "최신송배전공학", 동일출판사, 2005년
2. 심상홍 外, "송배전공학", 진영사, 1999년
3. 송길영, "최신 발전공학", 동일출판사, 2005년
4. 배상기, "전력공학", 진영사, 2005년
5. 박규홍, "전력발생공학", 동일출판사, 2003년
6. H.Sadat, "Power System Analysis", McGraw Hill, 2004년
7. Elgerd, "Basic Electric Power Engineering", Addison Wesley, 1976년
8. 일본 전기기술자 협회편, "자가용 전기기술자 핸드북", 대한전기협회,2000년
9. 대한전기학회편, "최신배전시스템공학", (주)북스힐, 2006년
10. 송길영, "전력계통공학", 동일출판사, 2000년
11. B.M.Weedy & B.J.Cory, "Electric Power Systems", Wiley,1998년

12. 검정연구회 편, “전기설비설계”, 동일출판사, 1996년
13. 정용기, “신전기설비 기술계산 핸드북”, (주)의제전기설비연구원, 2003년
14. 박건수 外 5인, “전력전송공학”, 청문각, 1997년
15. 박동화 외 2인, “수변전설비의 계획과 설계”, 도서출판 의제, 1997년
16. 김수용 외 4인, “디지털 송배전공학”, 문운당, 2007년
17. 검정연구회, 전기기사시리즈4 “전력공학”, 동일출판사, 2008년
18. Alston, "High Voltage Technology", Oxford University Press, 1968년
19. 일본전기학회, “피뢰설비 가이드북”, 도서출판 의제, 1992년
20. 김희진, 신재화 공역, “차단기와 단로기의 보수유지 입문”, 성안당, 1997년
21. 이종선 역, “접지 기술과 접지 시스템”, 성안당, 1998년

Module 4-2 : 이상전압

개요

송전계통에 나타나는 이상전압은 계통의 내부에서 발생하는 것과 계통의 외부에서 발생하는 경우로 2가지 경우가 된다.

내부적인 이상전압의 원인으로는 계통의 조작시에 차단기 투입과 개방시에 나타나는 과도전압으로 개폐서지라고도 한다. 고장전류의 차단이나 변압기 여자전류의 차단, 수차발전기의 부하차단 등이 원인이 된다.

외부적인 이상전압의 원인으로는 뇌가 송전선이나 가공지선을 직결할 때 발생하는 직격뢰에 의한 이상전압과 뇌운에 의한 유도작용에 의해 송전선에 이상전압이 진행하는데 이것을 유도뢰에 의한 이상전압이다.

학습목표

1. 전력계통에서 이상전압의 개요을 공부한다.
2. 송전선에서 발생하는 내부 이상전압을 설명한다.
3. 송전선에서 발생하는 외부 이상전압을 설명한다.
4. 진행파의 특성에 대해 공부한다.
5. 이상전압 방지 대책과 절연협조에 대해 공부한다.

주요어

이상전압, 내부이상전압, 외부이상전압, 진행파, 투과파, 반사파, 피뢰기, 충격비, 뇌차폐, 섬락, 역섬락, 절연협조.

4-2-1 송전계통의 내부이상전압에 대하여 설명한다.

송전 계통에서 발생하는 이상전압은 두 가지로 구분할 수 있다.

첫째, 계통 조작 시(차단기의 투입이나, 개방 시) 나타나는 과도전압으로 개폐 서지라고 불리는 내부 이상 전압(혹은 내뢰)로 원인이 계통의 내부에 있는 경우이다.

둘째, 직격뢰가 송전선이나 가공지선을 직결할 때 발생하는 이상전압과 뇌운 바로 밑에 있는 송전선에 유도된 구속전하가 뇌운 간 또는 뇌운과 대기 간 방전을 통해서 송전선로에 자유전하로 인한 진행파로 전파하는 이상전압으로 외부 이상 전압이라 하는데 원인이 계통의 외부에 있는 경우이다.

내부이상전압의 종류를 다시 세분하여 알아보면 다음과 같다.

1) 계통조작 시 내부이상전압의 종류

① 과도진동전압에 의한 내부이상전압

무부하 선로 개폐이상전압

유도성 소전류 차단시 이상전압

변압기 3상 비동기 투입시 전압

② 사용주파 지속전압에 의한 내부이상전압

무부하 송전선의 페란티 효과

수차발전기의 부하차단

발전기의 자기여자현상

2) 고장 발생 시 내부이상전압의 종류

① 과도진동전압에 의한 내부이상전압

영구지락에 따른 과도 진동전압

충격성 지락에 따른 과도 진동전압

고장전류의 차단

② 상용주파 지속전압에 의한 내부이상전압

기본파 공진전압

고조파 공진전압

소호리액터계 1선단선 이상전압

개폐서지는 투입서지와 개방서지로 회로가 투입되거나, 개방되거나, 부하가 있거나 무부하시에 송전선로의 전류를 차단할 경우에 개폐서지(SOV)이다. 개폐서지 이상 전압 발생을 억제할 목적으로 사용하는 것이 개폐 저항기이다.

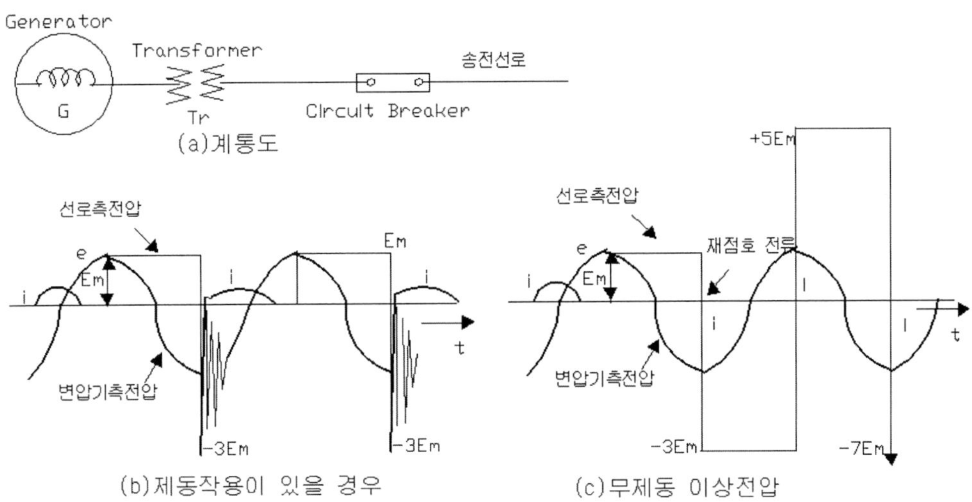

그림 4.9 무부하 충전 전류 차단시의 이상전압

위의 첫 번째 그림4.9의 (a)는 발전기로부터 변압기를 거쳐 무부하 송전선로가 충전되었을 때 차단기로 충전전류를 차단하였을 때 내부이상전압인 개방서지가 일어난다. 차단기 개방전에는 선로에는 발전기 단자전압에 대해서 90° 위상이 앞선 충전전류가 흐르고 있는데 교류전류에서는 전류가 0이 되는 순간이 있어서 차단기를 개방하면 전극간의 아크가 소멸되어 충전전류는 쉽게 차단된다.

위의 두 번째 그림 4.9의 (b)는 아크가 소멸되는 과정의 그림이다. 충전전류가 0으로 된 순간에는 전압은 최대값 Em이므로 전하의 누설이 없으면 Em 값을 유지하고 충전되어 있는데 차단기의 변압기측의 전압도 차단된 순간은 Em 값이지만, 변압기측 전압은 반사이클 후에는 -Em이 된다. 따라서 이 순간의 차단기 전극간의 전압은 2Em이므로 전극간에는 2Em 전압에 견디어야 하는데 절연이 파괴되어 다시 아크로 연결되면 재점호라고 한다. 전원측과 선로측의 전압은 결과적으로 Em에서 -Em으로 급변하게 된다. 이 순간에 과도 진동 전압이 일어나서 -Em을 중심으로 2Em을 진폭으로 하는 고주파진동을 발생하여 결국 3Em 이상의 이상전압이 발생한다. 다시, 계속하여 +Em에 -Em으로 급변할 때 3Em과 더불어 5Em이 발생하고, 다시 반주기에서 같은 원리로 7Em 이상전압이 발생을 하게 되나, 그러나 진동전류에 의한 손실 때문에 과동진동은 급속하게 감쇄해서 사용주파 전류의 0점으로 아크가 그림에서처럼 소멸된다.

따라서, 내부이상전압의 크기는 선로의 길이, 차단기, 중성점 접지 방식에 따라 약간의 차이는 있으나 무부하 차단 시에도 대지전압의 3.5배 이하로 4배를 넘는 경우는 거의 없다. 계속 지속시간도 상용주파의 반 사이클 1/120초 이므로 보통 수[us]이내에 소멸되어 진다.

◈ 문제 4-11 : 이상 전압에 대한 방호 장치에 어떤 것이 있는가?

◈ Solution

- 가공지선 - 직격뢰 저감 효과, 유도 장해(전자 차폐 효과, 정전 차폐 효과)
- 피뢰기 - 이상 전압에 대한 기계, 기기 보호
- 서지 흡수기 - 변압기, 발전기 등을 서지로부터 보호
- 개폐 저항기 - 개폐 서지를 억제하기 위한 저항기

4-2-2 송전계통의 외부이상전압에 대하여 설명한다.

송전선로에서 직격뢰에 의한 외부이상전압과 유도뢰에 의한 외부 이상전압이 있는데 뇌(벼락)의 직격에 의해서는 송전선로, 지지물, 가공지선 등의 절연이 이같은 직격뢰를 이겨낼 수 있게 절연이 되어 있지 못하다. 따라서 이 직격뢰에 의한 섬락(flashover)이 필연적으로 일어나게 된다.

아래 그림 4.10은 일반적인 뇌전압파형으로 충격파(impulse wave) 혹은 서지(surge)라고도 부른다. A점을 파고값, OA를 파두(wave head), AB를 파미(wave tail)라고 하는데, 충격파를 나타내는데는 파고 값, 파고 값에 달하기까지의 시간(파두길이), 파미의 부분으로 파고 값의 50[%]로 감소할 때까지의 시간(파미길이)으로 나타낸다.

그림 4.10에서 Tf는 파두길이로 파고 값의 30[%]와 90[%]의 점을 맺는 직선이 시간축과 교차하는 점을 시간의 기준점으로 잡고, 이것으로부터 위의 직선이 A점을 통과하는 수평선과 마주치는 점까지의 시간을 말한다. 그림 4.10에서 Tt는 파미 길이로 기준점으로부터 파미 부분에서 파고 값의 반으로 내려가는 점까지의 시간을 말한다.

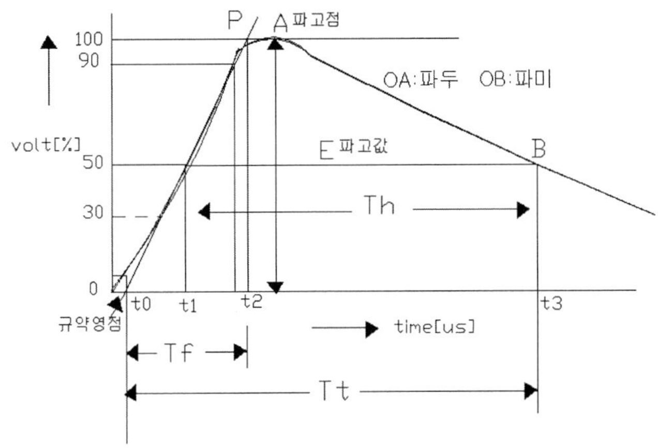

그림 4.10 충격 파형

예를들어, 2000[kV], 1.3x60[us]파라고 표시하면, 이것은 E=2000[kV]이고 파두길이 Tf=1.3[us], 파미길이 Tt=60[us] 충격전압파이다.

직격뢰에 의한 충격파 파고 값은 수100[kV] 이상이고, 파두길이 Tf = 1 ~ 10[us], 파미길이 Tt = 10~100[us] 정도이다.

또한, 직격뢰의 빈도는 연간뇌우일수(isokeraunic level : IKL)로 표시되는데 직격뢰빈도 N과 다음 관계를 갖는다.

$$N = \frac{4}{30}\ \text{IKL} = 0.133[\text{회}/\text{km}^2/\text{년}] \tag{4.19}$$

유도뢰는 뇌운 상호간 혹은 뇌운과 대지사이의 방전이 일어났을 경우에 뇌운 밑에 있는 송전 선로상에 이상전압이 발생하는 것이다. 이 유도뢰는 발생 횟수가 많은 반면에 위험성은 직격뢰에 비해 적은 편이다.

실측에 의한 파고값은 대략 수십[kV]가 대부분이고, 200[kV]를 넘지 못한다. 따라서 154[kV] 이상의 송전선에서는 유도뢰에 의한 이상전압은 문제가 되지 않는다.

◈ 문제 4-12 : 전기기기의 충격전압 시험을 할 때 채용하는 우리나라의 표준충격전압파의 파두장 및 파미장은 어떻게 표시되는가?

◈ Solution

◦ 표준충격전압의 파두장 : 1x40[us]

◦ 표준충격전압의 파미장 : 1.2x50[us]

◈ 문제 4-13 : 가공지선(over head ground wire)의 설치목적이 아닌 것은?
①정전 차폐 효과 ② 전압 강하의 방지
③ 직격 차폐 효과 ④ 전자 차폐 효과

◈ Solution : 직격뢰에 대한 피해 저감
유도뢰에 대한 정전차폐효과, 통신선에 대한 전자유도장해 경감 효과, 차폐각은 45° 이내, 보호율 97[%]정도, 차폐각이 작을수록 보호율이 높음. OPGW을 사용함. 가공지선을 2선으로 하면 차폐각이 적어진다.

4-2-3 진행파의 특성에 대하여 설명한다.

발전기 전압 E의 발생과 전파 과정이 이상전압의 발생과 전파과정과 같다.

전압 E로 선로를 충전할 경우 차단기를 투입하면 먼저 차단기에 접한 부분이 E로 되어 그 부분이 정전용량을 충전한다. 그리고 차례로 인접한 부분이 전압 E로 되어 그 부분의 정전용량을 충전해 나간다. 이같이 송전단에서 수전단으로 차례차례로 전압 E가 진행하면서 일정한 시간이 지난 후에 비로소 선로 전체가 전압 E가 된다. 이상전압의 경우도 마찬가지로 생각할 수 있다. 뇌에 의해서 선로상의 어느 부분에 자유전하 Q가 생겼다면 이전하는 좌우로 나누어져서 각각 송수전단을 향하여 진행을 하면서 진행파를 만들게 된다.

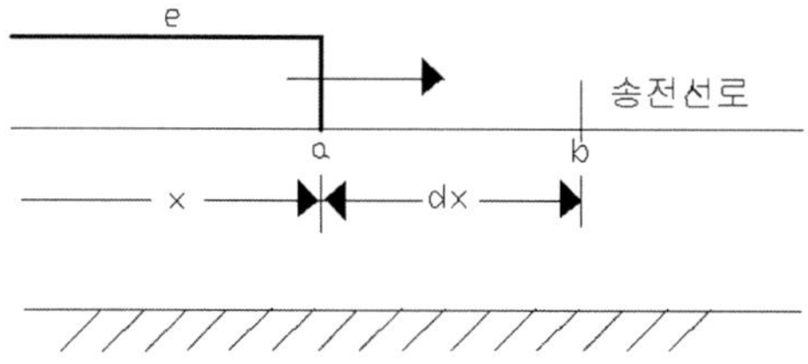

그림 4.11 진행파의 개념도

그림 4.11에서처럼 선로의 정수가 저항이 무시되고 L, C뿐인 무한히 긴 선로에서 파두의 준도가 무한대인 구형파의 전위 진행파가 임의의 점 a까지 진행을 왔다고 생각을 한다. 이때에 a점의 준위는 이상전압 e로 되겠지만, a점에 도달된 전류 진행파를 생각을 해 본다. a점으로부터 dx만큼 앞쪽의 b에는 아직 전위, 전류 진행파가 도달하지 않았기 때문에 b점에서의 전위, 전류는 영이다.

1) 가공선의 파동임피던스 Z와 전파 속도 V

진행파가 dx만큼 나가기 위해서는 dt만큼의 시간이 소요된다. 이때 dx구간에 축적될 전하는

$$dq = eCdx \tag{4.20}$$

이다. 그러므로 dx 구간을 충전하기 위해서 흐르는 전류 I는

$$i = \frac{dq}{dt} = eC\frac{dx}{dt} \tag{4.21}$$

로 되는데, $\frac{dx}{dt}$는 바로 진행파의 전파 속도이다. 이것을 V라고 하면

$$i = eCV \tag{4.22}$$

로 된다. 이때 이 전류에 의해서 생긴 자속과 dx부분을 흐르는 전류 I와의 쇄교자속 d Φ는 다음이 된다.

$$d\Phi = iLdx \tag{4.23}$$

이것이 전선 내에 역기전력을 발생해서 전위를 자지게 하는 것이다. 이것은 전위 진행파 e와 평형하게 되므로 다음과 같이 쓸 수 있다.

$$e = \frac{d\Phi}{dt} = iL\frac{dx}{dt} = iLV \tag{4.24}$$

식 (4.22)은 전류의 진행파를 나타내고, 식(4.23)는 전위의 진행파를 나타낸다. e와 i의 비는 일종의 임피던스라고 볼 수 있는데, 이것을 Z로 구할 수 있다.

$$Z = \frac{e}{i} = \frac{1}{CV} = LV = \sqrt{\frac{L}{C}} \tag{4.25}$$

이 Z를 파동 임피던스 (surge impedance)라고 부른다. Z의 단위는 옴인데 주의점

은 Z의 값은 선로의 길이와는 무관하다는 것이다. 앞선 모듈 2-3에서 정의한 특성 임피던스와 같은 것이다. 가공선로에서 전파속도는 가공선로에서의 L과 C를 다음으로 나타낼 수 있다.(D = 2h로 둘 수 있다.)

$$L = 0.4605\log_{10}\frac{2h}{r}[\mathrm{mH/km}] \tag{4.26}$$

$$C = \frac{0.02413}{\log_{10}\frac{2h}{r}}\ [\mu\mathrm{F/km}] \tag{4.27}$$

따라서, 가공선의 파동임피던스 Z와 전파 속도 V는 다음과 같다.

$$Z = \sqrt{\frac{L}{C}} = \sqrt{\frac{0.4605X10^{-3}}{0.02413X10^{-6}}}\log_{10}\frac{2h}{r} = 138\log_{10}\frac{2h}{r}[\Omega] \tag{4.28}$$

$$V = \frac{1}{\sqrt{LC}} = \frac{1}{\sqrt{0.4605X0.02413X10^{-9}}} = 3X10^5[\mathrm{km/s}] \tag{4.29}$$

결국, 파동임피던스는 전선의 굵기와 높이에 따라서 달라지지만 전파속도는 광속도와 같은 $3X10^5$[km/s]로 됨을 알 수 있다.

지중선로(케이블)에서의 전파속도는 단심케이블인 경우 L과 C는 각각

$$L = 0.4605\log_{10}\frac{R}{r}[\mathrm{mH/km}] \tag{4.30}$$

$$C = \frac{0.02413X\epsilon}{\log_{10}\frac{R}{r}}\ [\mu\mathrm{F/km}] \tag{4.31}$$

여기서 R : 케이블의 도체 중심으로부터 연피까지의 반지름

ϵ : 절연물의 유전율

로 나타낼 수 있으므로 전파속도와 파동임피던스는 다음과 같다.

$$Z = \frac{138}{\sqrt{\epsilon}} \log_{10} \frac{R}{r} [\Omega] \tag{4.32}$$

$$V = \frac{1}{\sqrt{\epsilon}} \text{ X } 3 \text{ X } 10^5 \text{ [km/s]} \tag{4.33}$$

즉 케이블 선로의 경우에는 전파속도는 절연물의 유전율 ϵ의 평방근에 반비례하게 된다. 그런데, 유전율은 보통 2.5~4 정도이므로 케이블 내의 전파속도는 가공선보다 훨씬 느려져서 광속도의 5할 내지 7할 정도 밖에 되지 않는다.

◈ 문제 4-14 : 파동 임피던스가 450[Ω]인 가공 송전선의 1[km]당이 정전용량, 인덕턴스를 구하여라.

◈ Soultion : 가공송전선에서의 파동임피던스와 전파속도는 다음이다.

$$Z = \sqrt{\frac{L}{C}} = 450[\Omega]$$

$$V = \frac{1}{\sqrt{LC}} = 3X10^5[km/s]$$

따라서 위 두식에서 L, C를 구한다.

$$L = 0.0015[H/km] = 1.5[mH/km]$$

$$C = 0.00074 \text{ X } 10^{-5}[F/km] = 0.0074[\mu F/km]$$

2) 진행파의 반사와 투과

선로가 종단에 가서 지중케이블로 연결되거나, 전기기기에 연결되는 경우가 많다. 따라서 진행파 역시 연결된, 지중케이블이나, 전기기기에 침입하는 경우가 많다. 파동임피던스가 다른 회로에 연결된 점(변이점이라고 함)까지 진입하였을 때에는 진행파는 일부는 반사하고 나머지는 통화해서 다음 회로에 진입하게 된다. 여기서는 다음과 같은 선로정수가 다른 선로의 접속점에 진행파가 진입하였을 경우에 대해서 생각해 본다.

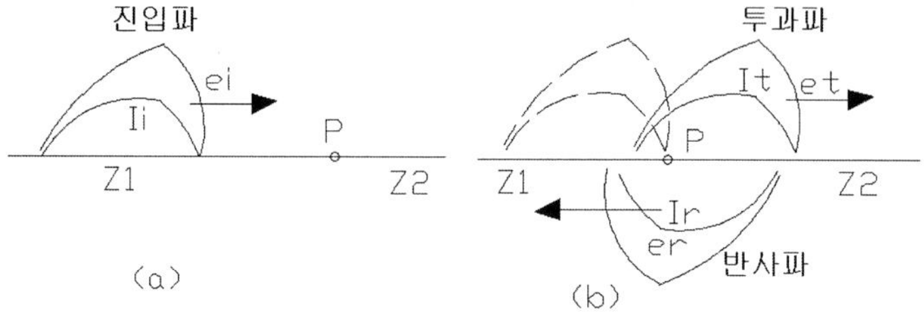

그림 4.12 변이점에서의 반사와 투과

위의 그림 4.12은 파동 임피던스 Z_1, Z_2의 선로가 변이점 P에서 연결되고 Z_1쪽으로부터 진행파가 들어왔을 때 이 진행파가 변이점에서 어떻게 반사되고, 어떻게 투과해 나가는가를 보인 것이다. 진행파의 전압이나 전류에서도 교류의 경우와 마찬가지로 키르호프의 법칙이 적용되므로

$$i_i + i_r = i_t \tag{4.34}$$

$$e_i + e_r = e_t \tag{4.35}$$

여기서, $e_i = Z_1 i_i$, $e_r = -Z_1 i_r$, $e_t = Z_2 i_t$

이다. 위의 식으로부터 반사파(e_r, i_r)와 투과파 (e_t, i_t)을 계산하면 다음과 같다.

$$e_r = \frac{Z_2 - Z_1}{Z_2 + Z_1} e_i \qquad i_r = -\frac{Z_2 - Z_1}{Z_2 + Z_1} i_i$$

$$e_t = \frac{2Z_2}{Z_2 + Z_1} e_i \qquad i_t = \frac{2Z_1}{Z_2 + Z_1} i_i \tag{4.36}$$

즉, 반사파와 투과파는 같은 파형이고 이들의 값은 식 (4.36)로부터 계산할 수 있다. 앞 식에서 β, γ를 각각 반사계수, 투과 계수라고 쓸 수 있다.

$$\beta = \frac{Z_2 - Z_1}{Z_2 + Z_1} \tag{4.37}$$

$$\gamma_e = \frac{2Z_2}{Z_2 + Z_1}, \qquad \gamma_i = \frac{2Z_1}{Z_2 + Z_1} \tag{4.38}$$

여기서 Z_2 〉 Z_1의 경우에는 변이점의 전위, 따라서 투과하는 전위파의 값은 진입파보다 높아지고, 반대로 Z_2 〈 Z_1의 경우에는 투과하는 전위파는 진입파보다 낮아진다.

가공송전선과 지중케이블이 연결된 점에서는 파동 임피던스가 다르므로 가공선 쪽으로부터 진행파가 지중 케이블에 침입할 경우에는 반사계 수 0.8정도, 투과계수는 0.2정도 되어 진입파의 파고 값이 급격하게 감소한다.

식 (4.36)의 투과파는 다음과 같은 식으로 나타내는 경우가 많다.

$$i_t = \frac{2e_i}{Z_1 + Z_2} \tag{4.39}$$

$$e_t = Z_2 \, i_t = \frac{2Z_2}{Z_2 + Z_1} e_i \tag{4.40}$$

즉, 이것은 제2선로에 투과하는 전류는 진입해 온 진입파를 2배해서 제1과 제2의 선로의 파동임피던스의 합계로 나누어주면 된다는 것이다.

다음은 변이점의 특이한 케이스로서 선로의 종단에서의 반사에 대해서 살펴본다.

이것은 앞서 그림에서 종단이 다음과 같이 됨을 의미한다.

$Z_2 = \infty$: 선로의 종단 개방

$Z_2 = 0$: 선로의 종단 접지

① $Z_2 = \infty$: 선로의 종단 개방인 경우

이 경우는 식(4.36)가 다음과 같이 됨을 의미한다.

e_r의 파고 = e_i의 파고

e_t의 파고 = 2 X(e_i의 파고)

이로부터 전위의 반사는 정반사로서 반사파의 파고는 진입파의 파고와 같고 양파의 대수의 합으로서 계산될 종단의 전위($e_i + e_r = e_t$)는 진입파의 2배로 된다는 것을 알 수 있다. 곧 종단에의 진입파와 반사파의 대수합인 값으로 되어 어떤 순간에는 이들 양자의 파고가 겹치게 되므로 그 전위는 일시 진입파의 파고 값의 2배에 달하게 되는 것이다. 전류에서는

i_r의 파고 = −(i_i의 파고)

i_t의 파고 = 0

로 되어 전류의 반사는 부반사로서 반사파의 파고는 진입파의 그것과 같고 양 파의 대수합으로서 계산될 종단의 전류 i_t (= i_i + i_r) 는 항상 0으로 된다.

따라서, 전류의 반사는 진입파와 같은 크기의 부파가 종단으로부터 되돌아가게 된다. 이 결과 선로의 전류는 0으로 된다.

② Z_2 = 0 : 선로의 종단 접지인 경우

이와 같은 경우는 식(4.36)로부터

e_r의 파고 = −(e_i의 파고)

e_t의 파고 = 0

로 되어 결국 전위의 반사는 부(−)반사로서 진입파, 반사파의 파고의 절대 값은 같고 양파의 대수합으로서 계산될 종단 전압 e_t는 항상 0으로 된다. 전류는

i_r의 파고 = i_i의 파고

i_t의 파고 = 2 X i_i의 파고

로 되어서 전류의 반사는 정반사로 되고 그 파고는 전입파의 파고와 같고, 양 파의 대수합으로서 계산될 종단 전류는 항상 진입파의 2배로 된다는 것을 알 수 있다.

따라서, 어떤 순간에서는 그 값은 진입파 파고 값의 2배가 된다. 이상과 같은 반사파 파고가 진입파의 파고와 같게 되는 반사를 전반사라고 한다.

◈ 문제 4-15 : 반사파와 투과파를 나타내는 식(4.36)을 유도해 보아라.

◈ 문제 4-16 : 파동 임피던스 Z_1= 500[Ω]인 선로의 종단에 파동 임피던스 Z_2 = 1,200[Ω]인 변압기가 접속되어 있는 경우에 선로로부터 파고 e_i=800[kV]의 전압이 진입하였다. 접속점에서의 전압, 전류의 반사파, 투과파를 구하여라.

◈ Solution : 위의 식 (4.36)을 사용하여 전압 반사파와 전압 투과파의 파고를 계산할 수 있다.

$$e_r = \frac{Z_2 - Z_1}{Z_2 + Z_1} e_i = \frac{1,200 - 500}{500 + 1,200} \text{ X } 800 = 329.4[\text{kV}]$$

$$e_t = \frac{2Z_2}{Z_2 + Z_1} e_i = \frac{2X1,200}{500 + 1,200} \text{ X } 800 = 1,129.4[\text{kV}]$$

진입하는 전류파의 파고는 다음과 같다.

$$i_i = \frac{e_i}{Z_1} = \frac{800}{500} = 1.6[\text{kV}]$$

따라서 전류 반사파와 전류 투과파 파고를 구할 수 있다.

$$i_r = -\frac{Z_2 - Z_1}{Z_2 + Z_1} i_i = -\frac{1,200 - 500}{500 + 1,200} \text{ X } 1.6 = -0.67[\text{kA}]$$

$$i_t = \frac{2Z_1}{Z_2 + Z_1} i_i = \frac{2X500}{500 + 1,200} \text{ X } 1.6 = 0.94[\text{kA}]$$

◈ 문제 4-17 : 아래 그림 4.13에서처럼 변압기의 중성점이 변압기와 같은 크기(값)의 파동 임피던스를 가진 리액터로 접지되고 있는 경우에 변압기의 1권선에 전압의 진입파가 침입해 온 경우 중성점의 전위는 어떻게 되는가?

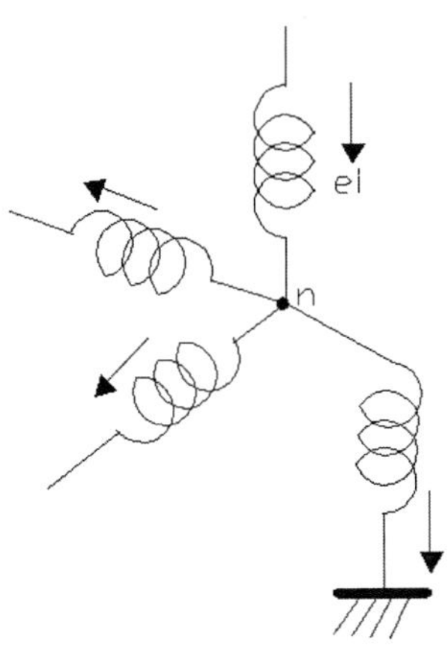

그림 4.13

◈ Solution : 변압기의 중성점이 변압기와 같은 크기의 파동 임피던스 Z라고 하면 식 (4.36)으로부터 전류의 투과파 i_t는 다음과 같다.

$$i_t = \frac{2e_i}{Z_1 + Z_2} = \frac{2e_i}{\frac{1}{3}Z + Z} \quad (\text{여기서 } Z_1 = Z,\ Z_2 = \frac{1}{3}Z \text{ 이다.})$$

$$e_t = Z_2\, i_t = \frac{1}{3}Z \times \frac{2e_i}{\frac{1}{3}Z + Z} = 0.5\ e_i$$

즉, 투과파 전압은 진입한 전압의 1/2이 중성점에 나타난다.

◈ 문제 4-18 : 파동 임피던스 Z_1 = 600[Ω]인 선로종단에 파동 임피던스 Z_2 = 1300[Ω]의 변압기가 접속되어 있다. 지금 선로에서 파고 e_1 = 900[kV]의 전압이 입사되었다면 접속점에서의 전압 반사파와 투과파는 각각 몇 [kV]인가?

◈ Solution

반사파 전압 $e_r = \frac{Z_2 - Z_1}{Z_2 + Z_1} e_1 = 330[\text{kV}]$

투과파 전압 $e_t = \frac{2Z_2}{Z_1 + Z_2} e_1 = 1231.6[\text{kV}]$

4-2-4 이상전압 방지 대책에 대해 공부한다.

송전 계통에서 일어나는 이상전압의 방지대책은 다음과 같이 크게 3가지로 구분할 수 있다.

1. 기기 보호용으로 피뢰기를 설치함
2. 가공지선을 가공송전 선로에서 피뢰용으로 뇌차폐를 함
3. 철탑의 접지 저항을 낮추어서 역섬락을 방지함

1) 피뢰기(Lighting Arrester)에 의한 기기 보호

일반적으로 상당히 큰 이상전압이 발전소나 변전소에 내습하는 경우에 발전소, 변전소의 전기기기의 절연 강도만으로는 이상전압을 견디어내기 힘들다. 따라서 이상전압의 파고 값을 저감시키고 기기를 보호하기 위해서 피뢰기를 설치한다. 아래의 그림은 피뢰기가 직렬 갭과 특성요소로 구성 되어 있음을 보여준다. 기기의 보호와 송전 계통의 안정을 도모한다.

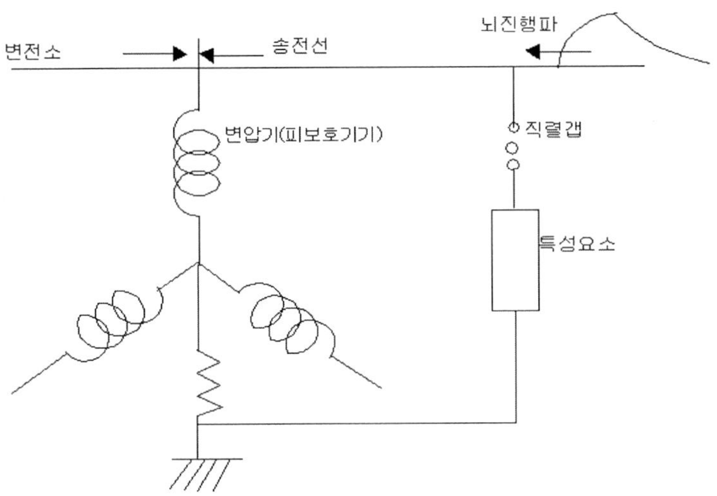

그림 4.14 피뢰기

피뢰기의 기능은 이상전압이 내습해서 피뢰기의 단자전압이 일정 값 이상으로 올라가면 직렬 갭에서 방전해서 전압 상승을 억제하고, 이상전압이 사라져서 단자전압이 일정 값 이하가 되면 즉시 방전을 중지해서 원래의 송전으로 되돌아가는 역할을 한다. 직렬 갭이 통상의 전압 (상용 주파수의 상규전압)을 유지하면서 이상전압이 오면 방전을 개시해서 특성요소를 통하여 서지 전류를 대지에 흘려서 전압 상승을 방지하는 역할을 한다. 피뢰기에서는 다음과 같은 용어를 사용한다.

- 충격 방지 개시 전압 : 피뢰기의 단자 간에 충격전압을 인가 시에 방전을 개시하는 전압
- 상용 주파 방전 개시 전압 : 상용주파수의 방전 개시 전압(실효값)을 말하는데, 피뢰기 정격전압의 1.5배 이상이 되도록 잡는다.

$$\text{충격비} = \frac{\text{충격 방전 개시 전압}}{\text{상용 주파 방전 개시 전압의 파고값}} \tag{4.41}$$

- 피뢰기 방전전류 : 직렬 갭의 방전에 따라 피뢰기를 통해서 대지로 흐르는 충격 전류
- 피뢰기 방전내량 : 직렬 갭의 방전에 따라 피뢰기를 통해서 대지로 흐르는 충격 전류의 최대 허용한도를 나타내는 파고 값이다.
- 제한전압 : 피뢰기의 직렬 갭의 방전이 저하되어서 단자 간에 남게 되는 충격전압

아래의 그림 4.15에서 피뢰기가 파동 임피던스 Z_1의 선로와 파동 임피던스 Z_2인 피보호 기기와의 접속점 P에 설치된 경우를 생각해 보자.

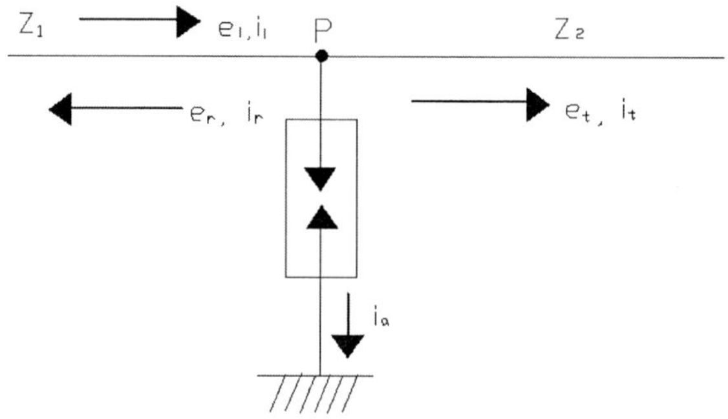

그림 4.15

e_i, i_i 는 전압, 전류의 진입파, e_r, i_r은 반사파, e_t, i_t는 투과파를 나타내고, i_a는 피뢰기의 방전전류를 나타내면 다음과 같은 식이 성립된다.

$$e_i + e_r = e_t \tag{4.42}$$
$$i_i + i_r = i_t$$

$$i_i = \frac{e_i}{Z_1}, \quad i_r = -\frac{e_r}{Z_1}, \quad i_t = \frac{e_t}{Z_2} \tag{4.43}$$

여기서 e_t는 피뢰기의 제한 전압인 e_a와 같다.

$$e_a = e_t = \frac{2Z_2}{Z_1 + Z_2}\left(e_i - \frac{Z_1}{2} i_a\right) = e - \frac{1}{2} r_e Z_1 i_a \tag{4.44}$$

여기서, $r_e = \dfrac{2Z_2}{Z_1 + Z_2}$(전압파의 투과계수) (4.45)

$$e = \frac{2Z_2}{Z_1 + Z_2} e_i = r_e \; e_i$$ (e는 피뢰기가 없을 경우의 점 P의 원전압) (4.46)

변압기의 절연강도는 피뢰기의 방전시에 피뢰기 자체의 전압이 올라 감으로 접지 저항과 제한전압을 고려해 주어서 나타낸다. 피뢰기의 접지는 단독 또는 연접지로 10 [Ω]이하인 1종 접지를 한다.

변압기의 절연 강도 〉 피뢰기의 제한전압 + 접지 저항 전압 강하 (4.47)

아래의 그림 4.16에서 방전 전류에 이어서 전원으로부터 공급되는 상용 주파수 전류를 속류라고 한다. 속류는 피뢰기의 특성요소에 의해서 어느 일정 값 이하로 억제되어야 하기 때문에 직렬 갭으로 차단된다.

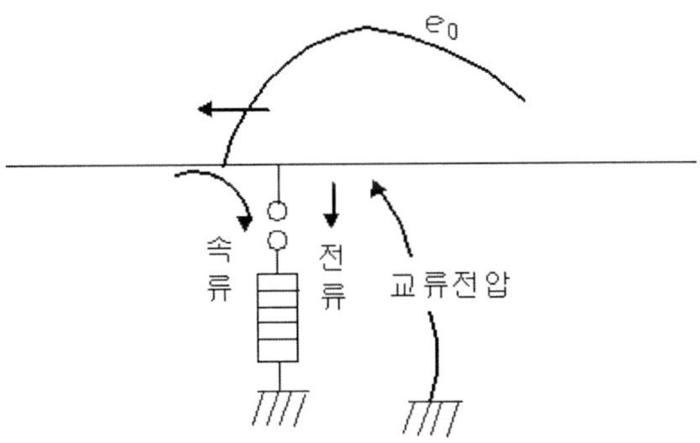

그림 4.16 피뢰기의 정격전압

피뢰기의 정격전압은 통상 실효값으로 나타내는데, 속류를 끊을 수 있는 최고의 교류전압을 나타낸다. 만약, 피뢰기 단자에 인가되는 상용 주파수의 전압이 높으면 속류가 너무 커서 차단 불능이 된다. 피뢰기의 정격전압 이상의 고전압이 피뢰기의 단자에 걸렸을 경우 피뢰기는 속류를 끊을 수 없어 퓨즈처럼 타 버린다. 따라서 정격전압이 몇 볼트의 피뢰기를 사용할 것인가 하는 것은 그 선로에 나타나는 이상 전압의 크기를 조사해서 언제나 그 값을 상회하는 정격전압의 피뢰기를 설치해야 한다. 이때의 정격전압은 실효값으로 표시 되는 교류전압이지 충격파의 전압이 아니므로 송전선의 전압이 같더라고 중성점 접지 방식에 따라서 이상전압이 달라지므로 여기에 설치할 피뢰기의 정격전압도 달라져야 한다.

피뢰기의 구비 조건은 다음과 같다.

① 충격 방전 개시 전압이 낮을 것
② 상용주파 개시 전압이 낮을 것
③ 방전 내량이 크면서 제한 전압이 낮을 것
④ 속류 차단 능력이 충분할 것

피뢰기가 보호하는 주요 피보호 기기인 변압기 단자에서 되도록 가까이 설치해야 하는데 대략 50[m] 이내로 하는 것이 좋다. 10[Ω]이하의 제 1종 접지 공사를 한다.

2) 피뢰기의 설치 장소

피뢰기 설치장소는 가능한 피보호 기기에 근접해서 설치하는 것이 바람직한데, 이것은 변전호에 침입한 뇌서지는 피뢰기의 제한 전압까지 제한되었음에도 불구하고, 이것이 변압기 단자에 도달 하였을 때 여기서 정반사 하고 다시 피뢰기에 되돌아와서는 부반사해서 다시금 변압기를 향하게 된다. 이같이 뇌서지 전압은 피뢰기와 변압기간의 사이에서 왕복 진동을 되풀이하기 때문에 변압기 단자에 걸린 전압 파고 값 e_t는 증대하게 된다.

$$e_t = e_a + \frac{2Sl}{v} = e_a + 2\,S\,t\ [\text{kV}] \qquad (4.48)$$

◦ e_a : 피뢰기의 제한전압
◦ S : 파두 준도 [kV/μs]
◦ l : 피뢰기와 피보호기기와의 거리 [m]
◦ v : 진행파의 전파 속도 [m/μs]
◦ $t = \frac{l}{v}$: 진행파의 전파 시간 [μs]

약에, 154[kV] 계통에서 피뢰기의 제한 전압 e_a = 597[kV], 변압기에 내습하는 진행파의 준도 S = 250[kV/μs], 진행파의 전파 속도 v = 150[m/μs]라 할 때 피뢰기의 설치 개소를 변압기의 전방 30[m]로 하였을 경우에는 다음으로 된다.

$$e_t = e_a + \frac{2Sl}{v} = 597 + \frac{2X30X250}{150} = 697\ [kV] \qquad (4.49)$$

피뢰기의 설치개소를 변압기 전방 50[m]에 설치하면 다음으로 된다.

$$e_t = e_a + \frac{2Sl}{v} = 597 + \frac{2X50X250}{150} = 764[kV]$$

론적으로 피뢰기의 설치장소는 가능한 한 피보호 기기에 근접해서 설치하는 것이 유효하다는 것을 알 수 있다.

◈ 문제 4-19 : 피 뢰기의 구조는 다음 중 어느 것인가?

① 특성 요소와 소호 리액터 ② 특성 요소와 콘덴서
③ 소호 리액터와 콘덴서 ④ 특성 요소와 직렬 갭

◈ 문제 4-20 : 송배전 계통에 사용되는 피뢰기의 정격전압은 선로의 공칭전압의 보통 몇 배로 선정하는가?

① 직접 접지계 : 0.8~1.0배, 저항 또는 소호 리액터 접지 : 0.7~0.9배
② 직접 접지계 : 1.0~1.3배, 저항 또는 소호 리액터 접지 : 1.4~1.5배
③ 직접 접지계 : 0.8~1.0배, 저항 또는 소호 리액터 접지 : 1.4~1.6배
④ 직접 접지계 : 1.0~1.2배, 저항 또는 소호 리액터 접지 : 0.7~0.9배

◈ 문제 4-21 : 피뢰기의 공칭 전압으로 삼고 있는 것은?

① 제한 전압 ② 상규 대지 전압
③ 상용 주파 허용 단자 전압 ④ 충격 방지 개시 전압

◈ 문제 4-22 : 피뢰기의 정격전압에 대해서 자세히 설명하라.

◈ Solution : 피뢰기는 상용 주파수의 전압에는 동작하지 않아야 한다. 상용 주파 이상전압의 크기는 유효 접지계에서, 1선 지락 시에는 1.2~1.4배 정도인 바, 정확하게는 계통의 접지계수(접지계수 $= \frac{\text{고장 중 건전상의 최대 대지 전압}}{\text{최대 선간 전압}}$)에 따라 결정된다. 이때의 전압 상승값보다도 15[%] 정도 더 높은 전압에서도 방전이 있어서는 안 된다.

약, 345[kV] 계통의 상용 주파 이상 전압 배수를 1.2, 154[kV]계통에서는 1.3이라 하면

$$345[kV] \text{ 계통의 피뢰기 정격전압} = \frac{362}{\sqrt{3}} \times 1.2 \times 1.15 = 288[kV]$$

$$154[kV] \text{ 계통의 피뢰기 정격전압} = \frac{169}{\sqrt{3}} \times 1.3 \times 1.15 = 144[kV]$$

IEC에서는 피뢰기의 정격 전압이 6으로 나누어지는 값으로 하도록 권하고 있다.
66[kV] 비유효 접지계에서는 다음과 같다.

$$66[kV] \text{ 계통의 피뢰기 정격전압} = \frac{72}{\sqrt{3}} \times 1.73 \times 1.15 = 84[kV]$$

만일, 선로의 전압을 기준으로 표시하면, 각각 80[%] 피뢰기, 85[%]피뢰기 및 115[%]피뢰기 라고 부른다.

3) 가공지선에 의한 뇌차폐

가공지선은 뇌에 대한 차폐 및 진행파의 감쇠를 한다. 송전선에서 직격뢰에 대한 차폐용으로 송전선의 상부에 이것과 평행으로 전선을 따로 가설 하여 철탑에 접지 시켜 가공 지선을 사용한다. 가공지선의 재료는 OPGW(composit fiber-Optic Ground Wire : 광섬유 복합 가공 지선)을 현재 많이 사용하고 있다.

① 유도뢰에 대한 차폐

전선에 근접해서 전위가 영인 가공 지선이 있기 때문에 뇌운으로부터 정전유도로 전선 상에 유기 되는 전하의 양이 줄어든다. 가공지선이 있을 경우 전선 상에 유기되는 전하를 단위 길이 당 x_1, 이것과 비례하여 가공지선이 없는 경우를 x_2라 하면 아래와 같은 가공지선의 보호율 m을 볼 수 있다.

$$m = \frac{X_1}{X_2} \tag{4.50}$$

보호율 m의 값이 3상 1회선 가공지선 1가닥의 경우 0.5, 동 2가닥의 경우

0.3~0.4, 3상 2회선 가공지선 1가닥의 경우 0.45~0.6, 동 2가닥의 경우 0.35~0.5 정도이다.

가공지선을 설치함으로 전선상의 구속전하를 50[%] 정도 이하로 할 수 있다.

② 직격뢰에 대한 차폐

가공지선의 보호각(혹은 차폐각)은 될 수 있는 대로 작게 하는 것이 바람직하지만 이것을 작게 하면 차폐효과가 좋아진다. 이것을 작게 하기 위해서는 가공지선을 높이 가선해야 하기 때문에 철탑의 높이가 높아진다. 실제로 선로에서 2회선 가공에 대해서 지선 1가닥의 경우는 보호각을 35~40° 정도로 잡고 있다. 가공지선을 2가닥으로 하면 한층 보호각이 작아지고 차폐효과가 좋아진다. 그래서 발전소, 변전소의 고압측 구내와 1~2[km] 정도 근접된 선로 부분에서는 가공지선을 2개로 하는 경우가 많다.

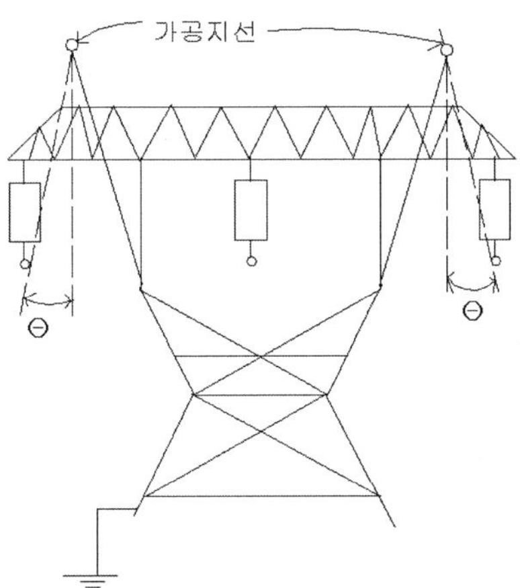

그림 4.17 가공 지선과 차폐각 Θ

3) 섬락 및 역섬락

전하를 띤 뇌운과 송전선로 사이에 뇌방전이 일어나는 경우 송전선이 직격뢰에 직격되는 경우에 이때 선로에 생긴 이상전압을 직격 뇌서지 전압 이라고 한다. 이 뇌서지 전압이 진행파로 송전서로 상을 진행하면서 철탑에 이르면 애자의 절연을 파괴해서 불꽃 방전을 일으키게 된다. 이때 애자의 섬락(flashover)이 일어난다. 섬락이 발생하면 선로 전류는 애자를 단락해서 아크 방전으로 진행하여 아크전류가 철탑에서 철탑 접지 저항을 거쳐서 대지로 흐르게 된다. 이것을 1선 지락 이라고 한다. 일반적으로 송전선에서 진행파가 방전을 일으키며 애자를 통해서 철탑으로 방전을 일으키면 섬락이라고 하는데, 반대로 직격뢰가 철탑 접지 저항의 값이 너무 커서 철탑 측에서 송전선로 쪽으로 애자를 통해서 섬락을 일으키면 역섬락이라고 한다.

철탑의 꼭대기에 혹은 가공지선에 직격뢰가 치는 경우에 뇌전류는 철탑을 통해서 직접 접지 저항을 통해 대지로 빠져 나가는 것과 일부 진행파로 송전선을 통해 흐르게 된다. 직격점에서 본 임피던스 값에 이러한 전류는 반비례하게 된다. 뇌전류가 철탑으로부터 대지로 흐를 경우 철탑 전위의 파고 값 E는 다음과 같다.

$$E = RI(1 - C)a \tag{4.51}$$

◦ I : 철탑 뇌격 전류의 파고 값 [A]
◦ R : 철탑 탑각 접지 저항 [Ω]
◦ C : 가공지선과 전선간의 정전유도의 정도를 나타내는 결합 계수 (보통 0.2~0.4)
◦ a : 인접 철탑으로 부터의 반사파에 의한 파고 저감률

만약, 뇌격 시에 IR의 전압 강하 때문에 철탑 전위가 올라가게 되고, 전압 E의 값이 전선의 절연강도 전압(절연파괴 전압) 이상으로 높은 경우에는 철탑으로부터 송전선로의 역섬락이 일어나게 된다.

이 같은 철탑 역섬락을 방지하기 위해서 될 수 있는 대로 철탑 접지저항 R을 작게 해 주어야 하는데 접지 저항은 15[Ω]이하로 되어 있고, 산악 암반 지역은 10[Ω]이하, 매설지선이 방사형인 경우는 10[Ω] 이하이다. 매설지선은 아연 도금의 절연선을 지면 밑 30[cm]에 1가닥 30~50[m] 길이의 것을 방사상으로 몇 가닥 매설한 것이다.

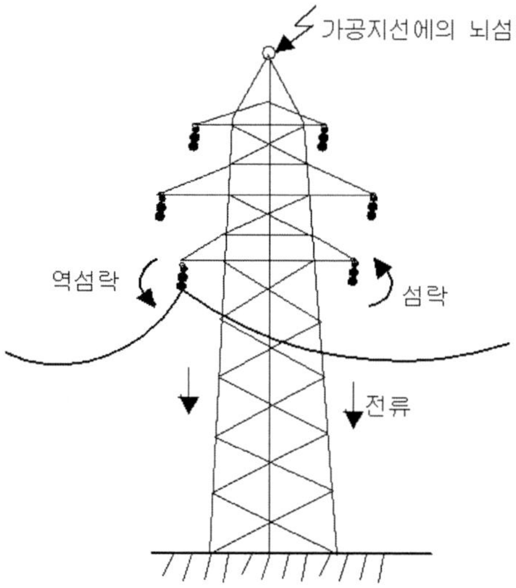

그림 4.18 송전 철탑에서의 섬락, 역섬락

◈ 문제 4-23 : 송전 선로의 매설지선을 설치하는 목적은?

① 직격뢰로부터 송전선을 차폐, 보호하기 위하여

② 철탑의 기초 강도를 보강하기 위하여

③ 현수 애자 1연의 전압분담을 균일화하기 위하여

④ 철탑으로 부터 송전선로에의 역섬락을 방지하기 위하여

◈ Solution : 매설지선은 뇌해 방지 및 역섬락 방지를 위함이다.

◈ 문제 4-24 : 철탑의 탑각 접지 저항이 커지면 우려되는 것은 어느 것인가?

① 뇌의 직격　　② 역섬락

③ 가공지선의 차폐각의 증가　　④ 코로나 증가

◈ Solution : 철탑의 탑각 접지 저항이 커지면 철탑의 전위가 높아져서 역섬락이 일어날 수 있다.

총괄평가

학습자 자기점검표

◆ 작성법

학생 스스로가 자신의 성취도를 성취 달성 정도에 따라 해당란에 'V' 표를 하시오.

이것은 학생이 모듈을 배우면서 부족한 점과 보충해야할 사항을 점검하기 위한 자기 평가입니다. 정직하고, 솔직하게 체크 하십시오.

성취 능력	매우 미흡	미흡	보통	우수	매우 우수
1. 송전계통에서 발생하는 내부이상전압 종류를 들고, 내용을 간단히 설명하라.	①	②	③	④	⑤
2. 송전계통에서 발생하는 외부이상전압 종류를 들고, 내용을 간단히 설명하라.	①	②	③	④	⑤
3. 전력계통에 개폐서지 발생원인과 그 대책에 대해 설명하라.	①	②	③	④	⑤
4. 충격파형 혹은 서지(surge)에서 파고, 파두, 파미는 무엇을 나타내는지 그림을 그려서 설명하라.	①	②	③	④	⑤
5. 진행파의 변이점, 반사와 투과를 설명하라.	①	②	③	④	⑤
6.진행파의 반사계수와 투과계수를 설명하라.	①	②	③	④	⑤
7. 피뢰기의 기능과 설치 목적을 설명하라.	①	②	③	④	⑤
8. 피뢰기의 종류와 구성요소를 설명하라	①	②	③	④	⑤
9. 전력계통에서 절연협조란 무엇인가?	①	②	③	④	⑤
10. 가공지선에 의한 뇌차폐 현상을 설명하라.	①	②	③	④	⑤

◆ 성취수준에 따른 자기평가 수준

모든 항목에서 '매우 우수' 혹은 '우수' 라고 평가한 학생을 제외하고는 부족한 내용에 대하여 다시 찾아가서 개별적으로 보충 학습을 하고 실험을 하십시오. 그래도 모르는 경우는 E-mail을 이용하거나, 개별적인 질문을 하시기 바랍니다.

인터넷 자료

http://www.kiee.or.kr 대한 전기학회
http://www.electricity.or.kr 대한 전기협회
http://www.keca.or.kr 한국전기공사협회
http://www.keea.or.kr 한국전력기술인협회
http://www.kieeme.or.kr (사)한국전기전자재료학회
http://cafe.naver.com/power 119 전기박사
http://cafe.naver.com/renewableenergy.cafe 신재생에너지
http://www.kepco.co.kr 한국전력
http://www.komipo.co.kr 한국중부발전
http://www.westernpower.co.kr 한국서부발전
http://www.khnp.co.kr 한국수력원자력
http://www.kosep.co.kr 한국남동발전
http://www.kemco.or.kr 에너지관리공단
http://www.keri.re.kr 한국전기연구원

관련서적 및 잡지

1. 송길영, "최신송배전공학", 동일출판사, 2005년
2. 심상홍 外, "송배전공학", 진영사, 1999년
3. 송길영, "최신 발전공학", 동일출판사, 2005년
4. 배상기, "전력공학", 진영사, 2005년
5. 박규홍, "전력발생공학", 동일출판사, 2003년
6. H.Sadat, "Power System Analysis", McGraw Hill, 2004년
7. Elgerd, "Basic Electric Power Engineering", Addison Wesley, 1976년
8. 일본 전기기술자 협회편, "자가용 전기기술자 핸드북", 대한전기협회,2000년
9. 대한전기학회편, "최신배전시스템공학", (주)북스힐, 2006년
10. 송길영, "전력계통공학", 동일출판사, 2000년
11. B.M.Weedy & B.J.Cory, "Electric Power Systems", Wiley,1998년

12. 검정연구회 편, “전기설비설계”, 동일출판사, 1996년
13. 정용기, “신전기설비 기술계산 핸드북”, (주)의제전기설비연구원, 2003년
14. 박건수 外 5인, “전력전송공학”, 청문각, 1997년
15. 박동화 외 2인, “수변전설비의 계획과 설계”, 도서출판 의제, 1997년
16. 김수용 외 4인, “디지털 송배전공학”, 문운당, 2007년
17. 검정연구회, 전기기사시리즈4 “전력공학”, 동일출판사, 2008년
18. Alston, "High Voltage Technology", Oxford University Press, 1968년
19. 일본전기학회, “피뢰설비 가이드북”, 도서출판 의제, 1992년
20. 김희진, 신재화 공역, “차단기와 단로기의 보수유지 입문”, 성안당, 1997년

Module 4-3 : 보호계전방식과 보호계전기

개요

전력의 수요 증가에 의해서 전력 생산, 공급을 위한 전력 계통이 증대와 더불어 전력 계통의 보호를 위하여 계전기 사용의 정정과 유지보수가 필요하게 되었다.

이 모듈에서는 전력 계통에서 사고 발생 시에 각종 전력기기의 손상을 최소화하고, 사고 범위를 줄이기 위한 사고 발생 구간을 고속도를 차단하여 정상 구간에 사고 파급을 방지하며, 계통의 안정도를 향상시킬 수 있는 계전기를 공부한다.

학습목표

1. 보호 계전의 목적과 기능을 공부한다.
2. 보호 계전 방식의 구성을 설명한다.
3. 보호 계전기를 분류하고, 설명한다.
4. 보호 계전 방식을 적용한다.

주요어

보호계전기, 보호계전방식, 계통의 보호, 주보호 계전방식, 후비보호 계전방식, 계기용 변압기, 순한시 반한시 계전기 , 단락 보호용 계전기, 지락 보호용 계전기

4-3-1 계통보호의 목적에 대하여 설명한다.

◦ 전력계통의 어느 지점에서 사고 발생시 : 신속하게 고장 구간을 계통에서 분리 한다.

◦ 이유 : 전력 계통은 수많은 발전기와 변전소, 그리고 송배전설비가 서로 복잡하게 연결되어 있어서 사고 발생시 신속하게 고장 구간을 계통에서 분리하지 않으면, 사고 발생시 생긴 과도한 전류가 흐르면서, 이상전압이 발생하거나, 위상 변동으로 하여 전력 설비가 파손되면, 인접 구간으로 사고의 범위가 넓어진다.

1) 보호계전 방식이란 무엇인가?

전력계통, 즉 발전기, 변압기, 송전선, 배전선 그리고 이에 따르는 모든 전력설비를 총괄하여 이 설비 상태를 항시 감시하고, 고장 발견 시 고장을 신속하게 전력계통에서 분리하여 고장을 자동적으로 제거하도록 하고, 고장의 종류, 고장 시 전류와 전압, 고장점의 위치를 정확하게 검출하여 인근계통을 보호하기 위해 설치하는 보호계전기들을 어떻게 조합 운용하는가 하는 것이 보호계전방식이다.

2) 보호계전기의 역할은 구체적으로 무엇인가?

① 보안의 유지(사고제거) - 지락사고, 단락사고시의 이상 과전류 발생으로 전력 설비의 손상이나 인명 등의 상해 방지를 위해 신속한 사고구역을 전력 계통에서 제거하는 것이다.

② 신뢰도유지(사고 확대 방지) - 사고의 영향을 최소화 시켜서, 정전시간과 정전 구역이 적어지도록 한다. 즉, 정전범위를 국한시키고, 계통 사고가 제거된 후 계통상태를 정상상태로 자동으로 돌아가도록, 자동 재폐로, 자동 동기 투입 등의 역할을 하는 것이다.

4-3-2 보호 계전 방식의 구성에는 어떠한 것들이 있는가?

주보호 계전방식과 후비보호 계전방식이 있다.

◦ 주보호 계전 방식 - 신속하게 고장 구간을 최소 범위로 한정하여 계통에서 제거하는 방식이다. 그림4.19에서 처럼 차단기를 개방함으로서(차단기로 쌓인 범위가 최소범위임) 사고 제거를 최소범위에서 정전이 되도록 명령을 내려주는 방식이다.

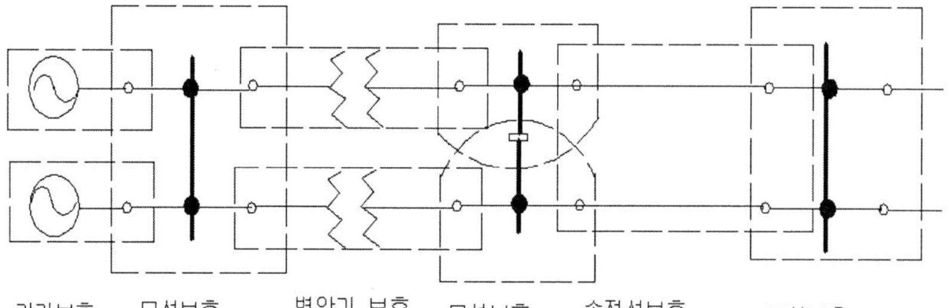

그림 4.19 : 보호 계전 방식에서의 보호 범위

◦ 후비보호 계전방식 – 주보호가 실패 하거나 또는 주보호가 보호할 수 없는 경우에 일정 시간을 두고 동작하는 백업(back up) 방식이다.

주보호 계전방식이 문제가 있는 경우(주보호 계전기가 정지해 있는 구간, 주보호 계전기가 결함으로 인한 정상동작을 할 수 없는 구간, 차단기 사고가 있는 구간) 주보호 계전을 백업함과 동시에 사고 파급 확대를 위한 주보호 계전기와 병설로 설치함.

그림 4.20에서 차단기 a가 개방 되었으나, 차단기 b가 동작하지 않는 상태인 경우(사고 구간에서는 양끝단의 차단기 a,b가 둘 다 개방되어야 한다) 사고 구간이 제거가 되지 않아서 계통에 큰 피해가 우려된다. b차단기와 인접한 c와 e를 개방하는 방식이 후비보호 계전방식이다.

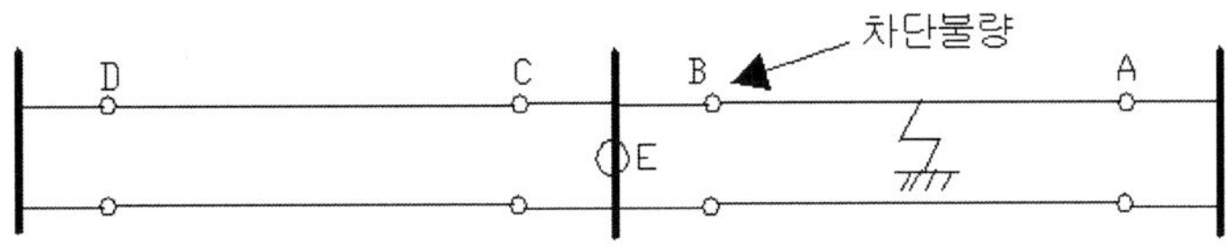

그림 4.20

보호 계전방식의 구비 조건을 생각해 보자.

1. 고장 회선 내지 고장 구간의 선택 차단을 신속 정확하게 할 것(고장 상태와 정도를 식별하고, 정확히 고장개소를 선택할 것)
   전력계통에서 가장 많은 사고인 1선지락 등의 철탑과 전선상의 아크 발생시 – 고장회선을 차단하고 아크가 꺼질 무렵(20사이클)에 고장 구간의 범위를 최소로 한정하기 위해서 재폐로(reclosing)을 실시함.
2. 과도 안정도를 유지하는 데 필요한 한도 내의 동작 시한을 가질 것
3. 적절한 후비 보호 능력이 있을 것
4. 계통 구성의 변화에 따른 고장 전류의 변동에 대해서도 동작 시간의 조정 등으로 소정의 계전기 동작이 수행 되어야 함(동작이 예민하고, 오동작이 없어야함)
5. 보호계전 방식 전체가 경제적이어야 함.

4-3-3 보호 계전기의 분류

보호계전기의 종류는 아주 다양하게 여러 종류가 있다. 일반적으로 보호계전기 분류는 1) 동작 기구상의 분류, 2) 동작 시간에 의한 분류, 3) 동작 기능(용도)상의 분류 등이 있다.

1) 보호 계전기 동작 기구상의 분류

① 유도형 계전기
② 전류력계형 계전기
③ 가동철심형 계전기
④ 가동코일형 계전기
⑤ 전자형(정지형) 계전기

2) 보호 계전기 동작 시간에 의한 분류

동작 시간(한시 또는 시한(time limit)이라함) : 계전기에 정해진 최소 동작 값 이상의 전압 또는 전류가 인가되었을 때부터 계전기 접점을 닫을 때까지에 필요 시간을 말함.

◦ 최소동작전류 : 보호 계전기를 동작 시키는 최소전류를 말함

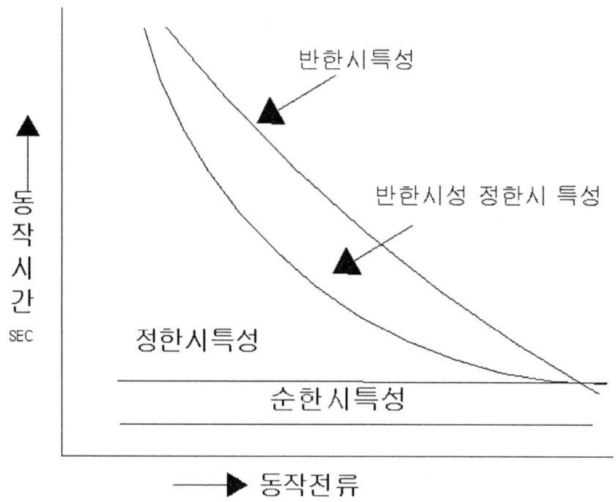

그림 4.21 : 계전기의 한시(시간) 특성

동작 시간에 의한 보호 계전기 분류는 다음 4가지로 요약된다.

① 순한시 계전기(고속도 계전기)

최소동작 전류를 세트하여 그 이상의 전류가 흐르면 즉시 동작하는 고속도 계전기로 대개 세트된 전류(최소동작 전류)이상이 흐르면 0.3초 이내에 동작하여 0.5~2 사이클 정도의 짧은 시간에서 동작하게 되는 계전기.

② 정한시 계전기

세트(정정)된 값 이상의 전류가 흘렀을 때 동작 전류와 관계없이 항상 정해진 시간 후에 동작하는 계전기를 말함.

③ 반한시 계전기

이상 전류의 값이 클수록 빨리 동작하고, 이상전류의 값이 작으면 느리게 동작하여 전류값에 반비례하는 계전기임.

④ 반한시성 정한시 계전기

정한시 계전기와 반한시 계전기의 특성을 조합한 가장 많이 사용되는 것으로 어느 전류값 까지는 반한시성을 나타내고 그 이상이 되면 정한시성을 나타내는 계전기임.

◈ 문제 4-25 : 계전기의 반한시 특성은?

① 동작전류가 커질 수록 동작시간은 길어진다.
② 동작전류가 작을 수록 동작시간은 짧아진다.
③ 동작전류에 관계없이 동작시간은 일정하다.
④ 동작전류가 커질수록 동작시간은 짧아진다.

◈ 문제 4-26 : 과부하 혹은 외부의 단락 사고시에 동작하는 계전기는 무엇인가?

① 차동 계전기 ② 과전압 계전기
③ 과전류 계전기 ④ 부족전압 계전기

◈ 문제 4-27 : 과전류 계전기(OCR)의 탭 값을 옳게 설명한 것은?

① 계전기의 최소 동작전류 ② 계전기의 최대 부하 전류
③ 계전기의 동작 시한 ④ 변류기의 권선비

◈ 문제 4-28 : 보호 계전기가 구비해야 할 조건들을 어떠한 것이 있는가 설명하라.

◈ Solution

① 고장 회선 내지 고장 구간의 선택차단을 신속 정확하게 할 수 있을 것
② 과도 안정도를 유지하는데 필요한 한도 내의 동작 시한을 가질 것
③ 적절한 후비 보호 능력이 있을 것
④ 보호 계전 방식 전체가 경제적일 것

3) 보호 계전기 기능상(용도상)의 분류

보호계전기를 용도 면에서 크게 2가지로 나눌 수 있다. 단락 보호용 계전기와 지락 보호용 계전기이다.

1. 단락 보호용 계전기
① 과전류 계전기(Over Current Relay ; OC 혹은 OCR)
② 과전압 계전기 (Over Voltage Relay ; OV 혹은 OVR)
③ 부족전압 계전기 (Under Voltage Relay ; UV 혹은 UVR)
④ 단락 방향 계전기 (Directional Short circuit realy ; DS)
⑤ 선택 단락 계전기 (Selective Short circuit realy ; SS)
⑥ 거리 계전기 (Distance Z realy ; Z 혹은 DZR)
⑦ 방향 거리 계전기 (Directive Distance relay ; DZ)

2. 지락 보호 계전기
① 과전류 지락 계전기 (Over Current Ground Relay ; OCG 혹은 OCGR)
② 방향 지락 계전기 (Directional Ground Relay ; DG 혹은 DGR)
③ 선택 지락 계전기 (Selective Ground Relay ; SG)

그 밖에 탈보보호 계전기(Step-Out protective relay ; SO), 주파수 계전기(Frequency relay ; F), 한시 계전기(Times Limit relay ; TL) 등 여러 종류가 있다.

3) 계전기의 세부 사항

각각의 계전기를 자세히 살펴보면 다음과 같다.

① 과전류 계전기(Over Current Relay ; OC 혹은 OCR)

전류의 대소에 의해서 회로의 이상을 판단하여 일정값 이상의 전류가 흐르면 계전기

가 동작을 한다. 송전전로에서 발전기, 변압기 뿐 만아니라 배전선로, 배전반 등에 사용된다.

과전류계전기는 주로 유도 원판형이 주로 사용된다. 아래 그림 4.22에서 처럼 주 코일과 2차코일이 있어서 각각 변압기의 1차권선, 2차권선에 상당하게 된다.

주 코일에 전류가 흐르면 자속 Φ_1이 발생하여 이 자속이 2차 코일에 쇄교하여 2차 코일에 전압 E를 유도한다. 이 전압에 의해서 극코일에 여자 Φ_1과 위상이 다른 Φ_2가 생겨서 그의 위상차에 의해서 알루미늄 회전원판에 회전토크가 발생한다. 주 코일에 흐르는 전류가 증가 하면 회전원판은 스프링에 감긴 힘을 넘어 회전을 시작하면 제어자석에 의하여 그의 회전속도를 가감하지만 회전을 계속하여 일정시간이 지나면 회전축에 붙어있는 가동접점이 고정접점에 접촉되어 신호가 전달된다.

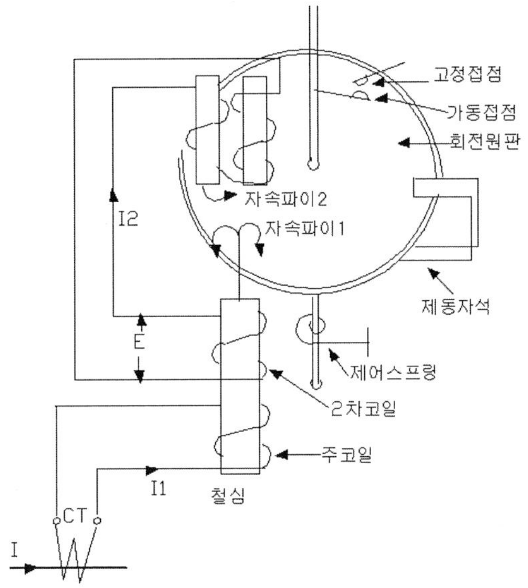

그림 4.22 : 유도 원판형 과전류 계전기의 원리

② 과전압 계전기 (Over Voltage Relay ; OV 혹은 OVR)

일정값 이상의 전압이 걸리면 동작하게 되어 있다. 송전선로의 사용 목적에 따라 구분하면 단락 보호용(OVR) 뿐만 아니라, 지락 보호용(OVG)으로도 사용한다. 일반적으로 발전기가 무부하로 되었을 경우 과전압 보호용으로 쓰이는 경우가 많다.

송전선로에서 과전압 계전기를 사용목적에 따라 다음과 같이 구분한다.

1. 송전선로 보호계전장치의 방향비교식 캐리어 제어용 접지 과전압계전기

2. 송전선로 보호의 트립용 또는 스토퍼용 지락 과전압 계전기
3. 기기 보호용 과전압 계전기
4. 기기 보호용 지락 과전압 계전기

③ 부족전압 계전기 (Under Voltage Relay ; UV 혹은 UVR)

전압이 일정 값 이하로 떨어졌을 경우, 계전기의 동작으로 차단기를 트립하여 전압이 회복할 때 기기에 전압이 걸리는 것을 피하기 위해 차단기를 투입하여 예비전원에 전환시키는 용도에 사용된다. 또한 전압 저하에 따른 과부하 상태에서 지나친 과전류가 흐르지 않게 동작하기 위한 전동기 보호에도 사용된다.

송전선로에서 부족전압 계전기를 사용목적에 따라 다음과 같이 구분한다.

1.송전선로 보호계전장치의 방향비교식 캐리어 제어용 부족전압계전기
2. 송전 선로용 재폐로 무전압 검출용 부족전압 계전기

④ 단락 방향 계전기 (Directional Short circuit realy ; DS)

역전력 계전기라고도 하는데, 어느 일정 방향으로 일정 값 이상의 단락 전류가 흘렀을 때 동작하는데 동시에 전력 조류가 반대로 된다.

⑤ 선택 단락 계전기 (Selective Short circuit realy ; SS)

병행 2회선 송전선로에서 한 쪽의 1회선에 단락 고장이 발생하였을 경우 2중 방향 동작의 계전기를 사용해서 고장 회로의 선택 차단을 할 수 있는 계전기이다. 선택 차단은 단락방향 계전기나 양회선의 전류차로 동작 하는 계전기를 사용한다.

⑥ 거리 계전기 (Distance Z realy ; Z 혹은 DZR)

계전기가 설치된 위치로부터 고장점까지의 전기적 거리에 비례한 시간에서 동작한다. 복잡한 계통의 단락 보호용으로 고장점으로부터 일정한 거리 이내일 경우에 순간적으로 동작할 수 있어서 고속도 거리 계전기라 한다.

⑦ 방향 거리 계전기 (Directive Distance relay ; DZ)

거리 계전기에 방향성을 가지게 한 것으로서 복잡한 계통에서 방향단락 계전기의 대용으로 쓰임.

⑧ 과전류 지락 계전기 (Over Current Ground Relay ; OCG 혹은 OCGR)

과전류 계전기와 원리는 비슷하지만, 동작 전류를 특별히 작게 한 것으로 지락 과전류 계전기라고도 한다. ZCT(영상변류기)를 통하거나, CT의 중성선을 이용하여 지락 전류를 검출하여 차단한다.

2차 CT비가 큰 경우 3차 권선회로에 과전류지락계전기(혹은 지락과전류계전기라고도 함)를 접촉하여 사용하며, 3상 권선회로에 전류 i_r, i_s, i_t의 벡터 합이 흐르는데, 이것은 영상분 전류 i_0의 3배이다. 즉, 지락 고장이 발생시에 대지에 흐르는 전류를 CT비로 나눈 값이 $3i_0$이다. 이 전류가 과전류지락 계전기에 들어온다. 입력전류 $3i_0$의 값이 크지 않기 때문에 (탭 차가 0.2~2[A]정도) 순시요소가 없다. 계전기의 특성은 반한시 특성을 갖는다.

⑨방향 지락 계전기 (Directional Ground Relay ; DG 혹은 DGR)

지락 방향 계전기라고도 하는데 과전류 지락 계전기에 방향성을 준 계전기로 고장 선로를 선택하는 능력이 있다. $-3V_0$을 기준으로 하여 전류 코일에 흐르는 전류의 위상을 평가하여 고장회선을 판정한다. 즉, $-3V_0$을 기준벡터로 하여 ZCT의 2차 전류 ig의 위상을 평가하므로 DG에서는 전압과 전류의 극성이 중요하므로 결선방법이 매우 중요하다.

⑩ 선택 지락 계전기 (Selective Ground Relay ; SG)

병행 2회선 송전 선로에서 한 쪽의 1회선에 지락 고장이 일어난 경우 검출하여 고장 회선만 선택하여 차단할 수 있다. 선택 단락 계전기의 동작전류를 특별히 작게 한 것이다.

◈ 문제 4-29 : 차동 계전기는 무엇에 의하여 동작하는가?

① 양쪽 전압의 차로 동작한다. ② 양쪽 전류의 차로 동작한다.
③ 전압과 전류의 배수의 차로 동작한다. ④ 정상전류와 역상전류의 차로 동작한다.

◈ 문제 4-30 : 여러 회선의 비접지 3상3선식 배전선로에 방향 지락 계전기를 사용하여 선택 지락 보호를 한다. 필요한 것은?

① CT와 OCR ② CT와 PT
③ 접지 계전기와 ZCT ④ 접지 변압기와 ZPT

◈ 문제 4-31 : 중성점 저항 접지 방식의 병행 2회선 송전선로의 지락사고 차단에 사용되는 계전기는?

① 선택 접지 계전기　② 과전류 계전기
③ 거리 계전기　④ 역상 계전기

◈ 문제 4-32 : 방향성을 가지지 않는 계전기는?

① 전력 계전기　② 비율 차등 계전기　③ mho 계전기　④ 지락 계전기

◈ Solution : 방향성을 가지지 않는 계전기

과전류 계전기, 과전압 계전기, 부족전압 계전기, 차동 계전기, 거리 계전기, 지락 계전기이다.

4-3-4 보호 계전 방식의 적용

보호계전방식을 송전선로 보호와 방사선 선로의 단락보호, 환상선로의 단락보호, 모선보호, 발전기 보호, 변압기 보호에 보호계전 방식이 어떻게 적용되는지 설명한다.

1) 송전선 보호 계전방식

송전선 보호 계전방식의 종류와 성능을 비교하면 다음과 같은 표 4.2로 간략화할 수 있다.

표 4.2 송전선 보호 계전방식의 종류와 성능 비교

	동작특성	다상재폐로의 가능성	검출감도	자동감시	다단자에 적용	전송로
전류차동 보호계전방식 (파이럿와이어 전송)	빠르다	가능	높다	가능	가능	파이럿와이어 필요(30[km]미만)
전류차동 보호계전방식 (PCM전송)	빠르다	"	"	"	"	마이크로파 회선필요
전류위상비교 보호계전방식	빠르다	"	"	"	주의요함	전력선반송 회선 필요
방향비교보호 계전방식	빠르다	어렵다	낮다	어렵다	"	불가
거리보호 계전방식	느리다	"	"	"	가능	"
전류균형보호 계전방식	느리다	"	"	"	"	"
과전류방식	느리다	"	"	"	"	"

2) 방사선 선로의 단락보호 방식

① 전원이 1단에만 있는 경우

아래 그림 4.23에서처럼 전원이 한 쪽 단에만 있는 경우는 발전소에서 수용가 쪽으로 전류가 흘러 들어간다. d지점에서 단락사고가 난 경우에 단락전류의 방향은 그림에서 화살표 방향으로 흘러서 a, b, c의 각 과전류계전기는 모두 동작을 한다. 이것은 수용가 가까이에서 생긴 단락사고로 전 계통이 정지됨을 의미한다.

만약에 계전기의 시한을 적당히 조정하여 단락전류가 흐를 때, a보다 b가, b보다 c가 빨리 동작하도록 하면 c모선 이하의 선로만 차단이 되어서 고장구간을 최소화할 수 있다.

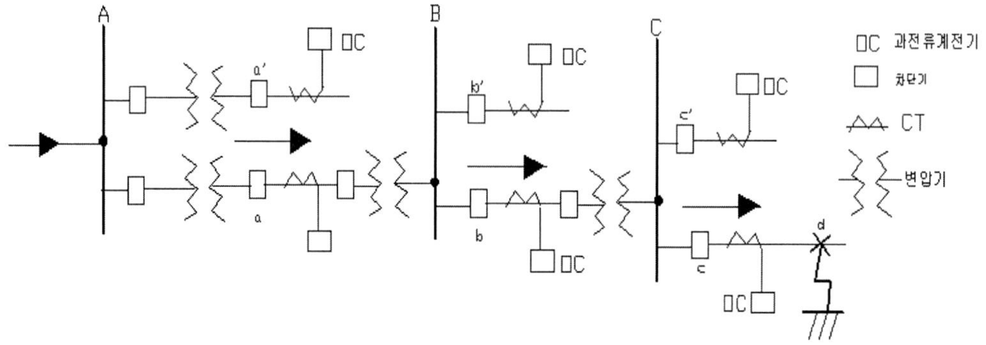

그림 4.23 방사상 송전선의 보호 방식

② 전원이 양단에 있는 경우

아래 그림 4.24에서처럼 전원이 양단에 있는 경우에는 단락사고시 단락전류가 양쪽으로 흘러 들어가게 되므로 방향단락 계전기(DS)와 과전류계전기를 조합시켜서 사용해야 한다.

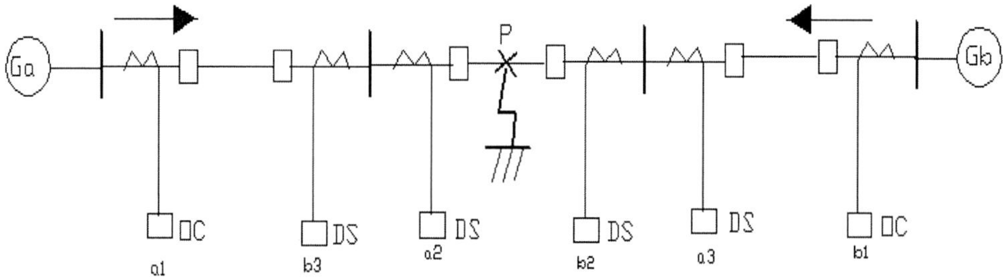

그림 4.24 양단 전원 단일 선로의 보호 방식

방향단락계전기를 G_A발전소에서 흐르는 전류에 작용하는 것들을 a_1, a_2, a_3로 하고 G_B발전소에서 흐르는 전류에 작용하는 것들을 b_1, b_2, b_3로 한다. 동작시한을 a_1보다 a_2, a_2보다 a_3순으로 짧게 조정해 둔다. 마찬가지로 b_1보다 b_2, b_2보다 b_3순으로 짧게 조정을 한다.

그림에서처럼 P점에서 단락사고가 발생하였을 때 a_1보다 a_2가 빠르게 동작하고 b_1보다 b_2가 빠르게 동작하게 된다. 이때 b_3와 a_3는 전류의 방향이 반대로 되어 동작하지 않는다. 따라서 b_2, a_2만 차단동작을 일으켜서 고장구간을 선택차단을 한다.

3) 환상선로의 단락 보호방식

① 전원이 1단에만 있을 경우

그림 4.25에서와 같이 일단에서만 전원이 있는 환상선로의 단락 보호는 어느 지점에서 든지 양측에서 전류가 흘러 들어오기 때문에 앞에서 설명한 양측에서 전원이 있는 경우와 마찬가지가 된다. 따라서 방향 단락 계전기를 사용하여 a군의 계전기는 a1, a2, a3, a4순으로 배치하고 동작 시한은 1, 2, 3, 4의 순으로 길게 조정하고, 마찬가지로 b군의 계전기를 b1, b2, b3, b4순으로 조정하고 동작 시간을 1, 2, 3, 4번 순으로 길게 하여 주면 고장 구간을 선택 차단을 할 수 있다.

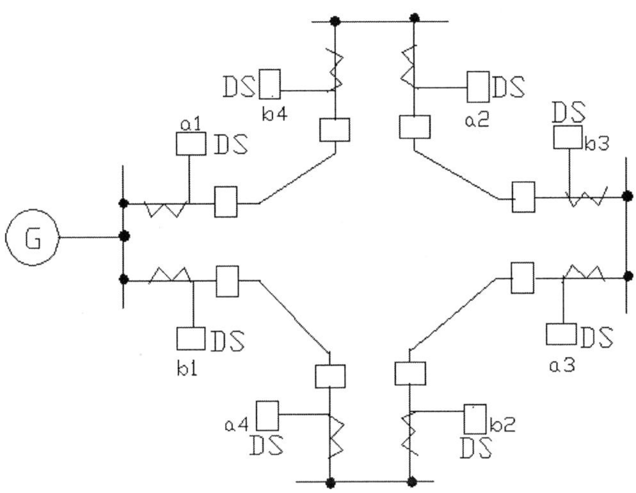

그림 4.25 전원이 1단에 있는 경우 - 환상 선로의 보호 방식

② 전원이 두 군데 이상 있는 경우

아래의 그림4.26에서처럼 2군데 이상에 전원이 있는 경우는 방향 단락 계전기(DS) 대신에 방향 거리 계전기(DZ)을 사용하여 a군의 계전기는 시계방향으로, b군의 계전기는 반시계 방향으로 동작 방향을 잡아 주면 선택 차단이 가능해 진다.

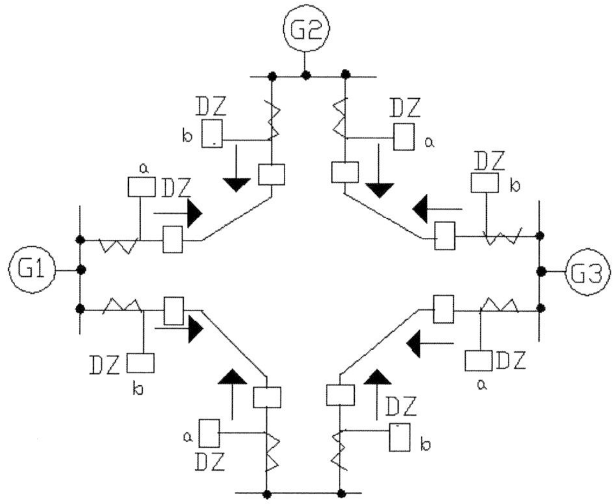

그림 4.26 전원이 양단에 있는 경우 - 환상 선로의 보호 방식

③ 병행 2회선의 단락 보호 방식

한국의 기간 송전 선로는 2회선을 주로 사용하는데, 그림 4.27에서처럼 병행 2회선을 주로 사용한다. 그림에서처럼 도중에 몇 군데의 개폐소가 연락 모선과 연결되어 양 회선을 병렬로 연결하고 있는 일반적인 모습이다.

2개의 회선 중에서 하나의 회선이 고장을 일으킨 경우에 그 구간의 양 끝 단만의 개폐기가 동작하면 된다. 그렇게 되면, 나머지 회선은 송전을 계속할 수 있으나, 고장 회선의 차단은 2개로 나누어 졌던 부하가 하나의 전부하로 작용하므로, 용량을 산정 시에 이 점을 고려하여야만 한다.

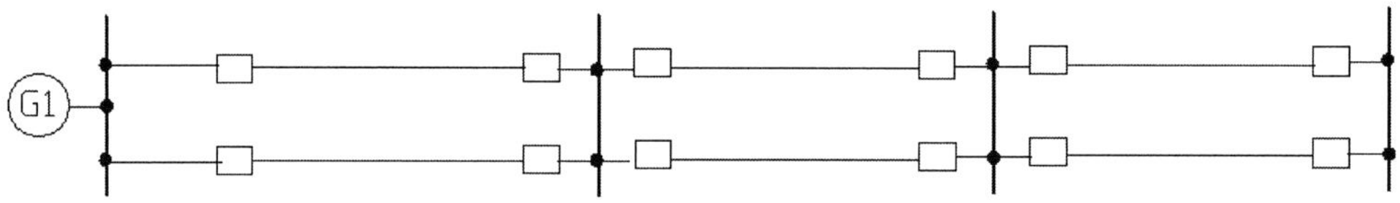

그림 4.27 병행 2회선 송전

◈ 문제 4-33 : 66[kV]/6.9[kV], 6,000[kVA]의 3상 변압기 1대를 설치한 배전 변전소로부터 2[km]의 1회선 고압 배전 선로에 의해 공급되는 수용가의 인입구에서의 3상 단락 전류를 구하여라. 단, 변전소까지의 전원의 %X는 3상 용량 10,000[kVA] 기준에서 정상분, 역상분 공히 15[%]라 하고 선로의 %R 및 %X는 각각 km당 7.90[%], 7.20[%]라고 한다.

◈ Solution : 문제에서 언급한 것을 토대로 다음과 같이 풀이한다.

변전소까지의 %X = 15 [%]

배전선의 %R = 7.90 X 2 = 15.8 [%]

변전선의 %X = 7.20 X 2 = 14.40 [%]

합성 임피던스 Z는 다음이다.

$\%Z = \sqrt{15.8^2 + (15 + 14.40)^2} = 33.4$ [%]

3상 단락 용량 = $\frac{P}{\%Z}$ X 100 = $\frac{10,000}{33.4}$ X 100 = 29.9[MVA]

3상 단락 전류 = $I_s = \frac{29900}{\sqrt{3} X 6.9} = 2,502$[A]

④ 모선, 발전기, 변압기의 차동 보호 계전 방식

전력시스템의 기기인 모선, 발전기, 변압기 등의 보호에는 차동 보호 방식을 주로 사용한다.

모선 보호 계전 방식에는 주로 (고 임피던스)의 전압 차동 계전방식을 사용한다. 이 방식은 고장이 발생하지 않은 경우에는 전류의 합이 0이지만, 고장 시에는 계전기의 동작코일에 흐르는 전류가 0이 아니므로 계전기가 동작한다.

발전기의 내부 단락 고장 보호에는 단자측과 중성점 측의 각 상에 같은 변류기(CT)를 넣고 2차측을 차동적으로 접속하여 여기에 전류 계전기를 물려주면 (교락)차동 계전 방식으로 되고 계전기는 발전기 권선의 단자 측과 중성점 측의 전류를 비교해서 그 사이에 벡터차가 생기면 동작하게 된다. 변압기의 내부 고장에 대한 보호용으로 가장 많이 사용하는 것이 비율 차동 계전 방식이다.

그림 4.28이 비율차동 계전기를 나타낸다. 고압측과 저압측의 전류의 크기가 같더라도, 여자 전류는 차이가 있다. 여자 전류는 저 고압측 중 한 쪽에만 흐르고 다른 쪽에는 흐르지 않기 때문에 계전기의 동작코일에는 평상시에도 여자 전류가 흐르고 있는 것이다. 또한 변압기의 외부에 고장이 나더라도 저압측과 고압측에 들어 있는 변류기의 정격이 다르기 때문에 만약 단락 전류가 흘렀을 경우 포화해서 각각의 전류비를 바꾸게 되고 이 때문에 오차 전류가 발생해서 이것이 동작 코일에 흐르게 된다. 그러므로 변압기의 내부 고장이 아니더라도 동작 코일에 전류가 흐르는 수가 있으므로, 고장 판정이 어렵다. 그림에서와 같이 제어 코일에 흐르는 전류의 일정 %값 이상으로 흐르면 계전기가 변압기의 내부 고장을 판정하여 동작한다.

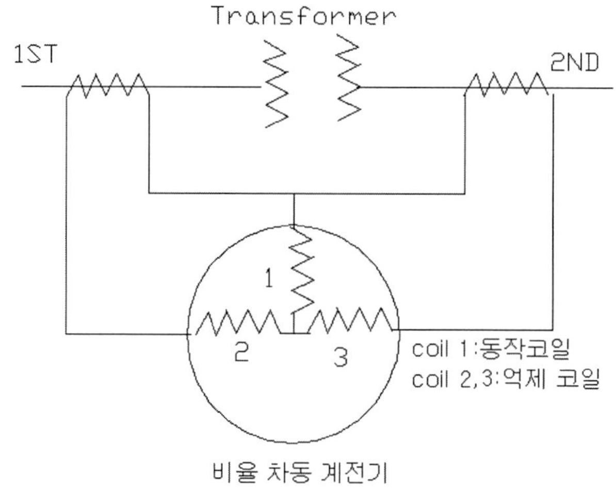

그림 4.28 : 비율 차동 계전기

◈ 문제 4-34 : 보호 계전기 중 발전기, 변압기, 모선 등의 보호에 사용하는 계전기는 어느 것인가?

① 비율차동 계전기 ② 과전류 계전기 ③ 과전압 계전기 ④ 유도형 계전기

◈ 문제 4-35 : 표시선(pilot wire) 보호 계전 방식

◈ Solution : 표시선(pilot wire) 방식은 보호해야 할 송전선로의 선택 차단구간의 양단에 아래 그림에서처럼 표시선을 설치해서 발전기 주파의 신호 전류를 흘리게 한 것으로 원리는 차동계전방식과 같다. 그림에서처럼 평상시와 외부 고장 시에는 검은 화살표 방향으로 억제코일 RC에만 전류가 흐르지만, 내부 고장시에는 양단의 변류기의 2차 전류의 벡터 차에 해당하는 전류가 동작 코일 OC에 흘러서 계전기가 즉시 동작한다.

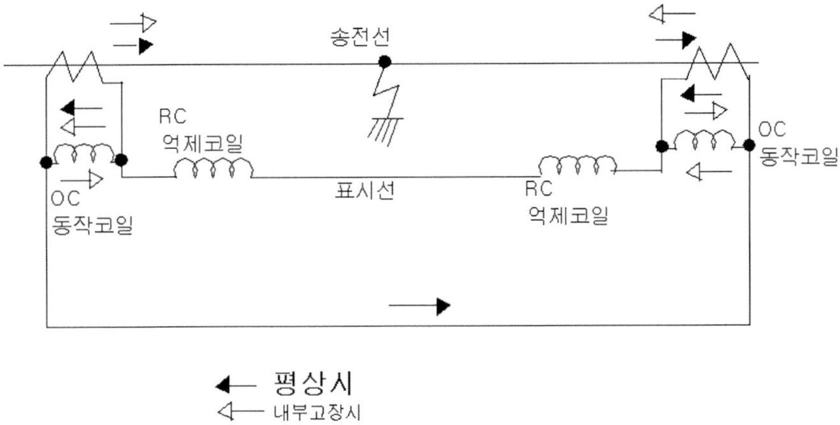

그림 4.29 표시선 보호 계전 방식

◈ 문제 4-35 : 전력선 방송 보호 계전 방식이 아닌 것은?

① 방향 비교 방식　　　② 고속도 거리계전기와 조합하는 방식

③ 영상 전류 비교 방식　　　④ 위상 비교 방식

◈ Solution : 전력선 반송 보호 방식은 방향 비교 방식, 고속도 거리 + 기타 방식, 위상 비교 방식이다.

◈ 문제 4-36 : 환상 선로의 단락 보호에 사용하는 계전방식은?

① 방향 거리 계전방식　　　② 비율 차동 계전방식

③ 과전류 계전방식　　　④ 선택 접지 계전방식

◈ Solution : 방향 계전기 + 거리 계전기 = 방향 단락 계전기(방향 거리 계전기)

총괄평가

학습자 자기점검표

◆ 작성법

학생 스스로가 자신의 성취도를 성취 달성 정도에 따라 해당란에 'V' 표를 하시오.

이것은 학생이 모듈을 배우면서 부족한 점과 보충해야할 사항을 점검하기 위한 자기평가입니다. 정직하고, 솔직하게 체크 하십시오.

성취 능력	매우 미흡	미흡	보통	우수	매우 우수
1. 보호계전기가 구비해야 할 조건을 설명하라.	①	②	③	④	⑤
2. 보호계전기를 동작시간에 의해 분류하고 각각의 특성을 설명하라.	①	②	③	④	⑤
3. 보호계전기를 용도(단락보호용, 지락보호용)에 의해 분류하고 각각을 설명하라.	①	②	③	④	⑤
4. 송전선로의 보호계전방식을 분류하고 특성을 비교검토하라.	①	②	③	④	⑤
5. 표시선 계전방식을 설명하고 차동계전방식과 비교하라.	①	②	③	④	⑤
6. 발변전소의 모선보호계전방식을 설명하라.	①	②	③	④	⑤
7. 발전기의 보호계전방식에서 내부고장에 대한 보호 계전방식을 설명하라.	①	②	③	④	⑤
8. 발전기의 보호계전방식에서 외부고장에 대한 보호 계전방식을 설명하라.	①	②	③	④	⑤
9. 변압기의 보호계전방식을 설명하라.	①	②	③	④	⑤
10. 방사선 선로의 단락보호방식에서 전원이 1단에만 있는 경우와 전원이 양단에 있는 경우를 설명하라.	①	②	③	④	⑤

◆ 성취수준에 따른 자기평가 수준

모든 항목에서 '매우 우수' 혹은 '우수' 라고 평가한 학생을 제외하고는 부족한 내용에 대하여 다시 찾아가서 개별적으로 보충 학습을 하고 실험을 하십시오. 그래도 모르는 경우는 E-mail을 이용하거나, 개별적인 질문을 하시기 바랍니다.

인터넷 자료

http://www.kiee.or.kr 대한 전기학회
http://www.electricity.or.kr 대한 전기협회
http://www.keca.or.kr 한국전기공사협회
http://www.keea.or.kr 한국전력기술인협회
http://www.kieeme.or.kr (사)한국전기전자재료학회
http://cafe.naver.com/power 119 전기박사
http://cafe.naver.com/renewableenergy.cafe 신재생에너지
http://www.kepco.co.kr 한국전력
http://www.komipo.co.kr 한국중부발전
http://www.westernpower.co.kr 한국서부발전
http://www.khnp.co.kr 한국수력원자력
http://www.kosep.co.kr 한국남동발전
http://www.kemco.or.kr 에너지관리공단
http://www.keri.re.kr 한국전기연구원

관련서적 및 잡지

1. 송길영, “최신송배전공학”, 동일출판사, 2005년
2. 심상홍 外, “송배전공학”, 진영사, 1999년
3. 송길영, “최신 발전공학”, 동일출판사, 2005년
4. 배상기, “전력공학”, 진영사, 2005년
5. 박규홍, “전력발생공학”, 동일출판사, 2003년
6. H.Sadat, “Power System Analysis”, McGraw Hill, 2004년
7. Elgerd, “Basic Electric Power Engineering”, Addison Wesley, 1976년
8. 일본 전기기술자 협회편, “자가용 전기기술자 핸드북”, 대한전기협회,2000년
9. 대한전기학회편, “최신배전시스템공학”, (주)북스힐, 2006년
10. 송길영, “전력계통공학”, 동일출판사, 2000년
11. B.M.Weedy & B.J.Cory, "Electric Power Systems", Wiley,1998년

12. 검정연구회 편, “전기설비설계”, 동일출판사, 1996년
13. 정용기, “신전기설비 기술계산 핸드북”, (주)의제전기설비연구원, 2003년
14. 박건수 外 5인, “전력전송공학”, 청문각, 1997년
15. 박동화 외 2인, “수변전설비의 계획과 설계”, 도서출판 의제, 1997년
16. 김수용 외 4인, “디지털 송배전공학”, 문운당, 2007년
17. 검정연구회, 전기기사시리즈4 “전력공학”, 동일출판사, 2008년
18. Alston, "High Voltage Technology", Oxford University Press, 1968년
19. 일본전기학회, “피뢰설비 가이드북”, 도서출판 의제, 1992년

Module. 5

변전소와 배전계통

Module 5-1 : 변전소

개요

발전소에서 생산된 전기를 수용가에 보내주는 경우에 장거리 송전, 단거리 송전이 될 수 있으나, 일단 발전소에서 154, 345, 765[kV]로 승압이 되어 송전선을 따라 수용가로 가는 과정에서 여러 단계의 승압이나, 강압의 경우가 있으며, 발전력이나, 송전력을 집중하거나 배분해 줄 필요가 발생하게 된다. 이러한 경우에 변전소는 필수적으로 필요하게 되고, 그 밖에도 전압조정, 전력조류제어, 송배전 선로 및 변전소 설비를 보호하는 중요한 역할을 담당하고 있다.

학습목표

1. 변전소의 역할에 대하여 공부한다.
2. 변전소의 설비에 대하여 공부한다.
3. 급전소와 무인변전소에 대하여 공부한다.
4. GIS 변전소에 대하여 공부한다.

주요어

변전소, 변압기, 전력조류, 모선, 차단기, 동작책무, 개폐기, 단로기, 피뢰기, 급전소, GIS 변전소.

5-1-1 변전소의 역할과 기능에 대하여 설명한다.

변전소는 상당히 중요한 역할과 기능이 있는데 간단히 요약하면 다음과 같다.

1) 전압의 변성(승압과 강압)과 전압조정

경제적인 송전을 위하여 변전소에서 전압의 변성하여 적정한 전력 수송 능력 확보, 전력수송설비 경감과 전력 손실의 감소를 도모한다. 정전압 송전과 정전압 수전을 하므로 양질의 전력 공급을 위해 수용가의 수전 전압이 허용범위 내에 들도록 자동전압 조정장치와 조상설비로 전압 조정을 한다.

2) 전력의 집중 및 배분

수용가에 안정된 전력을 공급하고, 경제적인 수송을 위해서 전력의 집중과 배분이 필요하게 된다. 전력의 집중과 배분은 변전소 1차측 및 2차측의 모선에 접속되는 송배전선로에서 이루어 진다. 다시 말하면 송전선과 배전선의 인입구와 인출구에 차단기와 단로기 등을 설치하여 필요에 따라 개폐를 하여 전력의 집중과 배분을 한다.

3) 전력조류의 제어

유효전력 제어는 발전소의 출력조정이 주축이나, 변전소에서는 전력계통의 접속변경, 계통 내 설비의 과부하방지, 사고시의 공급지장 범위 확대 방지 등을 하는 것을 말한다.

무효전력제어는 발전소에서의 무효전력 발생 조정보다는 가능한 수용가 소비 지점 가까이에서 무효전력 공급이 효율적이므로 변전소에 전력용 콘덴서와 분로 리액터 등의 조상설비를 하는 것을 말한다.

4) 변전소의 운용 및 보수

변전소 운용 및 보수는 신속하고, 정확하고, 안전하게 이루어져야 한다.

송배전선로 및 변전소 설비을 감시, 제어, 계측 등을 쉽게 하도록 하는 기능의 유지 및 보수에 만전을 기해야 한다. 변전소 기능을 위한 주설비는 변압기, 모선, 개폐기, 변성기, 피뢰기, 조상설비, 계측 제어 설비 등이 있다.

5) 송배전선로 및 변전소 보호

전력설비는 넓은 범위에 분포되어 자연재해에 노출되어 있고, 과부하에 의해서 설비가 고장 상태에 이르기 쉬울 뿐만 아니라 설비자체에 사고가 일어날 가능성이 많이 있다. 이같은 사태를 대비해서 송배전선로 및 변전소를 보호하기 위한 여러 보호 장치를 변전소에 설치하고 있다.

5-1-2 변전소 설비에 대하여 설명한다.

변전소의 역할과 기능을 다하기 위해서는 아래와 같은 변전소 설비가 필요하며, 또한 이들을 운전, 보수하기 위한 시설도 필요하게 된다.

1) 모선(BUS)

모선은 주변압기, 조상설비, 송전선, 배전선 및 기타 부속설비가 접속되는 공동 도체를 말한다. 재료는 경동연선, 경알루미늄 연선 및 알루미늄 파이프가 사용된다.

변전소에서 송전선로의 접속방식에 따라서 모선방식을 말한다. 모선방식에는 단일모선방식과 이중모선방식, $1\frac{1}{2}$ 차단기 방식, 환상방식 등이 있다.

① 단일모선방식

단순한 모선 형태를 갖고 있는데 주로 회선수가 적은 변전소에 주로 사용된다. 소요기기 들이 적게 설치되어 공간 사용에 경제성이 있으나, 모선 차단기의 사고나 보수점검 시에는 변전소 전체가 정전되는 문제점을 나타낸다.

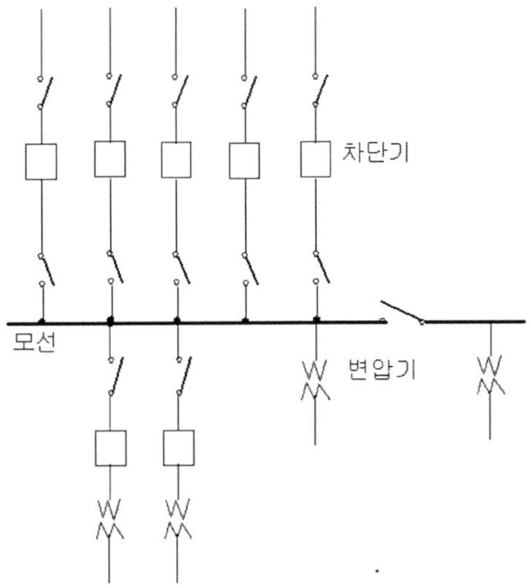

그림 5.1 단일모선회로도

② 이중모선방식

단일 모선방식에 비해서 2중 모선사이의 차단기, 단로기, 모선 등의 증가로 소요면적이 함께 증가하지만 기기 점검 보수 및 계통 운용이 쉬어지는 장점이 있다. 만약 한

쪽 모선 사고 시에는 모선 간 차단기, 사고 모선에 접속된 선로 및 변압기를 제거하면 사고를 제외시킬 수 있다. 또한 선로 사고에 대하여는 모선 간 차단기를 개방함으로써 단락 전류를 억제할 수 있다.

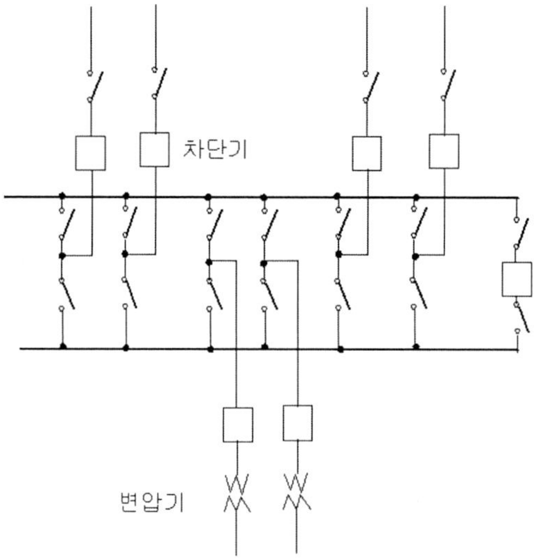

그림 5.2 이중모선회로도

③ $1\frac{1}{2}$ 차단기 방식

2중 모선방식에서 점검, 보수 및 사고 시에 범위를 축소하기 위해서 사용하는 방식으로 사고 시에 계통의 신뢰도를 높이는 장점이 있다. 반면에 소요용지나 경제성 면은 불리하다.

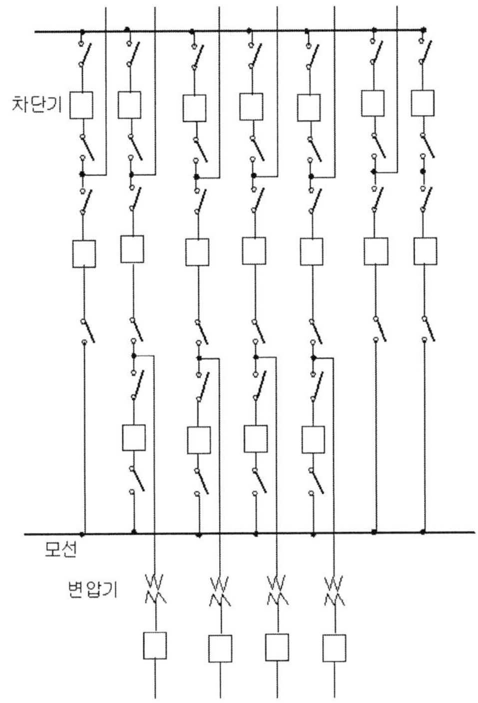

그림 5.3 $1\frac{1}{2}$ 차단기 방식 모선회로도

④ 환상모선방식

그림에서처럼 모선이 환상을 이루고 있어서 점검, 보수 및 모선의 부분 방전 시에는 장점이 있으나, 보호 방식이 복잡해지는 결점이 있다.

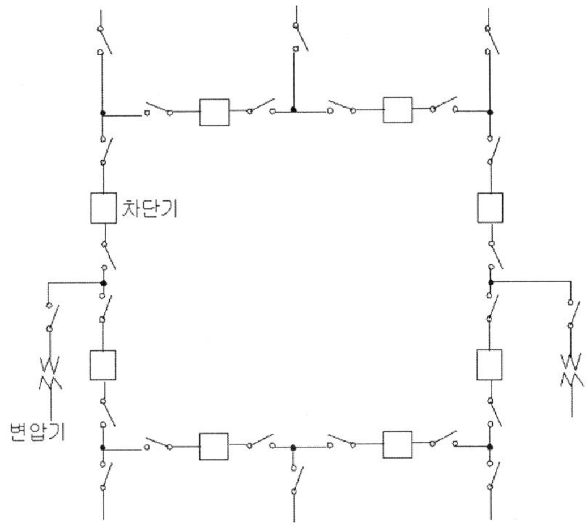

그림 5.4 환상모선 회로도

2) 변압기(TRANSFORMER)

변전소 설비의 주체로 전압의 변성을 주목적으로 한다. 발전소에서는 승압용, 변전소에서는 강압용변압기기 사용된다. 단상용과 3상용이 있는데, 고전압 대용량에서는 단상용을 많이 사용한다. 또한 전력전송용 변압기는 부하 시 탭 절환 변압기를 사용해서 전압조정 및 무효전력을 제어한다.

① 변압기 용량

변압기의 정격에는 연속정격, 단시간 정격, 공칭정격의 종류가 있는데, 일반적으로 연속정격의 변압기를 사용한다.

변압기 용량의 결정은 수전전력, 부하상태에 따라 결정되고, 장시간 일정부하로 사용되는 것은 아니기 때문에 일정한 표준용량을 정해 두고, 그 중에서 선택을 한다. 아래의 표는 3상 변압기의 표준용량이다.

표 5.1

공칭전압		표준출력[MVA]
고압측	저압측	
154	66	20 30 45 60 100
	22.9	3 5 7.5 10 12 15 20 30 45
66	3.45/6.9	3 5 7.5 10
	6.9	12
22.9	3.45/6.9	3 5 7.5 10

변전소의 출력은 배전용 변전소이면 장래의 수용예상 전망, 송전용변전소에서는 장래의 수요증가 예상 및 승압계획, 전원개발 계획, 1 2차 송전선의 송전용량, 송전계통 구성 변경 등을 감안하여 결정한다.

변전소의 출력이 결정되면 변압기 뱅크용량 즉, 뱅크수를 결정한다. 뱅크는 3상 전력을 변압하기 위한 단위 변압기군을 말하는 것으로 단상기인 경우는 3대, V 결선인 경우는 2대, 3상기인 경우는 1대가 1뱅크가 된다.

아래의 표는 변전소별의 뱅크용량과 뱅크수를 나타낸다.

표 5.2 변전소별의 뱅크 용량과 뱅크수

변전소		1뱅크용량[MVA]	뱅크수
배전용	소규모 대규모	3~6 10~20	1~1 1~3
송전용	66/22[kV] 154/66[kV]	10~45 30~150	1~3 1~4

② 탭(tap) 전압

전압강하의 보상과 계절에 따른 전력사용양의 변화(전력조류변화)에 대응하기 위해서는 변압기의 변압비를 변경할 수 있도록 권선의 탭이 있어서 변압비를 변경이 가능하다. 그러나 탭에 의해서 권선의 대칭성이 상실되어 단락전류에 의한 기계력이나, 충격전압에 의한 탭 간의 이상전압이 증가하므로 탭에 의한 변압비 변경에는 한계가 있다.

변압기의 표준정격전압과 표준탭 전압은 공칭전압을 1.1로 나눈 값에 대한 %로 표시하고, 탭 수는 3~4개, 그 범위는 15[%]이하 이다.

아래의 표는 변압기의 분류를 나타내어 준다.

표 5.3 변압기의 분류

약호	분류
A	발전기 전압을 고압, 특별고압으로 승압하는 변압기
B	특별고압을 다른 특별고압으로 강압하는 변압기
C	특별고압 또는 고압을 고압으로 강압하는 변압기
D	고압에서 저압으로 강압하는 변압기

통상 허용 온도는 섭씨 65도이하이며 75도 이상이면 경보, 95도 이상이면 트립 되도록 규정하고 있다. 변압기의 운전은 용량의 75[%] 부하에(철손=동손) 운전하는 것이 효율이 가장 좋다. 보수점검은 이상음(진동, 공진, 철심 진동, 방전), 냄새(국부 과열), 누유, 유면위치, 흡습제(실리카겔)변색, 온도, 유중 가스 측정 등이다. 특히 주의하여야 할 것은 변압기 절연유는 발암성 물질이기 때문에 직접 피부에 닿지 않도록 하여야 하며 작업 시는 반드시 고무장갑을 끼고 작업을 하여야 한다. 절연저항은 30메거, 교체 권장 시기는 30년.

사진 5.1 5000kVA변압기와 온도계, 냉각펜

③ 몰드변압기

변압기 본체를 에폭시 수지로 절연하여 몰드화한 변압기로 크기가 작고 화재위험이 적은점이 있으나 충격전압에 약한 단점이 있다. 실제로 전기안전공사의 안전 점검 시 내압시험을 하고 난후 변압기가 종종 소손되는 일이 있다고 한다. 주의할 것은 유입변압기와 달리 대전되고 있어 감전사고의 위험이 있기 때문에 절대로 코일표면에 접촉해서는 안된다. 교체 권장시기는 15년.

사진 5.2 몰드 변압기

3) 차단기

차단기는 부하전류 개폐 시, 고장 시에 발생하는 대전류 차단 시, 변전소내의 점검, 수리 등의 작업 시에 사용되는 설비이다.

전기회로를 개폐하는 것에는 전등의 점멸 스위치에서 수 10만[V]인 초고압계통의 개폐, 단락보호를 위한 것 등이 있다. 이러한 기기들을 통상 전력 개폐장치라고 한다. 아래의 표 5.4는 각종 개폐기의 기능을 나타낸 표로 개폐능력을 비교한 것이다.

표 5.4 각종 개폐기의 기능

	차단기	부하개폐기	퓨우즈 달림 부하개폐기	단로기	접촉기	퓨우즈
회로의 분리 (무부하 개폐)	O	O	O	O	O	O
부하전류통전	O	O	O	O	O	O
부하전류개폐	O	O	O	X	O	X
단락전류투입	O	O	O	X	X	X
단락전류차단	O	X	O※	X	X	O※

단, ※는 차단 후 퓨우즈 링크를 교환해야 한다.

차단기기 구비해야 할 조건들에는 다음과 같은 것들이 있다.

① 폐로 시에는 양호한 도체로서 정상전류는 물론 단락전류에 대해 열적, 기계적으로 견딜 것
② 개로 시에는 양호한 절연성을 가져 대지 및 동상 단자간의 전압에 견딜 것
③ 폐로상태에서 정격 차단전류 이하의 전류를 이상전압을 발생하지 않고 가급적 빨리 차단할 것
④ 개로상태에서 단락상태인 회로를 접촉자의 용착 없이 신속안전하게 투입할 수 있을 것

차단기를 소호원리에 따라 분류하면 아래의 표와 같이 된다.

표 5.5 차단기 소호원리에 따른 분류

종류		약호	소호원리	적용공칭전압
유입차단기(Oil Circuit Breaker)	탱크형	OCB	소호실에서 아크에 의한 절연유 분해가스의 흡부력을 이용하여 차단한다.	3.3~154[kV]
	소유량형	LOCB		3.3~77[kV]
기중차단기 Air Circuit Breaker		ACB	대기 중에서 아크를 길게 하여 소호실에서 냉각 차단한다.	100~415[kV]
자기 차단기 Magnetic-Blast Circuit Breaker		MBB	대기중에서 전자력을 이용하여 아크를 소호실 내로 유도해서 냉각 차단한다.	3.3~11[kV]
공기 차단기 Air-Blast Circuit Breaker		ABB	압축된 공기를 아크에 불어 넣어서 차단한다.	3.3~345[kV]
진공차단기 Vacuum Circuit Breaker		VCB	고진공 중에서 전자의 고속도 확산에 의해 차단한다.	3.3~77[kV]
가스차단기 Gas Circuit Breaker		GCB	고성능 절연특성을 가진 특수 가스(SF_6)를 흡입해서 차단한다.	3.3~345[kV]

차단기의 정격(정격전압, 정격차단전류, 정격차단용량)은 규정된 책무, 조건 및 특정한 조작 하에서 차단기가 갖는 성능의 보증한계를 말하는 것이다.

◦ 차단기 정격전압 : 규정의 조건하에서 그 차단기에 과할 수 있는 사용회로전압의 상한 값을 말하며, 일반적으로는 선간전압으로 나타낸다.
◦ 차단기 정격차단전류 : 모든 정격 및 규정의 조건하에서 규정된 표준동작 책무와 동작상태에 따라서 차단할 수 있는 지상역률의 차단 전류의 한도를 말한다.
◦ 차단기 정격차단용량 : 3상 교류일 경우는 그 차단기의 정격전압과 정격차단전류의 곱에 $\sqrt{3}$을 곱해준 것이다.

$$\text{정격차단용량} = \sqrt{3} \times \text{정격전압} \times \text{정격차단전류} \tag{5.1}$$

단, 단상용인 경우는 $\sqrt{3}$을 생략한다. 단위는 [kVA], [MVA]를 사용한다.

◦ 차단기의 동작책무 : 차단기에 부과된 1회 또는 2회 이상의 투입, 차단동작을 일정

시간간격을 두고 행하는 일련의 동작을 차단기의 동작책무(duty cycle)라고 말한다.

차단기의 일련의 동작시 차단기의 성능을 보증하는 동작책무의 표준을 표준 동작책무라고 한다. 표준(혹은 정격) 동작책무는 다음과 같이 나눌 수 있다.

표 5.6 차단기의 동작 책무

종류	기호	동작책무
일반용	A(갑)	O-3분-CO-3분-CO
	B(을)	CO-15초-CO
고속도재투입용	R	O-0.3초-CO-3분-CO

단, O(Open) : 차단동작
C(Close) : 투입동작
CO(Close and Open) : 투입 직후 차단

① VCB (vacuum circuit breaker : 진공차단기)

진공차단기란 전로의 차단을 고진공의 용기(진공밸브) 속에서 접점을 여닫는 것으로 진공중의 아크 소호능력을 이용하여 매우 높은 절연내력을 지니고 있어 화재 염려가 없으며 소형, 경량, 구조가 간단하여 정수장 대부분 이 차단기를 사용하고 있다. 차단 시간은 3싸이클이며 보수 점검은 차단기가 완전히 접속 위치까지 삽입여부, 개폐표시기의 표시상태, 조작, 제어 코일류의 소손, 냄새, 진공밸브의 진공도 측정 등. 진공증착부의 변색유무를 확인하여 광택이 나면 양호한 것이고 유백색등 변색 되었으면 교환하는 것이 좋다. 주로 래치타입(순시여자방식)으로 조작 시에만 전원이 들어가고 그 후 전원이 끊어지더라도 계속 그 상태를 유지할 수 있다. 절연저항은 500메거 이상, 교체 권장기간은 20년 또는 10,000회 조작.

사진 5.3 진공차단기(VCB)

② ACB (air circuit breaker : 기중차단기)

전기회로에서 접촉자간의 개폐동작이 공기 중에서 이상적으로 행해지는 차단기. 전류비를 고려하여 적합한 적용을 할 때 전류의 손실이 없도록 과전류를 미리 예측하여 자동적으로 회로를 개방하거나 수동적인 방법으로 회로를 개폐하며 공기차단기의 일종으로 교류 1,000[V] 이하의 주로 저압 회로에서 사용한다.

사진 5.4 기중차단기(ACB)

③ ABB(air blast circuit breaker : 공기차단기)

개방할 때 접촉자가 떨어지면서 발생하는 아크를 10-30 [kg/㎠ · g]의 강력한 압축공기로 불어 소호하는 차단기로 주로 고압회로에 인다. 유입차단기처럼 전류의 크기에 의해 소호능력이 변하지 않고 일정한 소호능력을 갖고 있으며, 화재의 위험성이 적고 차단능력이 뛰어나며 유지보수도 용이하나 별도의 압축공기를 위한 컴프레서 등의 부대설비가 필요하며 수천V에서 초고압의 것까지 만들어지고 있다.

사진 5.4 공기 차단기(ABB)

④ GCB(gas circuit breaker : 가스차단기) ,SF_6 가스 차단기

SF_6 차단기는 차단 성능이 좋으며, 규모가 작고, 접촉자의 손모가 적다.

규모가 작아서 설치면적도 적으며 개폐 시에 소음이 적어 최근에 많이 사용 되고 있다. SF_6 가스 차단기는 6불화 유황 가스를 사용하여 소호능력이 우수 하고 구조나 원리는 공기 차단기와 거의 같다.

전기 흐름의 차단이 SF_6과 같은 특수한 기체, 즉 불활성 기체를 소호 매질로 하여 동작하는 차단기. 가스 차단기의 특징은 SF_6 가스의 물리적, 화학적, 전기적 성질이 매우 우수하여 절연내력이 우수하고, 소호능력이 뛰어나며, 아크(arc)가 안정적이다. 절연회복이 빨라 고전압 대전류 차단에 적합하다. 차단 시에 외부로 가스를 유출하지 않으므로 공기차단기와 같은 폭발음이 없어 소음 공해가 없으며 변압기의 여자전류차단과 같은 소전류 차단에도 안정된 차단이 가능하다. 과전압의 발생이 적고, 아크 소멸 후 절연회복이 매우 우수하여 근거리선로 고장, 탈조차단, 이상 지락 등의 가혹한 조건에서도 강하며 소형으로 축소가 되는 등의 장점을 갖고 있기 때문에 최근에 유입차단기 및 공기차단기 대신에 급속히 사용되고 있다. 현재 사용되고 있는 대표적인 가스 차단기는 차단부 압력방식에 따라 이중 압력형과 단일 압력형으로 분류되며 구조적으로 보면 애자형과 탱크형으로 분류된다. 이중 압력형은 초기에 제작 보급되었던 것으로 구조가 복잡하고 신뢰성 및 보수면에 있어 단일 압력형보다 열등하나 단일 압력형은 구조가 간단해서 신뢰성이 높고 보수가 용이하기 때문에 최근 널리 사용되고 있다. 가스 차단기의 단점으로는 절연내력을 높이기 위하여 고기압의 가스 밀폐 탱크를 필요로 하며 가스 밀폐가 불량한 경우 부식성 가스가 발생하거나 수분이 SF6가스 중에 있으면 절연물이나 금속을 부식시키는 경우가 있어 절연파괴를 일으킨 예도 미국의 500[kV] SF_6 차단기에서 확인되었다고 한다. 따라서 가스 중의 먼지나 수분 관리에 충분한 주의가 요구된다. 정격 전류, 차단 전류는 모두 공기차단기와 같은 정도로 550[kV], 4000/8000[A], 차단전류 50[kA]정도까지 제작되고 있다.

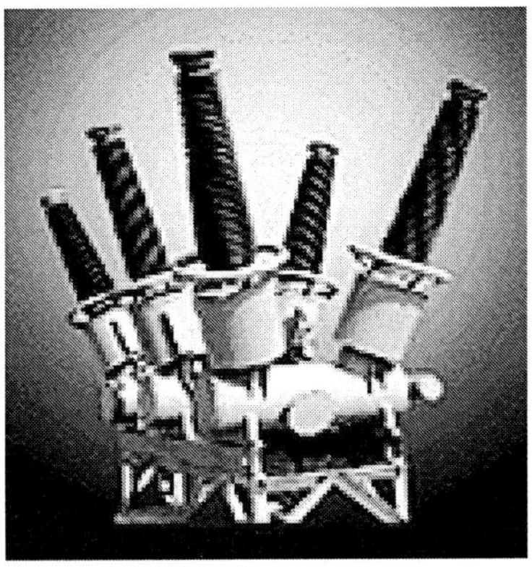

사진 5.5 가스 차단기(GCB)

◈ 문제 5-1 : 전력회로에서 차단기의 차단 용량을 결정할 때 이용되는 것은?

① 예상 최대 단락 전류

② 회로에 접속되는 전부하 전류

③ 계통의 최고 전압

④ 회로를 구성하는 전선의 최대 허용전류

◈ Solution : 차단기 용량을 결정시에 고려해야 하는 사항

- 정격전압, 최대 단락(차단) 전류 등이다.

◈ 문제 5-2 : 차단기의 차단시간의 표준은 어떠한 것들이 있는가?

◈ Solution : 차단기의 정격차단 시간은 트립여자 코일로부터 아크 소호까지의 시간을 말하며 3, 5, 8[c/sec]의 규격이 있다.

◈ 문제 5-3 : 차단기의 차단용량을 식으로 나타내고 MVA로 나타낼 때 고려해야 할 사항을 써라.

◈ Solution : 차단용량은 [MVA] 또는 [kVA] 로 나타내는데,

$\sqrt{3}$ x 정격전압 혹은 회복전압 x 차단전류

$\sqrt{3}$ 이 있으면 3상의 경우이고, $\sqrt{3}$ 이 없으면 단상의 경우이다.

◈ 문제 5-4 : 차단기의 정격 차단 시간이란?

① 고장 발생부터 소호까지의 시간

② 트립여자 코일부터 소호까지의 시간

③ 가동 접촉자 시동부터 소호까지의 시간

④ 가동 접촉자 개극부터 소호까지의 시간

◈ 문제 5-5 : 재폐로 차단기를 간단히 설명하라.

◈ Solution : 송전선로의 고장구간을 고속차단하고 재송전하는 조작을 자동적으로 시행하는 차단장치를 장비한 자동 차단기를 말한다. 송전선로의 고장은 순시적인 1선 지락이 가장 많은데, 고장구간을 신속하게 차단하면 아크는 소멸되고, 고장점의 절연이 회복되어 다시 차단기를 투입하면 송전을 계속할 수 있다. 따라서 차단기가

사고 소멸 후에 다시 자동적으로 투입되는 자동 차단기가 필요하다.

◈ 문제 5-6 : 차단기의 동작 책무에 대해 설명하라.

◈ Solution : 전력 시스템 사고의 대부분은 일시적인 아크 지락이므로 사고 지점을 수리하지 않고 차단기의 재투입만으로 송전을 계속할 수 있는 경우가 대부분이다. 차단기 재투입 시에 사고가 회복되지 않으면 계전기가 고장전류에 의해 동작하여 회로가 다시 차단이 된다. 이같이 차단기에 부과된 1회 또는 2회 이상의 투입, 차단 동작을 일정시간 간격을 두고 행하는 일련의 동작을 동작 책무라 한다.
일반적으로 사용하는 정격 동작 책무는 다음과 같다.

일반용 갑 : O - (3분) - CO - (3분) - CO
을 : CO - (15초) - CO
고속도 재투입용 : O - (0.38초) - CO - (3분) - CO

◈ 문제 5-7 : 차단기의 차단 책무가 가벼운 것은?
① 중성점 저항 접지 계통의 지락차단 전류
② 중성점 직접 접지 계통의 지락차단 전류
③ 중성점을 소호 리액터로 접지한 장거리 송전선로의 충전전류 차단
④ 송전 선로의 단락 사고시의 차단

◈ Solution : 고장 전류가 가장 작은 것은 소호 리액터 접지시 충전전류 이다.

◈ 문제 5-8 : 초고압용 차단기에서 개폐저항기를 사용하는 이유는?
① 개폐 서지 이상전압(SOV) 억제
② 차단 전류 감소
③ 차단 속도 증진
④ 차단 전류의 역률 개선

◈ Solution : 차단기 개폐시에 재점호로 개폐서지 이상전압을 발생을 억제하고 절연내력을 높일 수 있게 차단기 접촉자간에 병렬 임피던스 저항을 삽입한다.

4) 조상설비

조상설비는 부하가 중부하시와 경부하시에 수전단에서 조상설비를 통하여 중부하시에는 진상무효전력, 경부하시에는 지상무효전력을 공급하여 송전단의 전압을 조정한다. 즉, 조상설비는 송수전단의 전압이 일정하게 유지되도록 하는 조정역할과 역률개선을 통한 송전손실 경감, 전력시스템의 안정도 향상을 목적으로 하고 있다. 동력부하가 많은 일반적인 경우에는 유도성 부하가 많으므로 큰 지상전류가 흘러서 전압강하와 전압 변동률이 많게 되고, 장거리 송전시 경부하가 되면 송전선로의 대지 커패시턴스가 커져서 페란티 현상이 일어난다. 따라서 조상설비를 이용하여 중부하시는 진상무효전력을, 경부하시는 지상무효전력을 공급해야 한다.

조상설비에는 동기 조상기, 비동기 조상기, 전력용 커패시터 및 분로 리액터 등이 있다. 동기조상기는 여자를 조정함으로써 진상 무효전력과 지상무효전력을 연속적으로 공급할 수 있으며, 전력용 커패시터는 진상전류만을 단계적으로 공급하는 기능을 가지므로 변전소 및 부하의 말단에 병렬로 접속해서 역률을 조정한다.

동기 조상기에는 회전기가 있으며, 비동기 조상기에는 전력용 콘덴서, 병렬 리액터가 있다. 회전기는 진상, 지상 어느 쪽에서도 사용할 수 있고, 연속적인 제어가 가능하나, 가격과 운전보수가 용이하지 않다. 전력용 콘덴서는 고압용인 경우는 3상형 콘덴서, 직렬리액터, 방전 코일로 구성되어 있다. 최근에는 이것들을 조합하여 유닛으로 만든다.

표 5.7 조상설비의 비교

항목	전력용콘덴서	분로 리액터	동기조상기
가격	저가	저가	고가
운전유지	간단	간단	복잡
전력손실	적음 (출력의 0.3[%]이하)	적음 (출력의 0.6[%]이하)	큼 (출력의 2~3[%]정도)
보수	간단	간단	복잡
무효전력 흡수	진상용	지상용	진상과 지상 양용
조정방법	단계적	단계적	연속적
전압 유지 능력	적다	적다	크다
안정도에의 영향	없음	없음	있음
시송전	불가능	불가능	가능

① SC(static condenser : 진상콘덴서)

용량은 변압기에 설치시는 변압기용량 500[kVA] 이하 : 변압기용량의 5[%]의 값, 500-2,000[kVA] : 4[%]의 값, 2,000[kVA] 초과: 3[%]의 값을 적용한다. 그리고 전동기에 설치할 때의 용량은 대체로 전동기 출력의 1/2-1/4정도의 콘덴서를 설치하면 적당하다. 그리고 전기설비의 역율은 한전 공급 규정상 90[%] 이상으로 유지하도록 되어있으나 95[%]정도가 좋다. 100[%]로 하면 가장 좋을 것 같아도 부하가 적은 심야시간대 등에는 잘못하면 100[%]를 초과한 앞선 역률이 되어 그 또한 앞선 만큼 무효가 될 뿐 아니라 송전단 전압보다 수전단 전압이 높아버리는 페란티 효과라는 것이 발생되어 이상전압이 유발하게 된다. 보수 점검은 콘덴서는 밀봉구조이므로 내부의 이상을 발견하기가 매우 어렵기 때문에 이상전류에 의한 과열, 이음, 외함의 균열이나 팽창 등을 유심히 관찰할 필요가 있다. 외함의 허용 팽창 값은 콘덴서 용량의 10-30[kVA] : 15[mm], 50[kVA] : 20[mm], 75-100[kVA] : 25[mm], 150[kVA] : 30[mm] 이내이며 요즘은 NCS(Neutral Current Sensor : 중성점 전류 검출장치)를 장치하여 내부의 고장이 발생하면 회로를 자동 차단시키는 회로를 구성하여 사용하고 있다. 그리고 설치시 주의할 점은 2대 이상 병렬 설치 피할 것, 콘덴서 차단기는 콘덴서 전류의 3배 이상의 능력, 조합 설치시 간격은 6[cm]이상, 용량 100[kW]이상 가연성 및 지하등은 전용 차단기 설치등이며 절연저항은 100메거 이상, 교체 권장시기는 6년.

사진 5.6 진상 콘덴서

② MSR(motor starting reactor : 모터 기동용 리액터)

정수장이나 취수장, 가압장등 대부분의 사업장에는 고압 유도전동기로 물을 펌핑하는데 고압 유도전동기를 기동 시에는 5배 이상의 기동전류가 소모되며 전동기가 정지상태에서 전전압으로 기동을 시켜 버리면 모터 코일에 손상이 가거나 수명이 단축되는 원인이 된다. 쉽게 말하자면 모터가 정상적으로 돌아갈 때에 100[%]라는 전압이 필요하다면 기동 시에는 정상적으로 돌아가는 상태가 아니고 정지 상태에서의 이제 겨우 돌아가려는 상태로 50-80[%]의 전압을 넣어주는 것이 적절한데 100[%]의 전전압을 넣어 버리면 모터가 손상을 입을 수 있다. 소화를 못하고 나머지는 스트레스로 부담해야 하는 것이다. 기동 시 전압을 낮추는 방법으로는 언뜻 생각하면 저항을 쓰면 되지 않느냐고 생각할 수도 있겠지만 저항을 쓰게 되면 엄청난 전력손실이 발생하기 때문에 결국 전력손실이 발생한다는 것은 열로 변하여 여러 가지 위험을 초래하므로 저항은 쓸 수 없다. 리액터는 단순히 임피던스(교류분 저항)로 전압을 낮추기는 하나 대신 전력을 소모하지는 않는다. 이러한 점으로 모터 기동용으로 리액터가 주로 사용된다. 리액터의 용량은 대략 모터용량과 같거나 조금 크게 선정하면 된다. 주의할 것은 기동리액터는 장시간 회로와 연결되어 운전되면 소손되어 화재의 위험이 있기 때문에 모터 기동 후에는 반드시 회로와 분리되었는지를 확인해야 한다. 보통 모든 기동반은 기동 후에는 자동으로 분리되도록 설계되어 있지만 간혹 에러가 발생하여 장시간 운전됨으로 소손되는 일이 발생 된다.

사진 5.7 모터 기동용 리액터

③ SRC (series reactor for condensers : 콘덴서용 직렬리액터)

전력계통에서 선로에 대용량의 콘덴서를 접속하면 여러 요인으로 인하여 회로의 전압이나 전류의 파형의 왜곡을 확대하는 수가 있으며 때로 기본파 이상의 고조파를 발생하는 수가 있다. 또한 정류기에 많이 사용하는 싸이리스터, 아크로, 전기로 등의 부하에서 발생하는 고조파가 콘덴서의 회로 투입에 의해 전원측 리액턴스와 콘덴서 리액턴스가 LC공진에 의해 확대되는 현상이 일어난다. 고조파로 인한 영향으로는 동손, 철손의 증대로 기기의 과열, 소음의 증가 원인이 되며 절연파괴, 보호계전의 오동작, 충전전류 발생등 각종 장해가 발생한다. 이고조파를 줄이는 방법은 고조파에 대해 회로를 유도성(코일)로 하면 되기 때문에 콘덴서에 직렬로 리액터를 연결하여 주면 된다. 또한 이 외에도 콘덴서 투입시 단시간 이기는 하나 상당한 전류가 흐르는데 이러한 콘덴서 투입시 돌입 전류 억제효과 ,모선의 순간 전압강하 억제효과 등이 있다. 용량은 모터등 유도성 일반 부하에서는 콘덴서 용량의 6[%], 변환기, 아크로 등에서는 13[%]정도로 하면 적당하다. 절연 저항은 500메거 이상.

사진 5.8 콘덴서용 직렬 리액터

④ DC(discharge coil : 방전 코일)

콘덴서를 전로로부터 개방할 경우 잔류 전하로 인한 위험한 사고의 방지와 재투입 할 때 걸리는 과전압의 방지를 위해서 방전장치가 필요하다. 방전장치로는 방전코일과 방전저항이 있으며 경제적인 면에서 대용량의 것에는 방전코일, 소용량의 것에는 방전저항이 많이 쓰인다. 방전시간은 방전코일의 경우는 5초 이내에 콘덴서의 잔류 전하를 50(V)이하로 저하시킬 수 있어야 하며 방전 저항은 5분이 걸리는 것이 보통이므로 취급에 유의하여야 한다. 절연저항은 500메거 이상.

사진 5.9 방전 코일

5) COS(cut out switch : 컷아웃스윗치)

주로 변압기 1차측의 각 상마다 설치하여 변압기의 보호와 개폐를 위한 것으로서 단극으로 제작된 것인데 내부의 퓨즈가 용단되면 스위치의 덮개(특고압용의 경우 퓨즈홀더)가 중력에 의하여 스스로 개방되게 하여 멀리서도 퓨즈의 용단여부를 쉽게 눈으로 식별할 수 있게 한 것이며 COS에 퓨즈 대신 동봉을 사용하면 단로기 대용으로 사용할 수 있는 장점이 있다. 그러나 COS는 정격차단 전류용량은 그다지 크지가 않으므로 이를 채용할 경우에는 신중을 기하여야 한다. 퓨즈의 차단전류용량 부족은 과전류에 의하여 용단될 때 퓨즈링크의 폭발을 일으킬 우려도 있다. 외형을 자기제 외면(원통형)에 퓨즈를 장치하는 구조이다. 과전류 차단기로 시설하는 휴즈 중 고압선로에 사용하는 휴즈는 정격전류의 1.3배의 전류에 견디고 또한 2배의 전류로 120분 안에 용단되는 것이어야 한다.

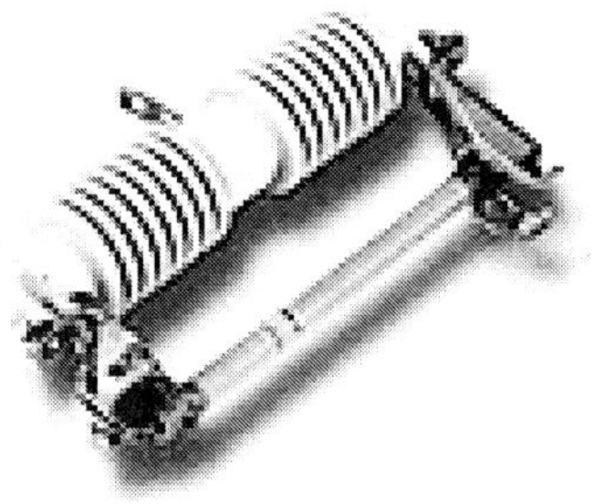

사진 5.10 컷아웃 스위치(COS)

6) 단로기(Disconnecting Switch : DS)

단로기는 고장 전류나, 부하전류 개폐에는 사용되지 않는다. 송전선로로부터 기기를 분리, 구분 및 변경할 때 사용되는 개폐장치이므로, 단순히 충전된 선로를 개폐하는데 사용한다.

차단기와 단로기를 직렬로 연결하여 기기를 전원과의 분리를 확실히 할 수 있다. 차단기는 부하 전류 및 고장전류 등을 차단하는 기능이 있으나, 차단 후 구조상 완전한 전기적인 분리를 확인하기 어려우므로 단로기를 사용하여 부하측의 기기 또는 케이블 등을 점검 할 때에 선로를 개방하고 시스템을 절환하기 위해 사용한다.

부하개폐기(Loading Breaking Switch : LBS) 및 접촉기는 고장 전류와 같은 고장 전류와 같은 대규모 전류 차단에는 사용할 수 없으나 평상 운전시의 전류는 아무 이상 없이 개폐할 수 있어서 사용할 수 있다.

소형 나이프스윗치를 개방할 때 스윗치의 블레이드(날)와 클립간 에 작은 불꽃이 생기는 것을 경험하였을 것이다. 고압회로에서는 이것이 불꽃정도로 끝나지 않고 아크열로 그 부근의 공간이 전리되어 그 부근 일대가 이온과전자의 바다와 같이 되어 도전성을 띠고 삼상단락으로 발전하는 결과가 되어버린다. 조작법은 투입시는 훅봉으로 블레이드(칼날)의 훅구멍에 삽입하여 블레이드와 접촉자의 중심이 일치하도록 겨냥해서 조용히 투입하고 열때는 훅봉으로 블레이드를 조금 당겨서 일단 정지 시킨후 이상이 없으면 정규적인 개로 위치까지 조용히 연다 (2단 조작). 보수 점검은 단자부, 접촉부의 과열, 변색 또는 얼룩여부, 지지애자의 균열, 파손여부. 절연저항은 500메거 이상, 교체 권장 기간은 20년 또는 1,000회조작.

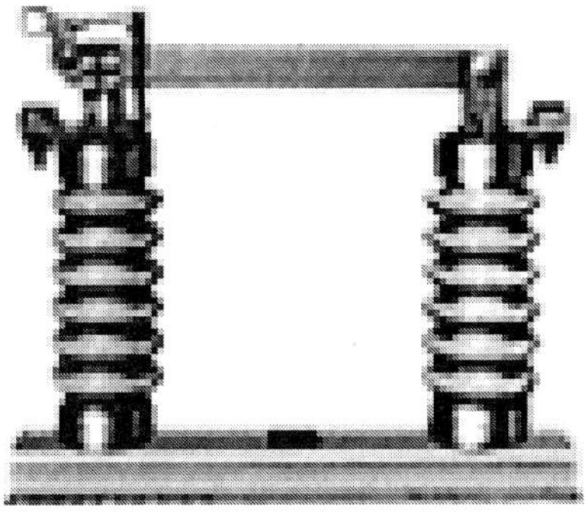

사진 5.11 단로기

◈ 문제 5-9 : 다음 중 부하 전류 차단능력이 없는 것은?

① NFB ② OCB ③ VCB ④ DS

◈ 문제 5-10 : 고장 전류와 같은 대전류를 차단할 수 있는 것은?

① 단로기(DS) ② 선로개폐기(LS) ③ 유입개폐기(OS) ④ 차단기(CB)

◈ 문제 5-11 : 인터록(interlock) 설명으로 옳게 된 것은?

① 차단기가 열려 있어야만 단로기를 닫을 수 있다.

② 차단기가 닫혀 있어야만 단로기를 닫을 수 있다.

③ 차단기와 단로기는 제각기 열리고 닫힌다.

④ 차단기의 접점과 단로기의 접점이 기계적으로 연결되어 있다.

7) 전력 퓨즈(Power Fuse)

전력 퓨즈는 과부하 전류 또는 단락 전류 등의 과전류가 흐르면 퓨즈 내의 가용체에 발생한 주울 열로 용해 되어 회로를 자동적으로 차단하여 보호한다.

전력퓨즈는 고압회로 및 고압기기의 단락 보호용으로 소용량 소전 설비의 주차단 장치에 많이 쓰이며 변압기회로, 전동기 회로, 진상콘덴서 회로 등의 단락 전류를 차단하는 목적으로 사용된다.

소호 원리에 따라서 한류형과 비한류형이 있다.

1. 한류형 전력퓨즈 : 단락 전류 차단시에 높은 아크 저항을 발생시켜 대전류를 강제적으로 적게 억제하여 차단한다. 밀폐된 퓨즈 안에는 가용체와 규사 등을 입상 소호체로 만든 구조이다.
2. 비한류형 전력퓨즈 : 단락전류 차단시에 소호가스를 발생시켜 이것을 아크에 불어넣어 전류가 영점시의 극간 절연 내력을 재기 전압 이상으로 높여 차단한다. 소호가스는 붕산 또는 섬유질에서 발생하는 가스를 사용한다.

전력 퓨즈는 과전류 가운데 단락전류를 고속도 한류 차단하는 단락보호용 퓨즈이다. 전력 휴즈은 차단기와는 달라서 자주 과부하를 차단할 필요가 있는 부분, 퓨즈 동작 후 재투입이 필요한 개소에는 사용하지 않도록 해야 한다.(재투입 불가능). 전력 퓨즈는 차단기와 릴레이, 변성기의 3가지 기기 역할을 하는 특성이 있으며 경제적인 기기이면서도 확실한 동작특성을 가지고 있으며 소형 염가일 뿐만 아니라 동작대상의 일정 값 이상 과전류에서는 오동작이 없는 완전한 차단특성을 가지고 있다. 전력 퓨즈가 차단할 수 있는 단락전류의 최대 전류 값을 정격차단전류[kA]라 한다. PF는 모양이 COS와 너무 흡사하여 이 기기에 익숙하지 않은 사람은 확실히 구분하는데 어려움을 느끼게 되며 크기나 개폐형 고리의 형태 및 상단 접촉부의 형태가 차이가 나는데 PF가 고리도 크고 전체 크기가 크다. PF는 고장전류를 안전하게 차단할 수 있는 반면 COS는 단락사고나 접지 사고 때의 고장전류를 안전하게 차단할 수 없다. 또한 이들 모두 부하전류가 흐를 때 개폐할 수 없으며 퓨즈가 끊어지면 퓨즈 통이 상단 접촉부에서 빠져 거꾸로 매달리거나 원통형 PF는 상단부 스트라이커(표시용으로 뾰족하게 튀어나온 부분)가 튀어 나오게 되어 퓨즈가 끊어진 여부를 알 수 있다. PF는 퓨즈가 끊어지면 퓨즈 전체를 바꾸어야 하나 COS는 퓨즈만 바꾸면 된다. PF의 용단된 부위로 사고의 내용을 대략 알 수 있는데 원통 납땜부에서 용단된 것은 노열화, 중간 부분에서 용단된 것은 과부하, 엘리먼트가 증발하여 원통이 변색된 것은 단락사고의 가능성이 큰 것으로 추정할 수 있다. 또한 3상인 경우 1개가 용단 되었을지라도 3개 모두를 교체하여야 한다.

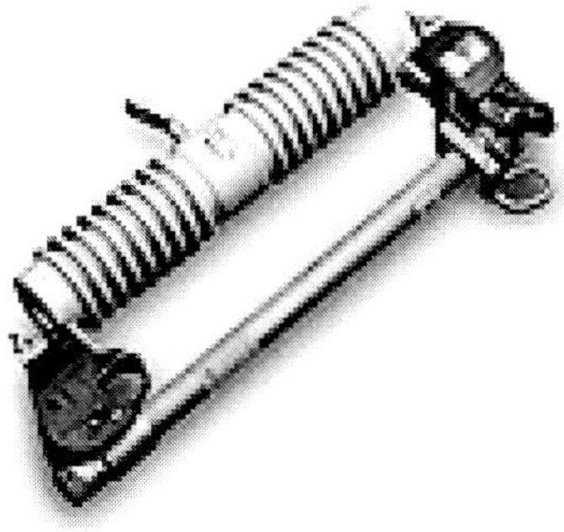

사진 5.12 전력 퓨즈(Power Fuse)

8) 계기용 변성기(Potential Tranformer)

변전소를 운전하는 경우 전력계통의 전압, 전류 등을 계측할 필요가 있다. 송전선로의 고전압, 대전류의 전기를 직접 측정할 수 없기 때문에 측정 가능한 전압, 전류로 변성을 해주는 기기가 계기용변압기(PT), 변류기(CT), 전류 · 전압 변성기(MOF) 등이 있다.

고압 회로의 전압을 저압으로 낮추어 전압계나 전력계, 주파수계, 역율계, 각종 계전기, 표시등 등 각종 계기용으로 사용 할 수 있는데 이러한 장치를 PT 라고 하며 1차측은 전압에 따라 다르지만 2차측 정격전압은 무조건 110V로 통일되어 있다. 코일의 소손 등 고장전류를 차단하여 사고의 확대를 방지할 목적으로 1차측에 PT 퓨즈를 시설하는데 이 퓨즈는 PT를 보호하는 것이 목적이 아니고 PT에 고장이 생겼을 때 PT퓨즈가 즉시 끊어져 PT를 고압회로로부터 분리하여 주는 역할을 한다. 1대당 정격 부담은(출력) 50(VA)정도로 충분하지만 트립 코일, 계기류, 표시등이 접속되는 경우를 감안하여 보통 200(VA)정도로 선정한다. 사진 위는 특고압용, 아래는 고압용이며 보수 점검은 이상음(철심음, 공진, 방전음), 냄새, 균열(기계적 응력이 가해진 경우의 열화로 균열, 박리현상), 방전 흔적 등. 절연저항 100메거, 교체 권장시기는 15년.

사진 5.13 계기용 변성기

9) CT(current transformer : 계기용 변류기)

PT의 원리와 마찬가지로 PT는 전압을 보거나 사용하기 위한 것이고 CT는 전류를 볼 수 있거나 사용하기 위해서이다. 즉 고압 회로의 대전류를 소전류로 낮추기 위해서 회로에 직렬로 접속하여 사용하는 장치로 배전반의 전류계, 전력계의 전류코일 및 과전류 계전기의 트립 코일의 전원으로 사용된다. 주의 할 것은 변류기 1차 코일에 전류가 흐르는 상태에서 2차측을 개방하면 2차 단자에 고압이 발생하여 손상 또는 감전 사고를 유발하므로 유의하여야 한다. 이유는 CT 역시 하나의 변압기이므로 1차측 코일에 발생하는 자속과 2차측 코일에 발생하는 자속이 서로 쇄교 되어 더 이상 포화 상태로 되지 않지만 2차측을 개방(떼어놓으면)해 놓으면 1차측 자속이 2차측과 쇄교 되지 않아 계속 맴돌이 자속이 되어 포화 상태가 일어나 나중에는 폭발, 손상되어 버리는 것이다. 정수장에서 일어난 정전사고 중 CT나 PT사고가 절반 이상을 차지하므로 평소 관리에 세심한 관찰과 주의를 할 필요가 있다. 과부하가 걸리지 않게 하고 평소와 다르게 이상한 소음이 발생하면 정밀 점검을 할 필요가 있다. 정격부담은 사용부담의 150-200[%] 정도로 결정함이 바람직하다. 보수 점검은 PT와 동일, 절연저항은 100메거 이상, 교체 권장시기 15년.

사진 5.14 변류기(CT)

◈ 문제 5-12 : 계기용 변성기의 위상각이란?

① 1차 전류 또는 전압 벡터를 180° 회전 시킨 2차 전류 또는 2차 전압과의 상차

② 2차 전압과 1차전압의 위상차

③ 2차 전류 전압을 180° 회전 시킨 1차 전류 전압과의 상차각

④ 2차 전압 벡터와 전류 벡터와의 상차

◈ 문제 5-13 : 변류기 개방 시 2차측을 단락하는 이유는?

① 2차측 절연보호 ② 2차측 과전류 보호

③ 측정 오차 방지 ④ 2차측 과전류 방지

◈ Solution : PT(병렬연결)는 개방 상태가 무방하지만 CT(직렬연결)는 개방하면 부하 전류로 인하여 소손 되므로 CT 점검시는 반드시 2차측을 단락 해야 한다.

10) 피뢰기(Lightening Arrester : LA)

피뢰기는 앞에 이상전압 방지 대책에서 설명하였다. 피뢰 장치는 이상전압의 파고값을 낮추어서 애자나 기기를 보호하도록 한 것으로, 이 장치 중에 중요한 것은 피뢰기이다. 보호하려는 기기의 단자 또는 선로의 대지 사이에 접속해서 뇌 또는 개폐서지 충격파 전압의 파고값을 일정한 값 이하로 저감시켜 기기의 절연을 보호하고 속류를 신속하게 차단하여 시스템을 정상상태로 회복시키는 역할을 하는 설비이다.

전기설비는 그 계통전압에 따라 뇌임펄스 전압 및 교류 전압등의 절연강도가 정해져 있으며 이 값 이상의 과전압이 가해지면 전기설비는 절연 파괴된다. 이와 같은 낙뢰 또는 회로의 개폐 등으로 인한 과전압의 파고값이 어느 값을 초과한 경우 전류를

분류하여 특성요소(산화아연)에 의해 과전류를 단시간에 접지선을 통해 대지로 방전하고 대신 계속 방전되면 안되기 때문에 속류(정상전류)는 단시간에 차단하여 계통의 정상적인 상태로 자동 복귀하는 장치를 말한다. 변압기의 고, 저압 혼촉을 방지하기 위해서 의 2차측 1선을 접지하여 계통을 보호할 수 있으나 고압변압기에서는 2차측을 접지할 수 없으므로 이 때 계통에 피뢰기를 대신 설치하여 계통을 보호하는 역할을 한다. 보수 점검은 접지선의 내부 심선이 녹아 붙지 않았는지, 용기가 깨지거나 금이나 충격 받은 흔적 등. 절연저항은 1,000메거이상, 교체 권장 시기는 15년.

사진 5.15 피뢰기(LA)

11) 배전반

배전반은 변전소에서의 중추 신경이다. 운전원이 계통, 기기의 상태를 감시하고 필요에 따라서 기기의 조작 및 전압, 전류, 전력 등을 계측할 수 있는 기능을 갖는다. 사고 시에는 보호계전기로 자동적으로 이상을 검출하고 차단기를 동작 시켜서 고장부분을 회로로부터 분리시키기 위한 지령을 내린다.

그 밖의 변전소 설비에는 접지에 관련된 중성점 접지기기, 접지장치, 기타 설비 등으로 구성이 되어 있다.

12) 수배전반 (incoming panel)

수배전에 필요한 각종 계기, 제어 개폐기, 보호 계전기 등을 안전하게 금속함에 설치한 것을 말하며 일반적으로 보수 점검이 용이하고 신뢰성이 높은 큐비클식(상자형) 수배전반을 많이 사용하고 있으며 설치 면적이 적고 기기의 구성이 간소하여 소형화되며 보수 유지가 쉽고 고전압 기기가 모두 접지된 금속함에 넣어져 있으므로 사용자의 감전 재해, 기기의 고장에 의한 화재나 피해가 적고 간단하게 설비의 증설을 할 수 있는 장점이 있다. 그러나 일정한 설계규칙에 의하여 규격화된 제품이므로 설비의 융통성이 적고 배전반의 교체나 변압기의 증설 등이 비교적 어렵고 충전부가 금속함에 넣어져 있어 사용 상태로는 금속함의 내부 점검은 위험하므로 이 경우에는 정전하지 않고는 곤란한 점이 있다. 큐비클식 고압 수전설비의 종류로는 수전설비용량 1,000[kVA]이하에 주로 사용하며 주 차단장치를 차단기(CB)를 사용하는 CB형과 수전설비용량 300[kVA] 이하에 주로 사용하며 주차단 장치를 고압 한류 퓨즈(PF)와 고압교류 부하개폐기(LBS)를 조합하여 사용하는 형식의 PF.S형이 있으며 PF.S형이 주로 많이 사용되고 있다. 큐비클의 두께는 옥내형은 1.6[mm] 이상, 옥외형은 2.3[mm] 이상이어야 하고 안전을 위해 큐비클 내의 부스바 등 통전부와의 접근한계 거리는 22[kv]시에는 20[㎝]이내, 33[kv]에는 30[㎝]이내, 66[kv]에는 50[㎝]이내, 154[kv]에는 140[㎝]이내로 접근해서는 안된다. 또한 수전설비용량 5,000[kVA]를 초과하는 변전실은 2대 이상의 환기 장치를 반드시 설치하여야 한다. 절연저항은 고압회로 일괄과 대지간 30메거이상으로 유지하여야 하며 이를 어길 경우 큐비클 내의 기기 등의 절연 불량으로 지락 사고시 막대한 지장이 초래된다.

13) ALTS (automatic load transfer switch : 자동부하절체개폐기)

일반 개폐기는 평상시의 부하전류 개폐 및 과부하전류 차단에 사용하는 것으로 단락전류와 같은 대전류는 차단할 수 없다. 그러므로 이중전원을 확보하여 주전원 정전시 또는 전압이 기준치 이하로 떨어질 경우 예비전원으로 자동 절환 함으로서 수용가가 항상 일정한 전원공급을 받을 수 있도록 하여야 하는데 특히 상수도 분야에서의 정전사고는 수돗물 중단과 바로 연결되는 일이 발생되므로 반드시 자동부하절체개폐기를 사용하여 이중전원을 꼭 확보해 둘 필요가 있다. 조작은 자동 또는 수동전환이 가능하여 배전반 내에서 원방조작도 가능하며 3상 일괄조작방식으로 옥내외 설치가능하다.

사진 5.16 자동부하 절체 개폐기

14) ASS자동고장구간개폐기(ASS)(automatic section switch)

우리나라의 배전방식은 거의 3상 4선식 다중접지 방식으로 이 방식은 지락사고 시 중성선에 흐르는 지락전류가 단락전류보다 클 수 있는 문제가 생긴다. 이와 같은 지락사고를 변전소의 차단기와 배전선로에 설치된 재폐로기(RECLOSER)와 협조하여 고장구간만을 신속, 정확하게 차단 혹은 개방하여 고장의 확대를 방지하고 피해를 최소화시키기 위하여 사고구간을 자동 분리하고 그 사고의 파급확대를 방지하기 위하여 피해를 최소한으로 억제하기 위하여 개발된 개폐기로 공급변전소 CB와 Recloser와 협조하여 사고발생시 고장구간을 자동 분리한다. 사고정전의 파급을 막기 위해 지난 1982년 12월 28일 개정된 내선규정의 수전방식 중 11.4[kV]-Y의 경우 2000[kVA] 이하, 22.9[kV]-Y 4000[kV]이하의 특별고압 간이수전 설비에 대하여 수전용량이 500[kVA]를 초과하는 경우 인입구개폐기로서 자동고장 구분개폐기(ASS)를 설치하도록 의무화하였으며 DS봉이나 끈을 매 수동으로 개폐할 수 있고 900(A)이하의 고장전류가 흐를 때는 자동 트립 해서 차단기 역할을 하며 더 큰 고장전류가 흐를 때는 차단 용량이 부족해서 제어함의 기억장치로 감지하고만 있다가 한전측의 보호 장치가 동작해 순간정전이 되는 즉시 무전압 상태에서 접점을 열어주게 된다. 그러므로 한전의 보호 장치가 재폐로계전기(reclosing relay)에 의해서 전기를 다시 공급하면 고장이 발생한 수용가는 이미 배전선로에서 분리되었기 때문에 다른 수용가에는 정상적으로 전기를 공급할 수 있게 된다.

사진 5.17 자동 고장 구간 개폐기

15) GR붙이 PAS(pole mounted air switch : 구분개폐기)

점검 보수 시 정전이 필요한 경우 전로를 개폐하며 구분개폐기를 사용하여 지락이 발생하였을 시 자동적으로 전로를 차단한다. 구분 개폐기의 부하측 단자부터 수용가측 책임 분계점으로 정한다. 책임 분계점에는 지락 차단장치를 시설하게 되어 있으므로 구분 개폐기로서는 지락 계전장치붙이 고압 교류 부하 개폐기가 많이 사용되고 있다. 보통 구분 개폐기가 설치된 전주를 1호전주라고 부른다.

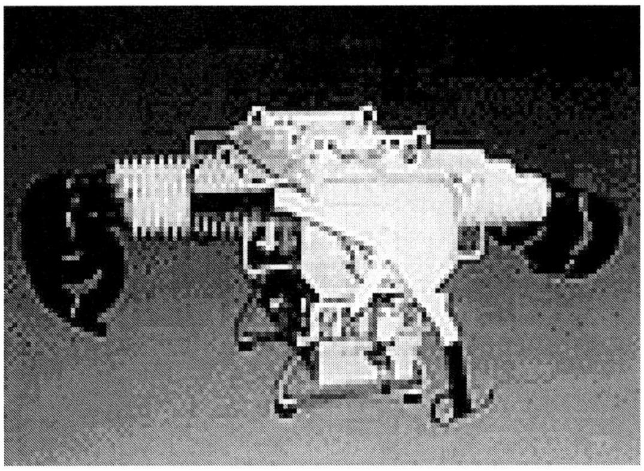

사진 5.18 구분개폐기

16) LBS(load breaker switch : 부하계폐기)

통상 상태에 있어서 소정의 전류를 투입, 차단 및 통전하고 그 전로의 단락상태에서의 이상전류까지 투입할 수 있어 수변전설비의 인입구 개폐기로 많이 사용되며 고장전류는 차단할 수 없어 전력퓨즈를 사용하며 퓨즈의 용단 시 결상을 방지하는 목적으로 채용되고 있으며 차단기와 같이 단락전류와 같은 대전류의 차단능력은 없지만 부하전류의 차단을 할 수 있는 동시에 차단기의 기능을 가지고 있다. 3상 부하가 있는 경우 트립 장치(Trip Device)가 있는 3극 부하 개폐기와 조합한 전력퓨즈를 사용하는 것이 바람직하다. 동작내용은 전력퓨즈가 내장된 동작표시장치(스트라이커)가 돌출하면서 트립 장치가 작동하여 스프링에 축적된 힘에 의하여 가동부하 접점을 자동 개방시키도록 되어있어 3상에 연결된 어느 전력퓨즈라도 하나만 끊어지더라도 자동 트립되기 때문에 결상을 방지하게 된다. 보수 점검은 접촉부의 이상변형, 소모, 과열 변색, 퓨즈의 변색 유무 등. 절연저항은 100메거 이상, 교체 권장시기는 15년 또는 개폐 횟수 200회.

사진 5.19 부하개폐기

◈ 문제 5-14 : 서지 흡수기를 설치하는 장소는?

① 변전소 인입구　　② 변전소 인출구

③ 발전기 부근　　④ 변압기 부근

◈ Solution : 서지 흡수기(SA) - 발전기보호, 피뢰기(LA) - 변압기 보호

5-1-3 급전소와 무인 변전소에 대하여 설명한다

급전계통은 인간의 신경조직과 같은 것으로 설명할 수 있다. 전력계통은 신경계통과 같고, 두뇌는 중앙 급전소와 같은 기능으로 생각할 수 있다.

급전소에는 중앙 급전소, 지역급전소, 지역급전분서로 나누어지며, 별도의 순회 점검반과 무인 변전소 및 시설관리 부서, 운영부서, 지역급전부서 등으로 나누어진다.

지역급전분서는 원격조정으로 이루어지는 무인변전소를 10~20개 정도를 관할하고, 지역급전소는 이같은 여러 개의 지역급전분서와 유인변전소를 관할하게 된다. 중앙 급전소는 여러 개의 지역급전소와 전기를 생산하는 발전소를 관할하게 된다. 예를 들면, 신성남 급전분소, 서서울 급전분소, 수원 급전소, 서울 급전소, 중앙 급전소(특수법인, 전력거래소) 등으로 불리운다.

급전소를 분리 하여 설명하면 다음과 같다.

1) 지역급전소

중앙 급전소로부터 위임받은 지역 급전업무를 수행하기 위한 급전부서로 일반적으로 지역이름을 붙여서 사용한다.

2) 지역급전 분소

지역급전소의 급전업무를 효율적으로 수행하기 위해 전력소의 급전부서로서 관할 변전소의 운전저작을 담당하는 부서 또는 무인 변전소의 직접적인 운전조작을 수행하는 곳을 말하며 지역이름을 붙여서 사용한다.

3) 무인 변전소

변전소를 원방감시 제어장치에 의해 상시감시, 제어하는 자동화 변전소 및 특정부하 공급용으로 설치되 변전소로 상시 근무요원이 없는 변전소이다.

무인화 대상 변전소는 154[kV]급 이하 전체 변전소이다 - 예외로는 154[kV]급에서 중요 변전소, 옥외철구형 변전소, 수냉식 변압기 설치 변전소와 열병합 발전소와 연계된 변전소는 예외이다. 345[kV]급 이상은 유인변전소를 원칙으로 한다.

◈ 문제 5-15 : 송전과 변전 설비의 고장에서 중대 고장, 보통고장, 순간고장은 어떻게 분리하는가?

◈ Solution

- 중대고장 : 공급지장 전력이 30,000[kW] 이상, 100,000[kW] 미만으로 정전시간 60분 이상의 설비고장(단, 수도권지역은 30분 이상의 설비고장)
  공급지장 전력이 100,000[kW] 이상으로 정전시간이 10분 이상인 설비고장
  중앙일간지 및 TV에 보도 또는 보도가능성이 있는 사고
  사회적 물의 발생이 우려되는 사고
  전력설비, 화재사고 등 설비사고 및 재난
  시설붕괴, 천재지변 등에 의한 대규모 재산 손괴사고
- 보통고장 : 중대고장 이외 공급에 지장을 주는 고장
  고장시간이 10분을 초과하는 고장
  공급지장 전력이 없는 주요설비(철탑, 전선, 케이블, 변압기, 차단기)

의 손상
동일 원인에 의한 순간재폐로 3회 이상고장
국가 또는 사회적 중요 행사장의 정전고장
중대 고장 및 순간 고장을 제외한 기타고장

◦ 순간고장 : 순간 재폐로 고장
공급지장 전력 및 전력계통 운영에 지장이 없는 고장으로 고장 시간이 10분 이하인 고장

5-1-4 GIS 변전소에 대하여 공부한다.

GIS는 Gas Insulated Switch-gear를 말하는 것으로 재랙식 변전소에는 개폐설비, 모선 등을 공기와 기름으로 절연하여 많은 공간과 대지 면적을 소요하였으나 GIS는 철제용기에 모선 및 개폐장치 등을 넣어 SF_6 가스로 충진, 밀폐함으로서 변전소의 대폭 축소 및 고 신뢰도 확보가 가능한 방식의 최근에 우리나라에서 많이 채용되는 SF_6 가스 가스 변전소이다. 우선 SF_6 가스의 물리화학적 특성과 전기적인 특성을 보면 다음과 같다.

1) 물리 화학적 특성

① 안정도가 높은 불활성 기체로 상온에서 무색, 무취, 무연, 무독인 기체로 화학적으로, 열적으로 안정하다.
② 공기에 비해 같은 압력에서 절연강도가 2.5 ~ 3.5 배가 높고, 1기압에서 -60[℃] 온도로 액화한다.
③ 비중은 공기의 5배, 비열은 0.7배 정도로 기체절연 재료로 우수하다.
④ 600[℃]에서 열분해 되어 S2F6, SF6, SF10과 같은 불화유황를 유리하며 인체에 유독한 것도 있으나 상온에서 Cu, Al을 침해하지 않는다.

2) 전기적 특성

① 소호 능력이 매우 뛰어나며 기중의 Arc보다 안정되고 Arc 시정수가 작아서 대전류 차단에 유리하다.
② 절연 회복이 빠르다.
③ 가스의 우수성 때문에 차단기를 소형으로 축소 가능하다.
④ 불평등 전계하에서 Flash Over 전압이 저하된다.

3) GIS의 사용 장소

① 도심지 변전소

도심부의 변전소 설치는 환경 장해 및 용지 확보 난으로 인하여 도심부의 지하 및 옥내 형으로 설치하여 변전소 설비를 대폭 축소한다.

② 해안지역, 산악 지역 등의 대규모 전력설비

GIS는 완전 밀폐식으로 절연하므로 해안지대의 염분으로부터 전력설비를 보호할 수 있다. 산악지대의 양수 발전소에서 송전용 개폐설비를 발전시설과 함께 지하에 설치하는 경우, 전력설비를 발전시설과 함께 지하에 설치하는 경우 전력설비의 축소에 따른 굴착량의 감소, 화재 등으로 부터의 안전성 확보 및 습기에 대한 부식방지 등에 유리하다.

③ 고전압 대용량 기간계통의 전력설비

외부환경에 의한 영향이 거의 없고, 운전시의 안정성 및 고신뢰도 확보 등의 기간계통의 전력설비에 적합하다.

4) GIS 변전소의 특징

GIS 변전소의 특징을 요약하면 다음과 같다.

GIS 변전소의 장점

① 변전소 설비 공간의 축소

절연 내력이 대기압 하에서 공기의 약 7배(20[kV/mm]) 정도로서 충전부의 절연거리는 설치 및 보수 점검 공간만을 요구한다. 따라서, 기존 변전소에 비해 $\frac{1}{10} \sim \frac{1}{15}$ 정도의 축소가 가능하다.

② 환경 조화를 도모할 수 있다.

개폐음이 적고 소형저층으로 공해요소 및 일조권 문제를 극소화 할 수 있으며, 주변 환경과 조화를 이룰 수 있는 건축이 가능해 진다.

③ 높은 안정성 확보

감전, 비산물 등의 외적 요인에 의한 사고가 전무하여 높은 안정성을 확보할 수 있다.

④ 설치 공사의 단축 및 점검보수의 간소화

일정 규모로 조립, 시험, 수송되어 현장에서 설치 공기를 단축할 수 있고, 밀폐형기기이므로 운전 중 점검이나 정기 정검이 거의 필요 없다.

⑤ 고성능 고신뢰성 확보

우수한 절연특성과 차단성능 및 냉각 매체의 우수성 때문에 compact 한 고성능 기기가 가능하며 염해, 오손, 습기 등의 영향이 없고 고신뢰도의 확보가 가능하다.

⑥ 종합적인 경제성이 향상

최근에슨 용지의 고가화, 환경대책 비용의 증가 등으로 종합적 경제성이 더욱 유리해진다.

5) GIS 변전소의 단점

사고 처리가 신속하게 이루어 지지 않고, 부적절한 경우 대형 사고를 유발하고 고장 발생 시 조기 복구나 임시 복구가 거의 불가능하여 장기간의 운전정지가 발생할 수 있다.

입지적, 환경적 문제점이 있는 경우를 제외한 장소에 GIS를 적용하면 일반 변전소보다 건설단가가 높다.

① 내부를 직접 눈으로 볼 수 없다.
② 가스 압력, 수분 등을 엄중하게 감시할 필요가 있다.
③ 한랭지, 산악 지방에서는 액화 방지 대책이 필요하다.
④ 내부 점검, 부품 교환이 번거롭다.
⑤ 비교적 고가이다.

6) GIS 설비의 진단기술

① 부분방전 검출

가스 절연기기의 절연파괴는 처음 국부전인 미소 코로나로부터 시작하여 절연이 서서히 열화하고 최종적으로는 전로 방전으로 확대된다. GIS은 정격 가스압과 상시운전 상태에서 부분방전이 없는 상태를 기준으로 설계되므로 미소 코로나를 검출하여 절연 성능을 확인하거나 절연의 열화 정도를 사전에 미리 검출하는(예지하는) 것이 중요하다. 미소코로나를 검출하는 방법으로는 절연 스페이스법, 유피 전극법, 전자 커플링법, GPT법, 진동 검출법 등이 있다.

② 초음파 검출

절연성능을 저하시키는 원인으로 탱크 내에 도전성 이물질이 존재하는 경우 이물질이 탱크 내 벽면에서 상용주파수 전계에 의해 운동하게 된다. 이 때 운동하는 이물질이 탱크에 충돌하여 미약한 초음파가 발생하는데 이 초음파에 의한 탱크의 탄성파를 시찰하면 이물질 검출이 가능하다.

③ SF6 가스 성분 분석

가스 절연 기기 내의 가스 성분을 분석하는 것은 가스순도, 가스 중의 잔유 수분량을 측정하는 일 이외에 내부 코로나 방전으로 발생하는 분해가스를 분석하여 내부 절연계의 이상 유무를 예측할 수 있다. 특히 내부 아크를 수반하는 고장이 발생하는 경우 다량의 분해가스가 발생되므로 고장 범위를 판정할 수 있다.

④ X선 촬영

가스 절연기기를 분해하지 않고 내부의 구조적 상태를 판별하는 방법을 말하는데, 동일한 강도의 X선을 기기에 조사하면 구조에 따라 X선의 흡수차가 발생하여 투과후의 X선 량은 부위에 따라 변화한다. 이 투과 X선을 촬영하여 기기 내부 파손, 볼트이완, 접촉 부분 및 개극 상태, 접촉자의 소모 상태, 핀의 장착 상태 등을 진단할 수 있다.

⑤ 저속 구동법

개폐기기의 구동계 외부에서 저속도로 조작하여 기기의 외부진단을 행하는 방법으로 정지한 개폐기기의 운동계를 통상 조작시의 1/1000 정도 저속으로 구동하여 이때의 구동력과 스트로크를 측정하는 것이다. 이때 측정된 구동력은 거의 동작부의 마찰력을 나타내므로 내부 이상이 있는 경우 이들의 구체적 위치와 강도를 검출할 수 있다.

◈ 문제 5-16 : 발변전소에서 사용되는 상분리 모선(Isolated phase bus) 특징으로 틀린 것은?

① 절연 열화가 적고 선간 단락이 거의 없다.
② 다도체로서 대전류를 흘릴 수 있다.
③ 기계적 강도가 크고 보수가 용이하다.
④ 폐쇄되어 있으므로 안전도가 크고, 외부로부터 손상을 받지 않는다.

◈ Solution : 상분리 모선은 각 상의 도체를 각각 접지한 금속판의 상자 속에 수납하고 각 상을 분리한 폐쇄 모선이다.

총괄평가

학습자 자기점검표

◆ 작성법

학생 스스로가 자신의 성취도를 성취 달성 정도에 따라 해당란에 'V' 표를 하시오.

이것은 학생이 모듈을 배우면서 부족한 점과 보충해야할 사항을 점검하기 위한 자기평가입니다. 정직하고, 솔직하게 체크 하십시오.

성취 능력	매우 미흡	미흡	보통	우수	매우 우수
1. 변전소에 변압기 선정방법을 설명하라.	①	②	③	④	⑤
2. 변압기 결선의 종류를 들고 설명하라.	①	②	③	④	⑤
3. 변압기 1뱅크 설치 시 단상변압기를 설치하는 경우와 3상 변압기를 설치하는 경우를 비교하라.	①	②	③	④	⑤
4. 차단기와 단로기의 차이점을 설명하라.	①	②	③	④	⑤
5. 변전소의 역할과 구비조건을 설명하라.	①	②	③	④	⑤
6. 모선방식의 종류를 들고, 설명하라.	①	②	③	④	⑤
7. 차단기의 정격과 동작책무에 대해 설명하라.	①	②	③	④	⑤
8. 변전소에 접지를 하는 목적을 설명하라.	①	②	③	④	⑤
9. 전력계통에 많이 사용되는 SCADA 시스템에 대해 설명하라.	①	②	③	④	⑤
10. 영상전류와 영상전압을 얻는 방법을 설명하라.	①	②	③	④	⑤

◆ 성취수준에 따른 자기평가 수준

모든 항목에서 '매우 우수' 혹은 '우수' 라고 평가한 학생을 제외하고는 부족한 내용에 대하여 다시 찾아가서 개별적으로 보충 학습을 하고 실험을 하십시오. 그래도 모르는 경우는 E-mail을 이용하거나, 개별적인 질문을 하시기 바랍니다.

인터넷 자료

http://www.kiee.or.kr 대한 전기학회
http://www.electricity.or.kr 대한 전기협회
http://www.keca.or.kr 한국전기공사협회
http://www.keea.or.kr 한국전력기술인협회
http://www.kieeme.or.kr (사)한국전기전자재료학회
http://cafe.naver.com/power 119 전기박사
http://cafe.naver.com/renewableenergy.cafe 신재생에너지
http://www.kepco.co.kr 한국전력
http://www.komipo.co.kr 한국중부발전
http://www.westernpower.co.kr 한국서부발전
http://www.khnp.co.kr 한국수력원자력
http://www.kosep.co.kr 한국남동발전
http://www.kemco.or.kr 에너지관리공단
http://www.keri.re.kr 한국전기연구원

관련서적 및 잡지

1. 송길영, “최신송배전공학”, 동일출판사, 2005년
2. 심상홍 外, “송배전공학”, 진영사, 1999년
3. 송길영, “최신 발전공학”, 동일출판사, 2005년
4. 배상기, “전력공학”, 진영사, 2005년
5. 박규홍, “전력발생공학”, 동일출판사, 2003년
6. H.Sadat, “Power System Analysis”, McGraw Hill, 2004년
7. Elgerd, “Basic Electric Power Engineering”, Addison Wesley, 1976년
8. 일본 전기기술자 협회편, “자가용 전기기술자 핸드북”, 대한전기협회,2000년
9. 대한전기학회편, “최신배전시스템공학”, (주)북스힐, 2006년
10. 송길영, “전력계통공학”, 동일출판사, 2000년
11. B.M.Weedy & B.J.Cory, "Electric Power Systems", Wiley,1998년

12. 검정연구회 편, “전기설비설계”, 동일출판사, 1996년
13. 정용기, “신전기설비 기술계산 핸드북”, (주)의제전기설비연구원, 2003년
14. 박건수 外 5인, “전력전송공학”, 청문각, 1997년
15. 박동화 외 2인, “수변전설비의 계획과 설계”, 도서출판 의제, 1997년
16. 김수용 외 4인, “디지털 송배전공학”, 문운당, 2007년
17. 검정연구회, 전기기사시리즈4 “전력공학”, 동일출판사, 2008년
18. Alston, "High Voltage Technology", Oxford University Press, 1968년
19. 일본전기학회, “피뢰설비 가이드북”, 도서출판 의제, 1992년
20. 김희진, 신재화 공역, “차단기와 단로기의 보수유지 입문”, 성안당, 1997년
21. 이종선 역, “접지 기술과 접지 시스템”, 성안당, 1998년

Module 5-2 : 배전 계통의 구성

개요

배전선로는 발전소나 배전용변전소로부터 직접 수용장소에 이르는 전선로를 말한다. 전송전력이 보통 송전계통의 말단이 배전용변전소에 일단 들어가고 여기서 다시 배전전압으로 낮춘 다음에 다시 적절한 회선수의 고압배전선로에 의해 다시 나가게 된다. 따라서 이 선로에 따라 필요한 장소마다 주상변압기(혹은 배전변압기)를 설치하여 다시 이 변압기로 강압하여 필요한 전압으로 낮추어서 저압배전 선로(220[V]/380[V])에 접속한다. 이 저압배전선로에서 직접수용가로 전력을 공급하는 것을 배전(distribution)이라고 한다.

배전용 시설물은 시가지의 도로상에 건설된 경우가 많아서 전기시설 규정 등에 의한 기술기준에 의한 제한 외에 교통 및 건축물과의 관계, 도시 미관, 화재, 풍수해 등의 비상시 보안 면에 대해서도 충분히 고려해야 한다.

일반적으로 배전선로를 고압선과 저압선으로 나누는데, 전기설비 기술기준에 의한 규정은 다음 표와 같다.

표 5.8 고압, 저압 구분

전압구분	직류(DC)	교류(AC)
저압	750[V]이하 전압	600[V]이하 전압
고압	750[V]를 넘고 7,000[V]이하 전압	600[V]를 넘고 7,000[V]이하 전압
특별고압	7,000[V]넘는 전압	7,000[V]넘는 전압

우리나라의 고압선은 22.9[kV]-Y 3상4선식, 공통중성선 다중접지방식으로, 저압선은 220/380[V] 3상 4선식으로 통일시키고 있다.

학습목표

1. 배전선로의 개요에 대하여 공부한다.

2. 고압배전계통의 구성을 공부한다.
3. 저압배전계통의 구성을 공부한다.
4. 배전선로의 전기방식을 공부한다.

주요어

급전선, 간선, 분기선, 수지식(방사상식), 환상식(루프식), 망상식(네트워크식), 저압뱅킹방식, 저압네트워크 방식, 3상3선식, 3상4선식, 단상2선식, 단상3선식.

5-2-1 고압배전계통의 구성에 대하여 설명한다.

고압배전선로에서 선로에 흐르는 전류의 크기에 따라서 급전선, 간선 및 분기선으로 나눌 수 있다. 상세히 구분하면 다음과 같다.

◦ 급전선(feeder) : 배전변전소 또는 발전소로부터 배전 간선에 이르기까지의 도중에 부하가 일체 접속되지 않은 선로이다.(궤전선이라고도 함)
◦ 간선(main line) : 급전선에 접속된 수용지역에서의 배전선로 가운데에서 부하의 분포상태에 따라서 배전하거나 또는 분기선을 내어서 배전하는 부분을 말한다.(급전선과 배전간선간의 접속점을 궤전점이라 함)
◦ 분기선(branch line) : 간선으로부터 분기해서 변압기에 이르기까지 부분으로서 지선이라고도 한다.

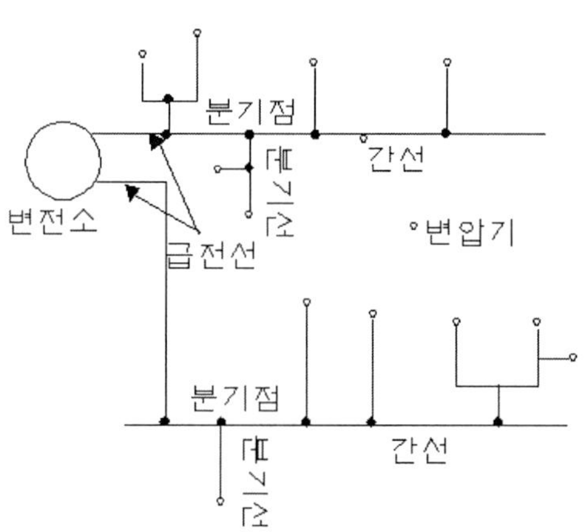

그림 5.5 배전선로의 구성 예

고압배전선로의 구성은 수지식(방사상식), 환상식(루프식), 망상식의 3가지이다.

1) 수지식(tree system)

수지식 배전구성은 아래 그림과 같다. 배전선이 부하의 분포에 따라 나무가지 모양으로 분기선을 내면서 각 방면으로 퍼져 나간다.

장점으로는 수요가 증가할 때마다, 간선이나 분기선을 연장 또는 증강해서 쉽게 응할 수 있다. 단점으로는 사고발생시 다른 계통의 간선으로 전환시킬 수가 없어서 정전이 불가피하고, 전압변동 및 전력손실이 크다.

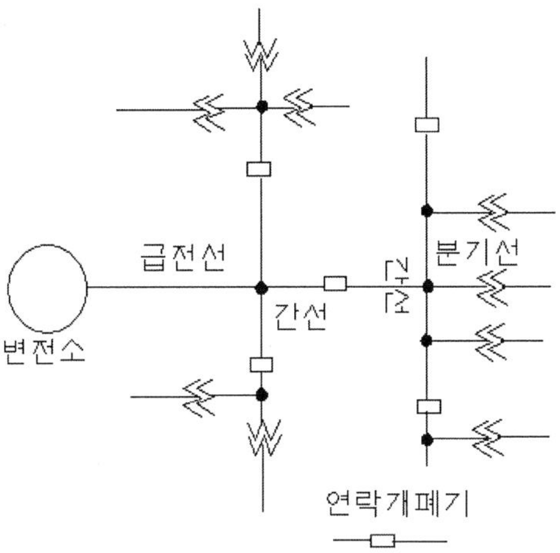

그림 5.6 수지식 배전 간선

2) 환상식(loop system)

환상식은 배전간선이 하나의 환상선으로 구성되고 수요분표에 따라서 임의의 각 장소에서 분기선을 끌어내어 공급하는 방식이다.

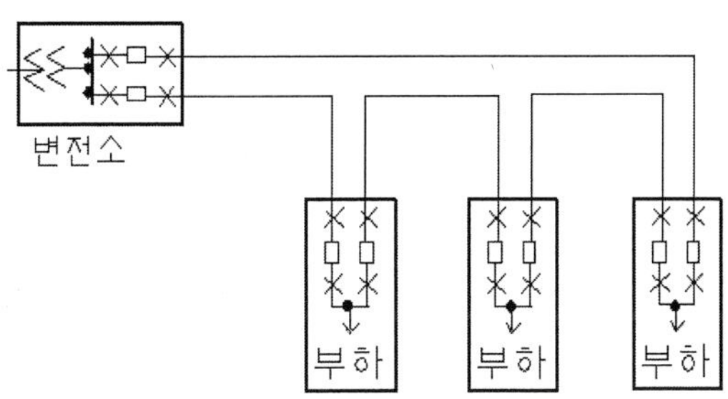

(a)개요도

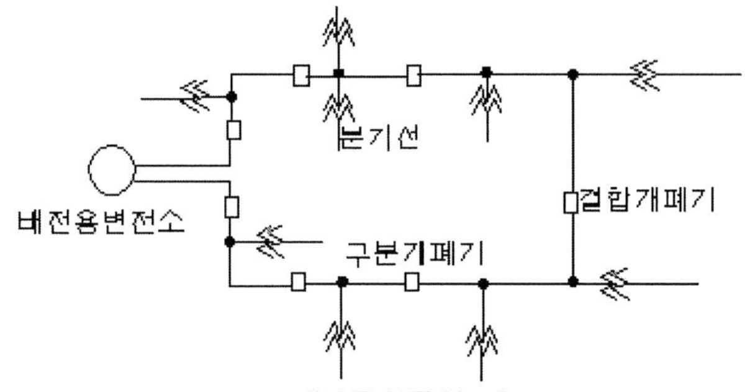

(b)간선구성 예

그림 5.7 루프식 배전 간선

위의 그림 5.7에서 결합개폐기의 역할은 고장 시에만 자동적으로 폐로해서 전력을 공급하는 능력이 있다. 결합개폐기는 2가지 경우가 있다. 평상시에 개폐기를 개방해 두는 상시개로루프, 평상시에 개폐기를 폐로해 두는 상시폐로루프이다. 선로 고장 시에 고장개소를 쉽게 분리할 수 있고, 전력손실과 전압강하가 수지식에 비해 작다. 단점으로는 보호방식이 복잡해지고 설비비가 비싸다.

3) 망상식(network system)

망상식 배전간선은 아래그림과 같다. 배전간선이 망상으로 접속하고 여러개의 접속점에 급전선을 연결하여 네트워크를 형성한 것이다. 이 방식은 환상식에 비해 무정전 공급의 신뢰도가 더 높아진 것이다.

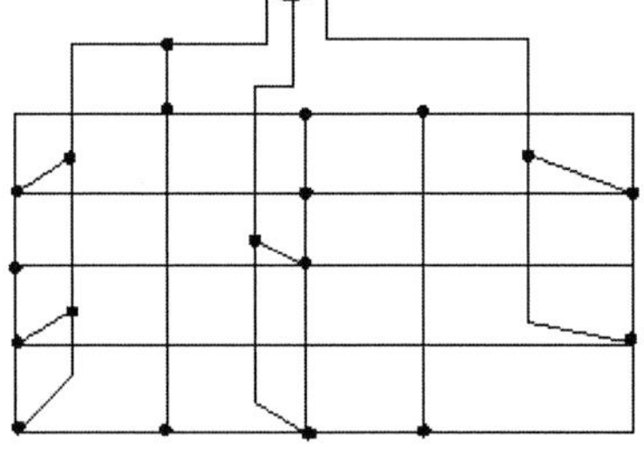
(a)개요도

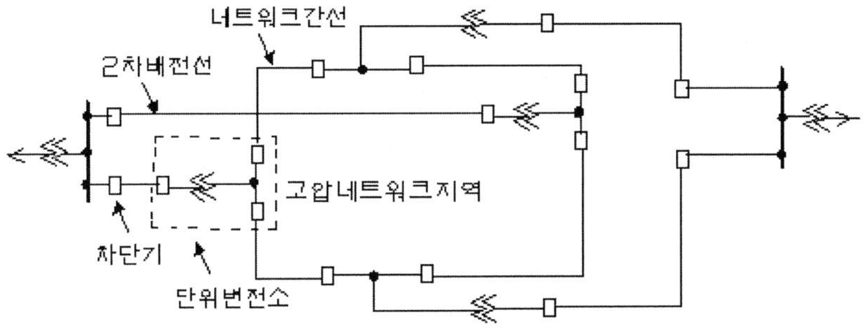

(b)간선구성 예

그림 5.8 고압 네트워크 방식

5-2-2 저압배전계통의 구성에 대하여 설명한다.

저압배전계통의 구성은 방사상 방식, 저압뱅킹방식, 저압 네트워크방식 3가지이다.

1) 방사상방식

아래 그림 5.9에서처럼 변압기 뱅크 단위로 저압배전선을 시설해서 변압기 용량 에 맞는 범위까지의 수요를 공급하는 방식이다. 부하의 증가에 따라 간선이나 분기선을 추가로 접속한다.

장점으로는 그 구성이 간단하고 공사비가 적게 든다. 단점으로는 전압 변동 및 전력 손실이 크고 사고에 의해 정전범위도 확대되어 신뢰도가 낮다.

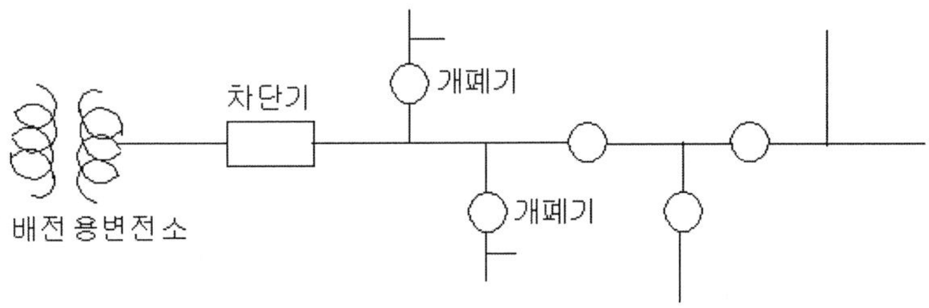

그림 5.9 방사상 배전 선로

2) 저압뱅킹방식

저압뱅킹방식은 고압배전선로에 접속되어 있는 2대이상의 배전용변압기를 경유해서 저압측 간선을 병렬 접속하는 방식을 말한다. 아래 그림에서 볼 수 있듯이 인접 변압기에 같은 고압을 공급하게 되면 2차측만 서로 연결이 되어 있는 형태이다. 방사상방식에 비해서 다음과 같은 장점을 갖는다.

① 변압기 공급전력을 서로 융통시킴으로 변압기용량을 경감시킨다.
② 전압변동 및 전력손실을 경감된다.
③ 부하의 증가에 대응하는 탄력성이 향상된다.
④ 정전이 감소되는 공급신뢰도가 향상된다.(고장보호방식이 적당할 때)

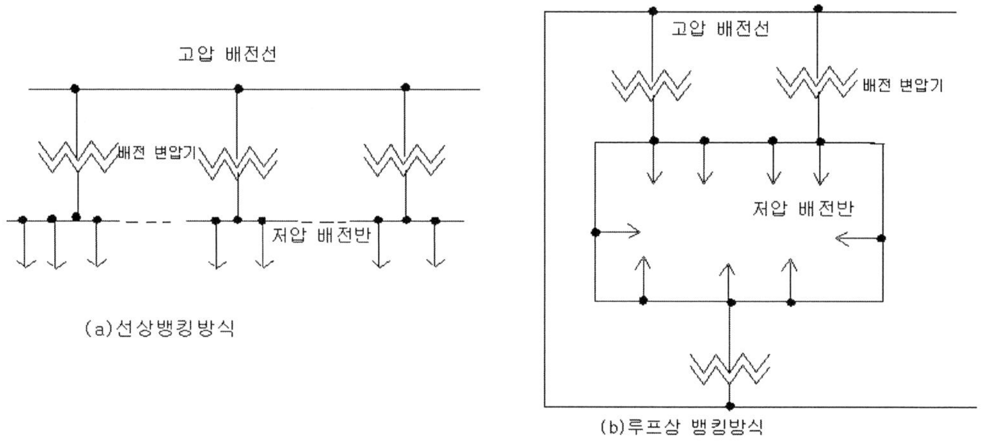

그림 5.10 저압 뱅킹 방식

단점으로는 캐스케이딩 장해가 생긴다. 이것은 저압측을 병렬로 접속하는 1차 휴즈, 2차 휴즈 등의 보호 장치가 적당하지 않으면, 사고시 사고지점의 양단의 단락 보호장치로 고장구간이 제거되지 않아서 사고범위가 확대되어 나가는 것을 말한다.

이같은 단점을 보완하기 위해서 일반적으로 아래 그림에서처럼 인접변압기 중간에 휴즈나 차단기를 삽입하는 것이다.

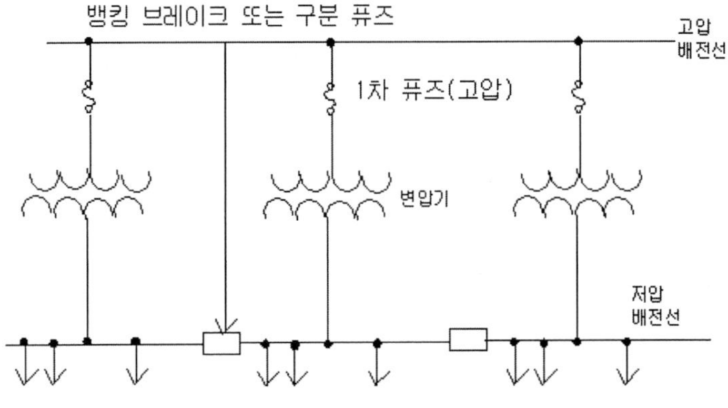

그림 5.11 뱅킹 방식에서의 보호 장치

3) 저압 네트워크 방식

저압 네트워크 방식은 동일모선으로부터 2회선 이상의 급전선으로 전력을 공급하는 방식이다. 2개 이상의 배전 변압기의 저압측을 전기적으로 연결하여 망상으로 한 것인데 각 수용가에는 그 네트워크로부터 분기해서 직접 전기를 공급한다. 저압 네트워크 방식의 장점은 다음과 같은 것이 있다.

① 무정전공급이 가능해서 공급 신뢰도가 높다.
② 전력손실이 감소한다.
③ 기기의 이용률이 향상된다.
④ 부하 증가에 대한 적응성이 좋다.
⑤ 변전소 수를 줄일 수 있다.

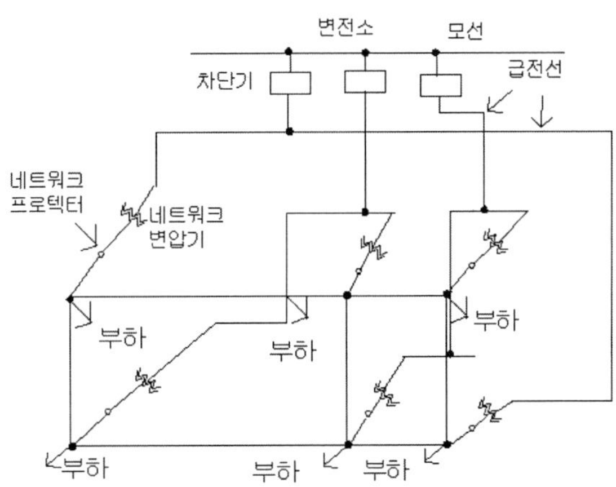

그림 5.12 저압 네트워크 방식

단점으로는 다음과 같은 점이 있다.

① 건설비가 비싸다.
② 특별한 보호장치가 필요하다.

이같은 네트워크 방식을 간략화 한 것이 스포트 네트워크(spot network) 방식이다.
아래 그림 5.13에서처럼 22.9[kV] 배전용변전소로부터 주로 3회선의 배전선으로 수전하여 고층빌딩, 큰 공장 등의 부하밀도가 높은 대용량 집중부하에 적용한다. 이것은 장점은 1회선 사고 시에 다른 건전선에서 자동적으로 수전할 수 있는 무정전방식이다.
스포트네트워크 방식의 특징은 다음과 같다.

① 22.9[kV]측의 수전용 차단기를 생략하고 대신에 변압기의 저압측에 네크워크 프로텍터(protector)를 보호 장치로 사용한다.
② 네트워크 프로텍터에 일어날 수 있는 여러 사고에 대한 동작 책무를 지니게 하여 사고구간을 자동적으로 분리하여 무정전 공급으로 신뢰도가 높다.

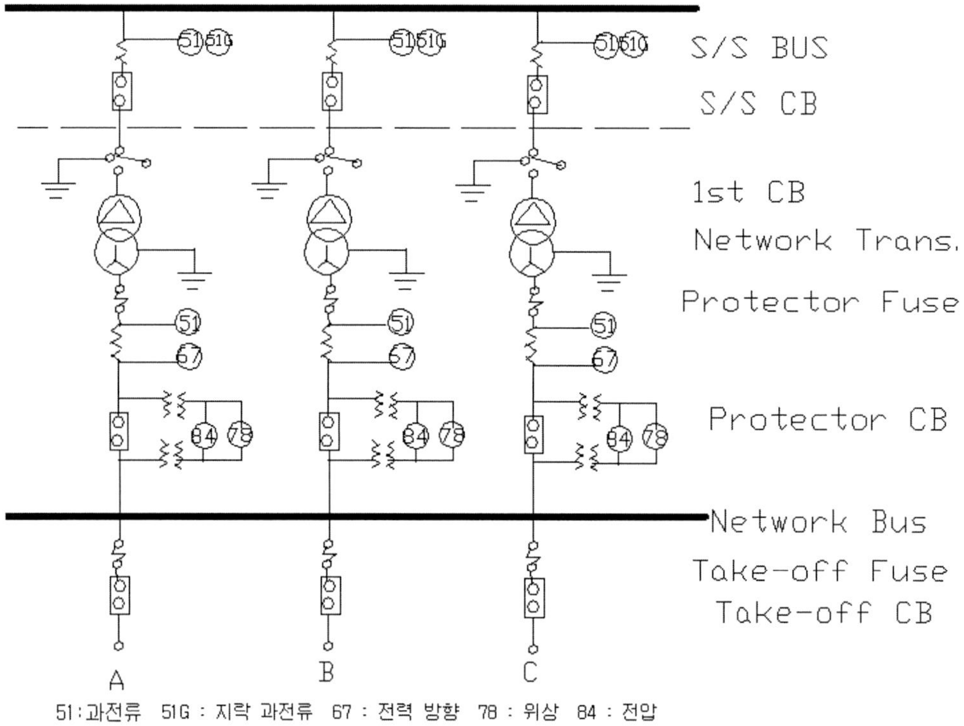

그림 5.13 스포트 네트워크 방식

◈ 문제 5-17 : 저압 네트워크 방식에서 사용하는 네트워크 프로텍터의 구성요소를 말하라.

◈ Solution : 저압용 차단기, 방향성계전기, Fuse

◈ 문제 5-18 : 배전선의 전력 손실 경감 대책이 아닌 것은?
① Feeder 수를 늘린다. ② 역률을 개선한다.
③ 배전 전압을 높인다. ④ Network 방식을 채택한다.

◈ 문제 5-19 : 저압 뱅킹 방식에서 캐스케이딩 현상이란?
① 변압기의 부하 배분이 균일하지 못한 현상
② 저압선의 고장에 의하여 건전한 변압기의 일부 또는 전부가 차단되는 현상
③ 전압 동요가 적은 현상
④ 저압선이나 변압기에 고장이 생기면 자동적으로 제거되는 현상

◈ Solution : 캐스케이딩 현상은 Banking 배전방식에서 운전 중 건전한 변압기 일부가 고장이 발생하면 부하가 다른 건전한 변압기에 걸려서 고장이 확대되는 현상을 말한다.

◈ 문제 5-20 : 네트워크 배전방식의 장점이 아닌 것은?
① 정전이 적다. ② 전압 변동이 적다.
③ 인축의 접촉 사고가 적어진다. ④ 부하 증가에 대한 적응성이 크다.

◈ Solution : 네트워크 배전방식의 장점은 다음과 같다.
① 배전 신뢰도가 높다. ② 기기의 이용률이 향상된다. ③전압 변동률이 적다.
④ 적응성이 양호하다. ⑤ 전력손실이 감소한다. ⑥ 변전소 수를 줄일 수 있다.

5-2-3 배전선로의 전기방식에 대하여 설명한다.

1) 고압 배전선로의 전기 방식

현재 우리나라의 배전 전압은 승압 정책으로 22.9[kV]로 통일 되어 있다.
고압 배전 선로는 3상 3선식과 3상 4선식이 있다.

(1) 3상3선식(중성점 비접지 방식)

중성점 비접지 방식은 배전선에서 일어나는 1선지락 사고시에 지락전류가 작으므로 사용하는 경우가 많은데, 변전소에서는 주변압기의 결선을 $\Delta-\Delta$하여 사용하고, 주상 변압기의 동력용은 주로 V결선으로 하고 있다.

(2) 3상 4선식

현재 우리나라는 3상 4선식 다중 접지 방식을 채택하고 있다. 변전소의 주변압기의 2차측을 Y결선으로 하여 중성점을 접지하는 방식이다. 고압 배전선로의 배전전압을 높여와서 아래 그림과 같은 3상 4선식의 다중접지 방식이다.

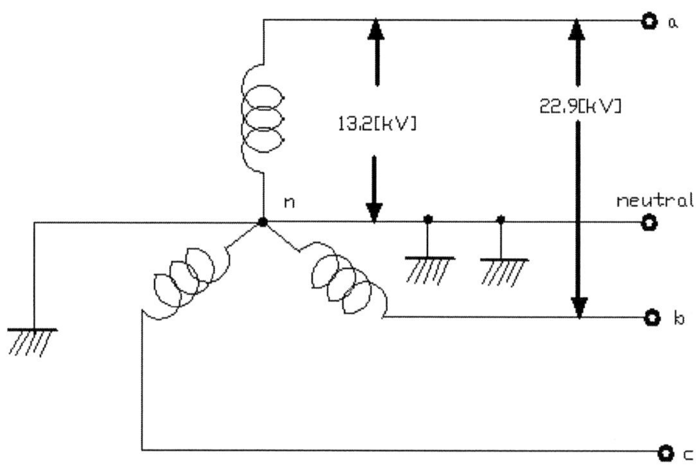

그림 5.14 3상 4선식 다중 접지 고압배전 선로 $22.9/\sqrt{3}$ = 13.2[kV]

2) 저압 배전선

저압 배전선은 단상 2선식 100[V], 동력 수용에는 3상 3선식의 220[V]였으나, 220/380[V]로 승압하여 전력의 수요 증가에 따라서 전압 강하, 전력 손실의 경감을 가져 오고 있다.

(1) 단상 2선식

단상 교류 전력을 전선 2가닥으로 배전하는 방식으로 전등용 저압 배전에 주로 사용하였다. 전선의 가닥수가 적고, 가선공사가 간단하고, 공사비가 저렴하게 든다. 그리고 변압기의 저압측 1단자를 접지하여 고저압선 혼촉 시에 전위 상승을 방지한다.

(2) 단상 3선식

주상 변압기 2차측(저압측)의 2개 권선을 직렬로 하고 변압기 중간점에서 중성선을 끌어내어서 3선을 만들어 배전하는 방식이다. 일부 지역에 100/220[V] 겸용 사용을 위하여 사용한 적이 있다.

단상 3선식과 단상 2선식을 비교하면 다음과 같다.

① 전압 강하, 전력 손식이 평형 부하의 경우 1/4로 감소한다.
② 소요 전선량이 적다.
③ 110[V] 부하 외에 220[V] 부하의 사용이 가능하다.
④ 상시 부하에 불평형이 있으면 부하 전압은 불평형으로 된다.
⑤ 중성선이 단선 하면 부하 전압에 심한 불평형이 발생된다. V가 거의 2배가 된다.
⑥ 중성선과 전압선이 단락하면 단락하지 않은 쪽의 부하 전압이 이상 상승한다.
　전압 불평형 문제를 해결하기 위해서 저압선 말단에 밸랜서를 설치한다.

(3) 3상 3선식

3상 3선식은 Δ, Y, V결선이 있다(저압측의 1단을 접지한다.) 3상 교류를 3가닥의 전선을 사용하여 배전하는 방식이다. 변압기 2차측의 결선을 단상 변압기 3대로 Δ, Y을 사용하는 데 주로 Δ결선을 주로 사용한다. V결선은 변압기 2대를 사용하다가 부하가 증가하면, 변압기를 1대 증설하여 Δ결선으로 하여 사용한다.

(4) 3상 4선식

변압기의 2차측을 접속하고 중성점에서 중성선을 인출하여 4선을 만들어 2개의 전압 220[V]와 381[V]을 공급하는 방식이다. 중성점과 각 상간의 상전압을 E=220[V]로 하면, 선간 전압은 $\sqrt{3}$E= 381[V]로 된다. 현재 우리나라는 220/380[V]로 승압하는 3상 4선식을 채택하고 있다.

◈ 문제 5-21 : 저압 단상 3선식 배전 방식의 단점은?

① 절연이 곤란하다.　② 전압의 불평형이 생기기 쉽다.
③ 설비 이용율이 나쁘다.　④ 2종의 전압을 얻을 수 있다.

◈ 문제 5-22 : 단상 3선식에서 사용되는 밸런서의 특징이 아닌 것은?

① 여자 임피던스가 적다.　② 누설 임피던스가 적다.
③ 권선비가 1:1이다.　④ 단권 변압기 이다.

◈ 문제 5-23 : 동일한 조건하에서 3상 4선식 배전 선로의 총 소요 전선량은 3상3선식의 것에 비해 몇 배 정도가 되는가? 단, 중성선의 굵기는 전력선의 굵기와 같다고 한다.

① $\frac{1}{3}$ ② $\frac{3}{4}$ ③ $\frac{3}{8}$ ④ $\frac{4}{9}$

◈ Solution

표 5.8

	단상 2선식	단상 3선식	3상 3선식	3상 4선식
소요 전선량 전력 손실비	24	9	18	8

표에 의하여 = $\frac{8}{18}$

◈ 문제 5-24 : 400[kVA]의 단상 변압기 3대로 3상 전력을 공급하고 있던 공장에서 변압기 1대가 고장이 났을 경우에 공급할 수 있는 전력은 몇[kVA]인가?

◈ Solution : Pv = $\sqrt{3}P$ = $\sqrt{3}$ X 400 = 693[kVA]

◈ 문제 5-25 : 단상 변압기 300[kVA] 3대로 Δ결선하여 급전하고 있을 때 변압기 1대가 고장으로 제거되었다. 이때의 부하가 800[kVA]라면 나머지 2대의 변압기는 몇[%]의 과부하가 되는가?

◈ Solution : Pv = $\sqrt{3}P$ = $\sqrt{3}$ X V I = $\sqrt{3}$ X 300

따라서 과부하율은 $\frac{800}{\sqrt{3}X300}$ X 100 = 154[%]

◈ 문제 5-26 : 공통 중성선 다중접지 3상4선식 배전선로에서 고압측 중성선과 저압측(2차측) 중성선을 전기적으로 연결하는 목적은 ?

① 저압측의 단락 사고를 검출하기 위함
② 저압측의 접지 사고를 검출하기 위함
③ 주상 변압기의 중성선측 부싱을 생략하기 위함

④ 고저압 혼촉시 수용가에 침입하는 상승 전압을 억제하기 위함

◈ 문제 5-27 : 주상 변압기 2차측 접지공사는 무엇에 의한 보호를 목적으로 하는가?
① 2차측 단락
② 1차측 접지
③ 2차측 접지
④ 1차측과 2차측의 혼촉

5-2-4 수요와 부하의 관계- 수용률, 부등률, 부하율

전기를 쓰기 위한 설비 수용설비의 용량과 실제로 수용 설비가 소비하는 전력과의 관계를 나타내는 것이 수용율, 부등률, 부하율 등이 있다.

1) 수용률

수용률이란 어느 기간 중에서의 수용가의 최대 수용 전력[kW]와 그 수용가가 설치하고 있는 설비 용량의 합계[kW]와의 비를 말하고, 아래 공식으로 표시한다.

$$\text{수용률} = \frac{\text{최대수용전력}[kW]}{\text{부하설비합계}[kW]} \text{ X } 100[\%] \qquad (5.2)$$

수용률은 부하의 종류, 사용기간, 계절적인 요인 등에 차이가 생길 수 있다. 수용가의 최대 수요 전력은 부하 설비의 정격 용량의 합보다 작은 것이 보통이다.

2) 부등율

최대 전력의 발생 시각 또는 발생 시기의 분산을 나타내는 지표로서 각개의 최대 수용 전력 합계는 종합 최대 수요 전력(=합성 최대 전력) 보다 큰 것이 보통이므로 1보다 커진다. 그리고 이것은 [%]로 나타내지는 않는다.

$$\text{부등률} = \frac{\text{각부하의최대수요전력의합계}[kW]}{\text{각부하를종합하였을때최대수용전력(합성최대전력)}[kW]} \qquad (5.3)$$

3) 부하율

어느 일정 기간 중의 부하의 변동의 정도를 나타내는 것으로 그 기간 중 평균 수요전력(그 기간 내에서의 사용 전력량을 사용 시간으로 나눈 것)과 최대 수용 전략과의 비를 백분율로 나타낸 것이다.

$$\text{부하율} = \frac{\text{평균수요전력}[kW]}{\text{최대수요전력}[kW]} \text{ X } 100[\%] = \frac{\text{평균부하}[kW]}{\text{최대부하}[kW]} \text{ X } 100[\%] \qquad (5.4)$$

부하율의 기간을 얼마로 잡느냐에 따라서 일부하율, 월부하율, 연부하율 등으로 나누어지는데 기간을 길게 잡을수록 부하율의 값은 작아진다.

◈ 문제 5-28 : 전등 설비 300[W], 전열 설비 800[W], 전동기 설비 200[W], 기타 150[W] 수용가가 있을 때, 이 수용가의 최대 수용전력이 900[W]라고 하면 수용률은?

◈ Solution : $\text{수용률} = \frac{\text{최대수용전력}[kW]}{\text{부하설비합계}[kW]} \text{ X } 100[\%]$

$$= \frac{900}{300+800+200+150} \text{ X } 100[\%] = 62.1[\%]$$

◈ 문제 5-29 : 다음 중 그 값이 1이상인 것은?

① 전압 강하율　② 부하율　③ 수용율　④ 부등율

◈ Solution

$$\text{부등률} = \frac{\text{각부하의최대수요전력의합계}[kW]}{\text{각부하를종합하였을때최대수용전력(합성최대전력)}[kW]} \geq 1$$

◈ 문제 5-30 : 연간 전력량 E[kWh], 연각 최대 전력 W[kW]인 연부하율은 몇[%]인가?

① $\frac{E}{W}$ X 100　② $\frac{W}{E}$ X 100　③ $\frac{8760W}{E}$ X 100　④ $\frac{E}{8760W}$ X 100

◈ Solution : $\text{연 부하율} = \frac{\text{연간평균수요전력}}{\text{연간최대전력}} \text{ X } 100 = \frac{E}{(365X24)W} \text{ X } 100$

◈ 문제 5-31 : 수용률 75[%], 부하율 70[%]일 때 설비용량이 320[kW]인 최대 수용 전력은[kW]?

① 620 ② 400 ③ 240 ④ 190

◈ Solution

$$수용률 = \frac{최대수용전력[kW]}{부하설비합계[kW]} \times 100[\%]$$

최대 수용 전력 = 수용율 X 설비 용량 = 0.75 X 320 = 240[kW]

총괄평가

학습자 자기점검표

◆ 작성법

학생 스스로가 자신의 성취도를 성취 달성 정도에 따라 해당란에 'V' 표를 하시오.

이것은 학생이 모듈을 배우면서 부족한 점과 보충해야할 사항을 점검하기 위한 자기평가입니다. 정직하고, 솔직하게 체크 하십시오.

성취 능력	매우 미흡	미흡	보통	우수	매우 우수
1. 저압배전계통에서의 저압 네트워크방식에 대해 설명하라.	①	②	③	④	⑤
2. 저압배전계통에서의 저압 뱅킹방식에 대해 설명하라.	①	②	③	④	⑤
3. 네트워크방식과 스포트 네트워크방식에 대해 비교설명하라.	①	②	③	④	⑤
4. 저압뱅킹 배전방식에서 일어나는 케스케이딩 현상을 설명하고, 그 특징과 필요로 하는 시설에 대해 설명하라.	①	②	③	④	⑤
5. 일반적인 고압수전설비의 단선결선도를 그리고 고압수전설비를 구성하는 기기에 대해 설명하라.	①	②	③	④	⑤
6. 고압 수용가에 대한 가공선로 인입방식에 대해 설명하라.	①	②	③	④	⑤
7. 고압 수용가에 대한 지중선로 인입방식에 대해 설명하라.	①	②	③	④	⑤
8. 단상 3선식 배전방식에서 중성선에 차단기 또는 퓨즈를 넣지 않는 이유를 설명하라.	①	②	③	④	⑤
9. 같은 배전 조건하에서 단상 2선식, 단상 3선식, 3상 3선식, 3상 4선식의 소요 전선량을 비교하라.	①	②	③	④	⑤
10. 단상 2선식의 전선의 총중량을 100으로 했을 때, 전기방식에 따른 전선총중량의 %로 나타내라.	①	②	③	④	⑤

◆ 성취수준에 따른 자기평가 수준

모든 항목에서 '매우 우수' 혹은 '우수' 라고 평가한 학생을 제외하고는 부족한 내용에 대하여 다시 찾아가서 개별적으로 보충 학습을 하고 실험을 하십시오. 그래도 모르는 경우는 E-mail을 이용하거나, 개별적인 질문을 하시기 바랍니다.

인터넷 자료

http://www.kiee.or.kr 대한 전기학회
http://www.electricity.or.kr 대한 전기협회
http://www.keca.or.kr 한국전기공사협회
http://www.keea.or.kr 한국전력기술인협회
http://www.kieeme.or.kr (사)한국전기전자재료학회
http://cafe.naver.com/power 119 전기박사
http://cafe.naver.com/renewableenergy.cafe 신재생에너지
http://www.kepco.co.kr 한국전력
http://www.komipo.co.kr 한국중부발전
http://www.westernpower.co.kr 한국서부발전
http://www.khnp.co.kr 한국수력원자력
http://www.kosep.co.kr 한국남동발전
http://www.kemco.or.kr 에너지관리공단
http://www.keri.re.kr 한국전기연구원

관련서적 및 잡지

1. 송길영, "최신송배전공학", 동일출판사, 2005년
2. 심상홍 外, "송배전공학", 진영사, 1999년
3. 송길영, "최신 발전공학", 동일출판사, 2005년
4. 배상기, "전력공학", 진영사, 2005년
5. 박규홍, "전력발생공학", 동일출판사, 2003년
6. H.Sadat, "Power System Analysis", McGraw Hill, 2004년
7. Elgerd, "Basic Electric Power Engineering", Addison Wesley, 1976년
8. 일본 전기기술자 협회편, "자가용 전기기술자 핸드북", 대한전기협회,2000년
9. 대한전기학회편, "최신배전시스템공학", (주)북스힐, 2006년
10. 송길영, "전력계통공학", 동일출판사, 2000년
11. B.M.Weedy & B.J.Cory, "Electric Power Systems", Wiley,1998년

12. 검정연구회 편, "전기설비설계", 동일출판사, 1996년
13. 정용기, "신전기설비 기술계산 핸드북", (주)의제전기설비연구원, 2003년
14. 박건수 外 5인, "전력전송공학", 청문각, 1997년
15. 박동화 외 2인, "수변전설비의 계획과 설계", 도서출판 의제, 1997년
16. 김수용 외 4인, "디지털 송배전공학", 문운당, 2007년
17. 검정연구회, 전기기사시리즈4 "전력공학", 동일출판사, 2008년
18. Alston, "High Voltage Technology", Oxford University Press, 1968년
19. 일본전기학회, "피뢰설비 가이드북", 도서출판 의제, 1992년
20. 김희진, 신재화 공역, "차단기와 단로기의 보수유지 입문", 성안당, 1997년
21. 이종선 역, "접지 기술과 접지 시스템", 성안당, 1998년

Module 5-3 : 최신 운영관리기술

개요

앞으로의 송전선로는 10,000[kV]로 승압이 전망된다. 최신에 운영관리 기술을 습득하여 현장의 적응력을 높여야 하는 필요성이 있다. 여기서는 765[kV]초고압 송전선로, 순시전압강하, 고조파 발생원인 및 대책, 역률개선에 대한 전반적 인식을 통하여 현장 운영관리를 공부하고자 한다.

학습목표

1. 고조파 발생원인 및 대책을 공부한다.
2. 순시전압 강하의 원인 및 대책을 공부한다.
3. 765[kV]송전선로의 기술적이 문제와 대책을 공부한다.
4. 역률개선에 필요한 콘덴서 용량 및 출력증가를 공부한다.

주요어

고조파 발생, 순시전압, 765[kV]송전선로, 역률개선, 콘덴서, 정전, 전압강하, 플리커(flicker), 설비용량의 여유.

5-3-1 고조파의 발생원인 및 대책에 대해 설명한다.

고조파 장해는 전력전자기기의 사용으로 심해지고 있다. 고조파는 기본파에 정수배(3배, 5배, 7배---) 주파수를 갖는 전압, 전류 파형을 말한다. 모양은 정현파에는 없는 고조파를 포함하여 있어서 파형이 왜곡된 형태를 띠고 있다.

고조파는 기본 주파수의 3배, 5배, 7배의 주파수를 갖고 있어서 제3조파, 제 5조파, 제 7조파 등으로 나타낸다. 이것은 전력계통에서 전압, 전류의 파형을 일그러뜨리는 원인이 된다.

국내의 경우는 일반 전기 사업자가 고객 전기사용에 따른 협력과 관련하여 아래의

표5.9와 같은 허용 기준 값을 설정해서 운영한다.

표 5.9 고조파 허용 기준 값

	지중선호가 있는 S/S에서 공급하는 고객		가공선로가 있는 S/S에서 공급하는 선로	
	전압 왜형률[%]	등가방해 전류[A]	전압 왜형률[%]	등가 방해 전류[A]
66[kV] 이하	3	-	3	-
154[kV] 이상	1.5	3.8	1.5	-

고조파 발생기기를 열거하면 다음과 같다.

1. 정류기, 변환기에 사이리스터, 다이오드 등의 반도체를 사용한 기기
2. 전기로, 아크로 등의 비선형 부하 특성을 지닌 기기
3. 철심에 자기포화 현상을 일으키는 변압기, 회전기
4. 형광등과 TV 등의 조명, 가전기기

고조파 전류가 유입되는 경우에 유도장해, 전기전자 기기에 악영향, 고조파 공진현상 등을 일으킬 수 있다.

유도장해는 전자유도 장해의 큰 영향을 아래의 그림과 같이 미치게 된다.

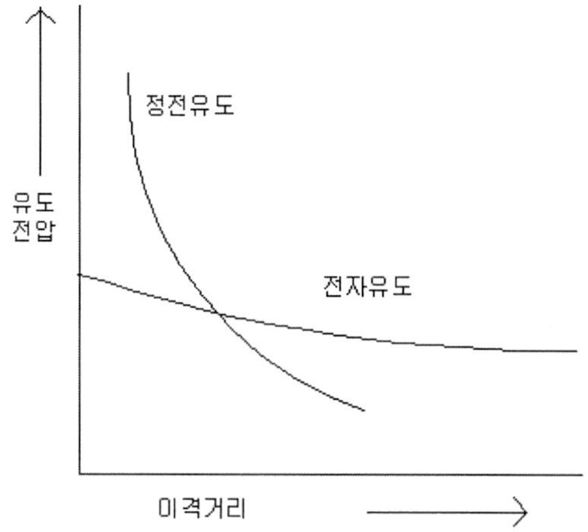

그림 5.15 정전유도와 전자유도 전압

고조파가 기기에 주는 영향은 아래의 표와 같다.

표 5.10 고조파가 기기에 주는 영향

기기	고조파 영향
콘덴서 및 리액터	회로의 임피던스가 공진현상 등으로 감소해서 과도한 전류가 흐름으로 과열, 소손, 진동, 소음이 발생함
변압기	철심의 자기적인 왜곡현상으로 소음발생 철손, 동손의 증가
유도 전동기	정상진동 토크발생으로 회전수의 주기적변동, 철손, 동손 등의 손실증가
전력케이블	3상 4선식의 중성선 과열
형광등	역률콘덴서 혹은 쵸크 코일에 과다전류로 소손 발생
통신선	전자유도에 의한 잡음 발생
전력량계	측정오차 발생, 전류 코일의 소손발생
계전기	계전기 설정레벨의 초과, 위상변화에 오동작
음향기기	음향기기내의 Tr, Diode, 콘덴서 등의 부품고장, 수명저하, 성능열화, 잡음발생
전력퓨즈	용단
계기용 변성기	측정정도의 약화

고조파 영향에 대한 대책

1. 정류 상수의 증가-변환기의 다상화
   변환기의 정류 상수를 증가시키면 발생 고조파 전류를 근본적으로 저감시킬 수 있다. 단, 상수증가로 인해 설비 공간과 비용의 문제가 따른다.
2. 교류 리액터 설치
   전원 리액턴스가 클수록 고조파 함유율이 작으므로 사이리스터 전원측에 교류 리액터를 설치하여 고조파 발생량 저감시킨다.
3. 전원단락용량의 증대
   아래 그림에서처럼 고조파 발생량 In은 임피던스전압 Vn과 비례하여 (Vn = n x Xl x In), 전원단락용량을 크게 하면 역비례하여 작아진다.
   즉, 단락용량이 큰 상위 계통으로부터 수전하면 된다.
   전원단락 용량을 증대하면 공진차수가 상승되며 콘덴서 용량을 증대시키면 공진차수는 저하된다. (단, 공진차수는 $\sqrt{\frac{Xc}{Xl}}$, Xc : 전원단락용량, X_l : 콘덴서 용량)

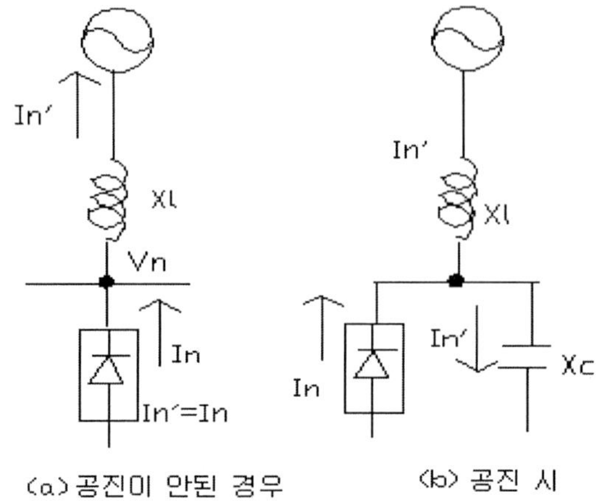

그림 5.16 단락용량의 증대

4. 고조파 부하용 변압기 및 배전선의 분리 전용화

   고조파를 잘 생성 시키는 모선이나 부하를 일반부하로부터 분리하여 고조파 부하군을 전용화 시키면 일반부하에 대하 영향을 저감시킬 수 있다.

5. 필터설치

   부하에서 발생한 고조파 전류는 각 회로의 임피던스에 비례하여 분배 되기 때문에 부하단 근처에 저 임피던스 회로를 접속하면 고조파 전류가 그 회로에 흡수된다.

◎ 5-3-2 순시전압강하 원인 및 대책에 대해 설명한다.

전원의 순시전압강하(Voltage Deep) 선로의 사고 및 기타의 원인으로 발생하는 현상이다. 전압강하가 발생할 경우 보호계전기로 사고 전류를 검출 하여 차단기를 고속도로 개방하여 절단하는데 그때까지의 시간 동안에 사고설비를 중심으로 광범위하게 대폭적으로 전압이 저하하는 현상을 보인다.

사고 발생 시에서 사고 제거 시까지의 시간은 보호계전기와 차단기의 동작 시간 합으로 결정되는데 전압별로 시간을 구분하면 다음과 같다.

1. 6~22[kV] : 0.3~2[초](70%미만)
2. 77~154[kV] : 0.1~2[초]
3. 275~500[kV] : 0.07~0.3[초]

1) 순시전압강하의 원인으로는 다음과 같은 것들이 있다.

1. 사고정전 - 낙뢰나 단락접지로 인한 순간정전 및 계통의 기기 소손 및 각종 계전기 오동작으로 인한 정전
2. 작업정전 - 정기작업 및 사고 복구 작업 등으로 인하여 정전이 되는 경우
3. 전압강하 - 부하의 과부하시나 장거리 송전으로 인한 전압강하의 경우
4. 상간 전압 불평형 - 부하의 각 상의 부하 불평형 및 변압기 접속 배전상 원인으로 인한 상간전압 불평형이 발생하는 경우
5. 플리커 - 단상 Room, Cooler, 3상유도전동기, 용접기 등의 사용으로 인한 선로에 파급되는 플리커로 인한 전압강하나 쇼크를 말함.
6. 고조파 원인 - 사이리스터 응용기기로부터 발생되는 고조파로 인해 발생되는 노이즈 성분의 선로 침입으로 인한 경우, 발열 등에 의한 전압강하 경우

2) 순시전압강하가 선로에 미치는 영향는 아래와 같다.

1. 제조업의 경우 - 생산 공장에서의 다수의 컴퓨터와 전동기를 사용하는 곳의 순시, 순간 전압강하의 피해는 아주 크다. 재료의 불량과 생산라인의 재가동의 경우에 1~12시간이 걸리는 경우가 있다.(특히 섬유, 전자 및 시멘트 공장이 심함.)
2. 일반사무실의 경우 - OA 사용부서의 메모리 소멸, 화면손실, 외부 기억장치 정지, 프린터 정지, 조명의 깜박거림 현상 발생함
3. 대형 컴퓨터 센터의 영향 - Main CPU 정지인 경우(전 On-Line이 혼란을 일으킬 수 있음.)

각종 설비 기기들의 순시전압강하에 따른 영향을 시간적으로 그림으로 나타내면 아래와 같다.

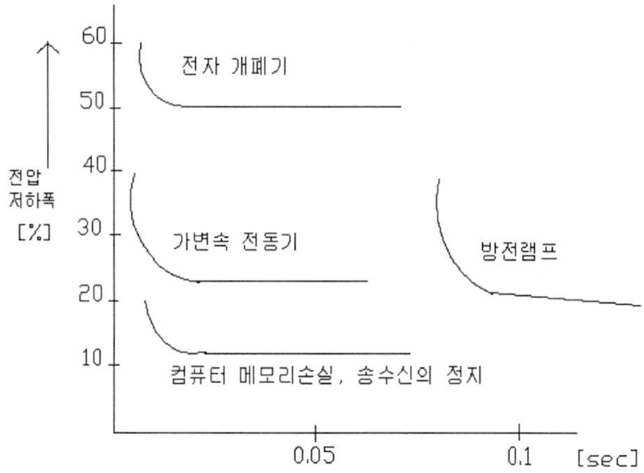

그림 5.17 전자기기에 따른 전압 저하폭

3) 선로의 교란상태 및 순간 전압 강하대책

(1) 절연 트랜스(High Isolation Transformer) 사용

전원에서 발생하는 Common Mode Noise(Line과 Ground사이에 발생되는 Noise)와 과도현상 시에 교란을 감쇄시킬 수 있다.

(2) 전압 조정기(Voltage Regulator) 사용

저전압, 고전압, Sag와 Surge를 방지하나, 과도현상과 노이즈를 막지는 못함.

(3) Line Conditioner 사용

절연 트랜스와 전압 조정기를 함께 사용한 장치이다.

(4) 회전형 UPS 사용

정지형 UPS이전의 사용 방법으로 수 cycle 이상의 정전상태를 제외한 문제를 해결할 수 있으나, 설치비용, 소음, 수명에 문제가 있다.

(5) 정지형 UPS 사용

회전형 UPS의 문제를 해결 한 것으로, 정전, Impulse, 주파수 변동까지 방지할 수 있는 방법이다.

5-3-3 765[kV] 송전선로 기술적 문제와 대책을 설명한다.

현재 우리나라는 154[kV], 345[kV]의 송전이 주를 이루고 있으며, 765[kV]의 송전도 이루고 지고 있다. 앞으로는 765[kV] 송전이 주를 이루고 1000[kV]급의 송전도 이루어질 것으로 전망된다. 765[kV]송전은 기존의 154, 345[kV]와는 기술적으로 여러

점을 생각해 주어야 한다.

1) 765[kV] 송전시 발생하는 기술적 문제

1. 대용량 송전선인 765[kV] 송전시에 계통에 고장이 지연되는 경우에는 계통에 미치는 영향은 매우 커지게 된다.
2. 기존의 기기들에 비해 고려해야 하는 사항이 많고, 또한 연구제작사항들이 많고, 어렵다.
3. 장거리 계통송전이 되므로 충전용량이 커지게 된다.
4. 지상에서의 전계강도가 커지지 않게 하도록 철탑의 높이가 345[kV]인 50[m]에 비해서 훨씬 큰 90[m]로 높아지게 된다.
5. 자연경관 훼손, 정전유도 장해 등의 환경영향을 발생시킨다.
6. 변압기, 분로 리액터 등의 용량이 커지면서 진동소음도 커지게 된다.
7. 기존의 전압관리 시스템이 아닌 변전소, 급전소 등의 새로운 계통 관리를 해야된다.

2) 765[kV] 송전 시 발생하는 기술적 문제의 해결책

1. 계통의 과도 안정도 향상시킴 - 고소차단 및 고속도 재폐로 방식을 채택함
2. 765[kV]는 기존의 345[kV]의 4도체방식(4각형)의 복도체 방식이 아닌 6도체 방식(6각형)의 복도체 방식을 사용한다. 그러나 단면적은 345[kV]와 같다. 타입은 인장강도가 큰 Cardinal Type를 사용한다.
3. HSGS(High Speed Ground Switch) 사용 - 차단후에 재폐로 하기전에 큰 정전용량을 가지고 있는 선로에 남아있는 전하를 대지로 신속히 방전시키기 위함(차단 및 재폐로를 위한 시퀀스 : 차단 - HSGS 투입 - 잔류전하방전 - HSGS개방 - 재투입 - 재투입은 차단 후 약 1초 이내에 하게 된다)
4. 765[kV]계통 건설에 소요되는 특수장비 확보 기술의 국산화를 위해서 연구개발을 촉진한다.
5. 765[kV] 송전시에 사용되는 기기의 기초에 주의하고, 변전소나 철탑이 설치되는 곳의 지질을 철저히 조하하여 지진 또는 지반 침하 등의 피해가 없도록 한다.
6. 변전소는 모두 축소형 GIS(Gas Insulated Substation)로 주변경관을 해치지 않도록 한다.
7. 보호계전 시스템의 신뢰도 향상 - 주보호계전기, 차단기 트립코일, 제어용 전원 및 신호 전송로 등을 모두 2계열화하고 주요 개소에서는 자동감시 장치 설치 하여 상시 감시.

8. 고조파 억제부 계전기 사용 - 충전용량에 의한 사고 발생시 과도분 고조파 진동 주파수의 영향으로 오동작할 우려를 없애줌
9. 철탑을 산의 정상을 피하여 7~8부 능선에 설치하여 경관 훼손을 최소화하고 강관형 철탑을 사용하여 환경조화를 이룩함

3) 765[kV] 송전시에 발생하는 경제적인 이익은 다음과 같다.

1. 대규모 전력 수송 용이
   765[kV]의 공급능력 8400[MW]로 345[kV]의 공급능력인 2000[MW]에 비해 4배임
2. 건설원가 절감
   단위 전력당 건설원가는 345[kV]에 비하여 65[%] 정도로 낮출 시 있다.
3. 국토의 효율적 이용
   345[kV]는 철탑 1기당 60평 정도가 소요 되고, 765[kV]는 160평 정도가 소요된다. 이것을 [GW]당으로 환산하면 345[kV]는 GW당 30평, 765[kV]는 GW당 19평 정도를 소요하게 되어 75[%]정도를 줄이게 된다.
4. 전력손실 감소
   345[kV]에 비하여 전력손실은 1/4로 감소하게 된다.

5-3-4 역률개선용 콘덴서 용량 및 출력 증가를 설명한다.

정전압 송전을 할 경우, 즉 일정한 전력을 수전할 경우 부하의 역률이 낮을 수록 선로 전류는 커지고 전압강하는 증대하고, 선로 손실도 역률의 제곱에 비례해서 증가한다.

부하의 역률은 주로 유도 전동기인 경우에 저하되는데, 특히 경부하시에 운전하는 시간이 긴 경우가 많다. 가정기기의 소형 전동기, 방전 등이 역률을 저하시킨다.

발전기, 변압기 등도 역률이 나빠 지면 출력도 감소된다. 부하의 역률에 따라서 부하점에서 발전소에 이르는 전전기 설비에 영향을 주므로 부하의 역률 개선은 중요하다. 같은 전력을 수송 시에 다른 모든 조건을 그대로 두고 역률만을 개선하면 다음과 같은 효과를 얻는다.

① 선로, 변압기 등의 저항손은 역률 제곱에 반비례하여 감소한다.
② 변압기, 개폐기 등의 소요용량은 역률에 반비례하여 감소한다.
③ 전압 강하는 $1 + \frac{X}{R}tan\phi$에 비례하여 감소한다.

④ 부하역률이 높은 경우에는 수용가 측에 전기 요금을 저감시켜 준다.

배전선로의 역률개선 방법은 아래 그림 5.18에서 처럼 주로 전력용 콘덴서를 부하에 병렬로 접속시키는 것이다.

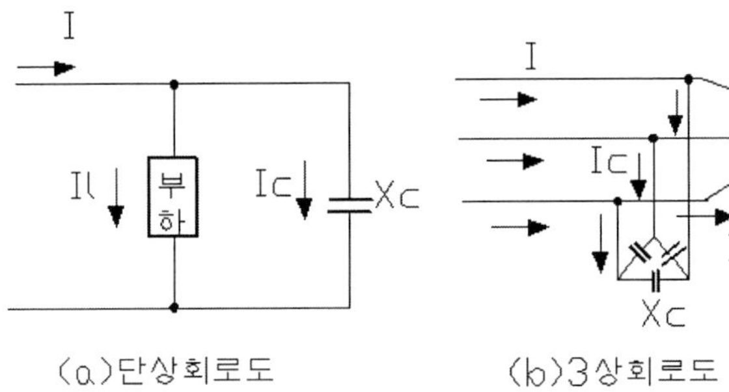

그림 5.18 전력용 콘덴서의 접속 예

전력 공급자 측에서는 고압 콘덴서를 변전소에 집중하거나 고압 배전 선로의 주상에 설치하고, 수용가 측에서는 고압 콘덴서를 고압 자가용 수용가의 수전실에 설치하거나 저압 콘덴서를 부하에 직접 설치한다.(저압 콘덴서는 역률개선의 개선 효과가 좋으나, 가동률이 낮고, 경제성이 나빠지므로 주로 고압 콘덴서를 사용한다.)

단상 회로에서 콘덴서의 용량 Q[kVA]은 콘덴서의 정격전압 V[V], 충전전류 I[A], 정격 주파수를 f[Hz], 정전용량 C[uF] 라고 하면

$$Q = IV \times 10-3 = 2\pi fCV2 \times 10^{-3}\ [kVA]$$

$$\therefore C = \frac{Q}{2\pi f V^2} \times 10^3\ [uF] \qquad (5.5)$$

3상 회로에서의 경우는 다음 그림5.19에서 처럼 콘덴서의 용량 Q[kVA], 정전용량 C[uF], 콘덴서의 정격전압 V[V], 주파수를 f[Hz], 충전전류를 Δ결선인 경우 Id, Y결선인 경우 Iy라고 하면 다음과 같다.

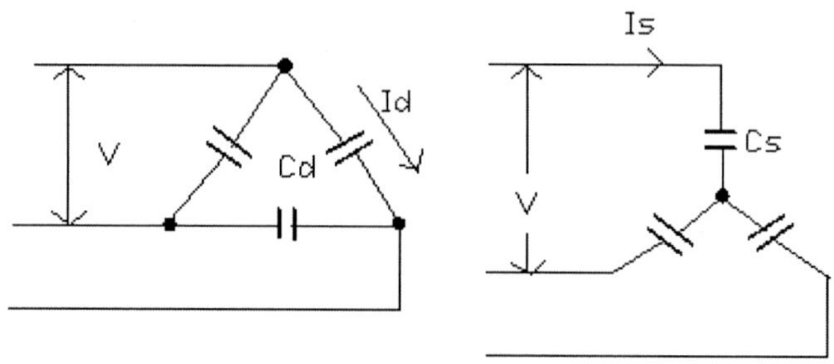

그림 5.19 3상용 콘덴서(右에서는 V와 E가 같고, 左에서는 V는 $\sqrt{3}$ E가 된다.)

◦ Δ결선인 경우의 콘덴서 용량과 정전용량 : V = E

$$Q_{\Delta} = 3 \text{ E Id} = 3 \text{ V Id} = 3 \times 2\pi f \text{ Cd V2} \times 10-3 \text{ [KVA]}$$

$$\therefore \text{Cd} = \frac{Q_{\Delta}}{3X2\pi f V^2} \text{x103 [uF]} \tag{5.6}$$

◦ Y결선인 경우의 콘덴서 용량과 정전용량 : $\frac{V}{\sqrt{3}} = \text{E}$

$$Q_{Y} = 3 \text{ E Iy} = 3\frac{V}{\sqrt{3}} \; 2\pi f \text{ Cy } \frac{V}{\sqrt{3}} \text{ x10}-3 = 2\pi f \text{ Cy V2 } \times 10-3 \text{ [KVA]}$$

$$\therefore \text{Cy} = \frac{Q_{Y}}{2\pi f V^2} \text{x103 [uF]} \tag{5.7}$$

따라서 Δ결선 시에 필요로 하는 콘덴서의 정전용량 Cd 는 Y결선 시 콘덴서의 정전용량 Cy에 1/3이면 충분하다.

$$Q_{\Delta} = 3Q_{Y}\text{가 된다.} \tag{5.8}$$

◈ 문제 5-32 : 3상의 같은 전원에 접속하는 경우, Δ결선의 콘덴서를 Y결선으로 바꾸어 결선하면 진상용량은 몇 배가 되는가?

◈ Solution

$$Cd = \frac{Q_\Delta}{3X2\pi f V^2} x103 \ [uF], \ Cy = \frac{Q_Y}{2\pi f V^2} x103 \ [uF]$$

위의 두 식에서 다음과 같이 된다.

$$\therefore \ Cd = \frac{1}{3} Cy \qquad (5.9)$$

◈ 문제 5-33 : 어떤 콘덴서 3개를 선간전압 3300[V], 주파수 60[Hz]의 선로에 Δ로 접속하여 60[kVA]가 되도록 하려면, 콘덴서 1개의 정전용량[uF]은 어떻게 되는가?

◈ Solution

Q_Δ = 3 E Id = 3 V Id = 3 x 2πf Cd V2 x 10−3 [KVA]

$$\therefore Cd = \frac{Q_\Delta}{3X2\pi f V^2} x103 \ [uF] = \frac{60X10^3}{6\pi X60X3300^2} = 4.87[uF] \qquad (5.10)$$

1) 역률 개선용 콘덴서의 용량 계산

아래의 그림 5.20에서 전력 P[kW], 역률 cosΘ인 부하를 보인 회로도이다.

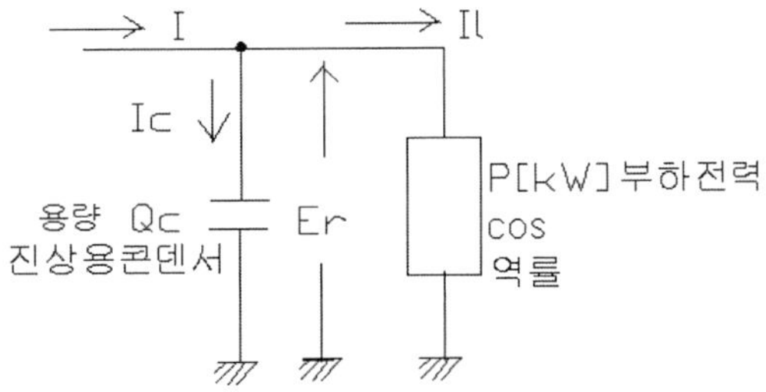

그림 5.20 진상용 콘덴서 연결

지금 이 부하의 역률 cosΘ을 cosϕ로 개선하기 위해서 필요로 하는 진상용량의 콘덴서 Qc를 설치하면 된다.

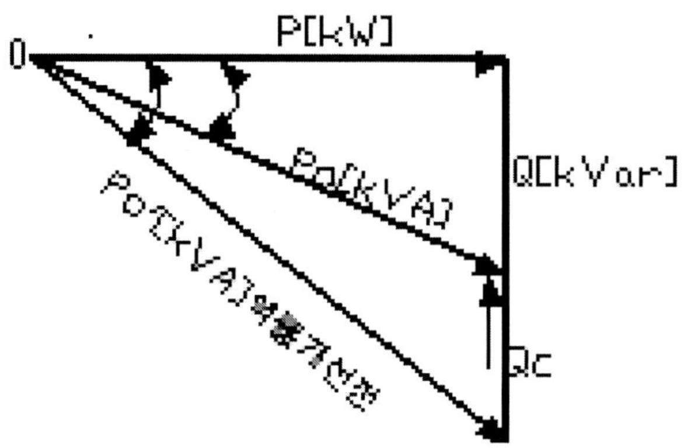

그림 5.21

역률을 $\cos\phi$로 개선한 후의 무효전력은 P $\tan\phi$ 로 된다. 이 때 필요한 진상용량 Qc는 다음이다.

$$Qc = P\ (\tan\Theta - \tan\phi)$$

$$= P\ \left(\sqrt{\frac{1}{\cos^2\Theta} - 1} - \sqrt{\frac{1}{\cos^2\phi} - 1}\ \right)[kVA] \tag{5.11}$$

◈ 문제 5-34 : 피상전력 P[kVA], 역률 $\cos\Theta$인 부하를 역률 100[%]로 개선하기 위한 전력용 콘덴서의 용량은 몇 [kVA]인가?

◈ Solution : 역률이 100[%]의 의미는 콘덴서의 용량이 무효전력의 크기와 같아진다. 따라서,

$$Q = P\sin\Theta = P\sqrt{1 - \cos^2\Theta} \tag{5.12}$$

◈ 문제 5-35 : 1대의 주상변압기에 역률(늦음) $\cos\Theta_1$, 유효전력 P_1[kW]의 부하와 역률(늦음) $\cos_2$, 유효전력 P_2[kW]의 부하가 병렬로 접속되어 있을 경우 주상변압기에 걸리는 피상전력은 몇 [kVA]인가?

◈ Solution

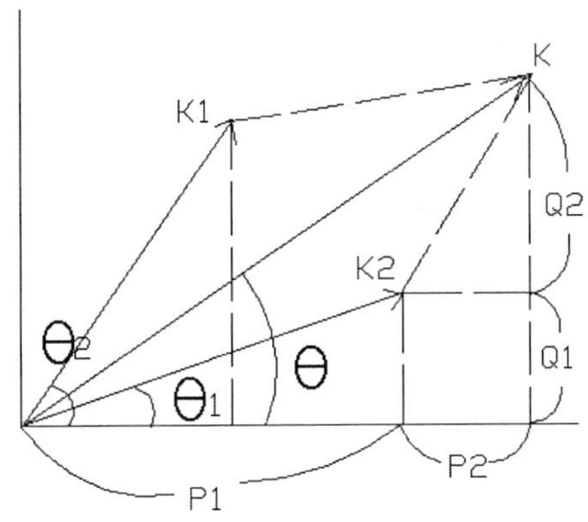

그림 5.22

위의 그림에서 역률(늦음) $\cos\Theta_1$에서의 유효전력 Q_1와 $\cos\Theta_2$에서의 유효전력 Q_2는 다음이다.

$$Q_1 = \frac{P_1}{\cos\Theta_1} \sin\Theta_1 = P_1 \tan\Theta_1 \tag{5.13}$$

$$Q_2 = \frac{P_2}{\cos\Theta_2} \sin\Theta_2 = P_2 \tan\Theta_2 \tag{5.14}$$

따라서 합성 피상전력은 다음과 같이 나타난다.

$$K = \sqrt{(P_1 + P_2)^2 + (P_1\tan\Theta_1 + P_2\tan\Theta_2)^2} \tag{5.15}$$

◈ 문제 5-36 : 부하가 P[kW]이고, 역률이 $\cos\Theta_1$인 것을 $\cos\Theta_2$로 개선하기 위해서는 전력용 콘덴서가 몇 [kVA]가 필요한가?

◈ Solution

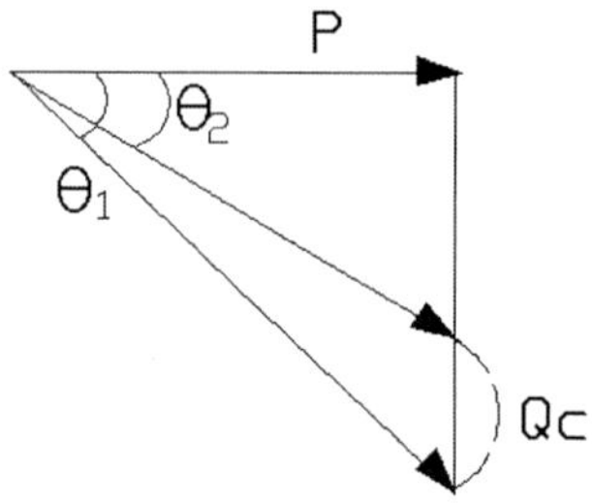

그림 5.23

위의 그림에서 Q_c는 다음과 같이 여러 형태로 쓸 수 있다.

$$Q_c = P(\tan\Theta_1 - \tan\Theta_2) = P\left(\frac{\sin\Theta_1}{\cos\Theta_1} - \frac{\sin\Theta_2}{\cos\Theta_2}\right)$$

$$= P\left(\frac{\sqrt{1-\cos^2\Theta_1}}{\cos\Theta_1} - \frac{\sqrt{1-\cos\Theta_2}}{\cos\Theta_2}\right) \qquad (5.16)$$

◈ 문제 5-37 : 3000[kW], 뒤진 역률 80[%] 부하에 전력을 공급하고 있는 변전소에 콘덴서를 설치하여 변전소에 있어서의 역률를 90[%]로 향상 시키는데 필요한 콘덴서 용량[kVar]은?

◈ Solution : 콘덴서 용량 Q는 다음과 같다.

$$Q = P(\tan\Theta_1 - \tan\Theta_2) = 3000\left(\frac{0.6}{0.8} - \frac{\sqrt{1-0.9^2}}{0.9}\right) = 800[\text{kVar}]$$

2) 역률 개선에 의한 설비 용량의 여유 증가

역률이 개선됨으로 부하전류가 감소하게 되어 같은 설비로도 설비 용량을 늘리지 않아도 부하의 증설이 가능하게 된다. 여기서는 증설 가능한 부하용량을 알아본다.

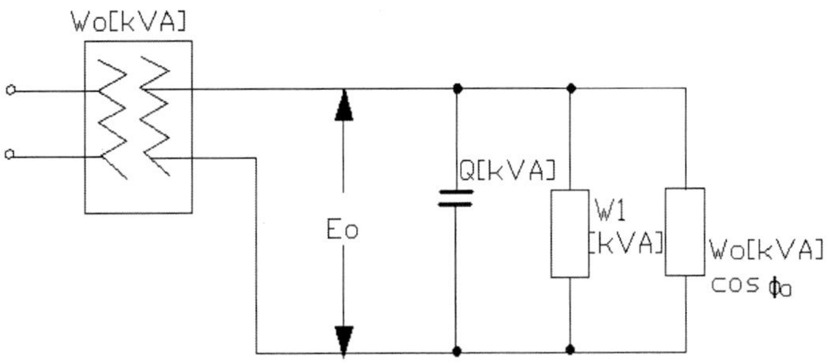

그림 5.24 역률 개선에 의한 출력증가

위의 그림 5.24에서 정격 용량 Wo[kVA] 변압기를 통해서 Wo[kVA] 부하를 공급하는 경우에는 부하의 공급이 더 늘어날 수 없다. 그러나, 기설 부하와 같은 역률의 피상전력 W_1[kVA]와 전력용 콘덴서 Q[kVA]를 병렬로 접속시키고, Wo, W_1, Q의 합성값이 Wo와 같은 크기로 하면 전력의 벡터도는 그림 5.25과 같이 된다.

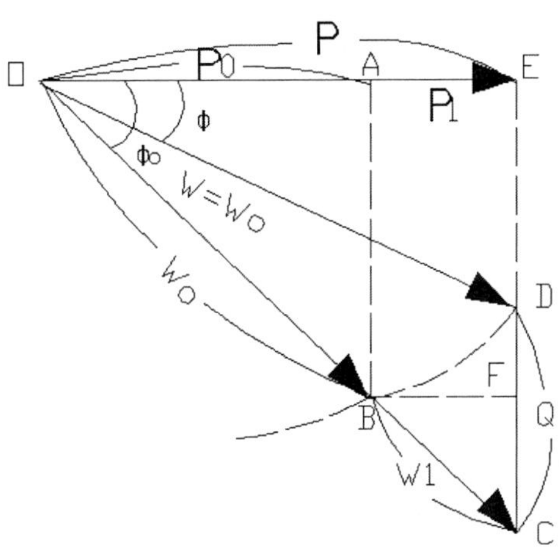

그림 5.25 역률 개선에 의한 출력 증가의 벡터도

전력용 콘덴서 Q[kVA]를 병렬로 접속하면 변압기의 합성 역률은 cosϕ로 개선되고 새로운 W_1[kVA]만큼의 새로운 부하(역률은 cosϕ_0)를 더 공급할 수 있게 된다.

위의 그림 5.25에서 더 공급할 수 있는 부하 W_1[kVA](역률은 cosϕ_0) 와 전력의 증가분 P_1[kW]을 알아 볼 수 있다.

$$Q = CE - DE = P(\tan\phi_0 - \tan\phi) = Wo\cos\phi(\tan\phi_0 - \tan\phi)$$

$$= W_o \cos\phi \left(\sqrt{\frac{1}{\cos^2\phi_0} - 1} - \frac{\sqrt{1-\cos^2\phi}}{\cos\phi} \right) [kVA] \tag{5.17}$$

따라서 다음과 같은 쓸 수 있다.

$$W_1 = BC = OC - OB$$

$$= \frac{P}{\cos\phi_0} - W_0 = W_0 \left(\frac{\cos\phi}{\cos\phi_0} - 1 \right) [kVA] \tag{5.18}$$

$$P_1 = W_1 \cos\phi_0 = P - P_0 = W_o \left(\cos\phi - \cos\phi_0 \right) [kW] \tag{5.19}$$

◈ 문제 5-38 : 부하 역률이 0.8에서 0.95로 개선되면 선로손실은 대략 몇[%] 정도 경감 되는가? 단, 수전단 전압의 변화는 없다고 한다.

① 15 ② 16 ③ 29 ④ 41

◈ Solution

손실 $P_L \propto \dfrac{1}{\cos^2\Theta}$ 이므로 (5.20)

$P_L' = (\frac{0.8}{0.95})^2 P_L = 0.709P_L$ 따라서 29[%] 감소한다.

◈ 문제 5-39 : 정격용량 300[kVA]의 변압기에서 지상역률 70[%] 부하에 300[kVA]를 공급하고 있다.

지금 합성 역률을 80[%]로 개선해서 이 변압기의 전용량까지 공급하려고 한다. 이 때 소요되는 전력용 콘덴서의 용량과 증가시킬 수 있는 부하는 얼마가 되는가?

◈ Solution : 위의 설명된 수식(5.17)에서 다음과 같이 전력용 콘덴서 Q를 구할 수 있다.

$$Q = W_o \cos\phi \left(\sqrt{\frac{1}{\cos^2\phi_0} - 1} - \frac{\sqrt{1-\cos^2\phi}}{\cos\phi} \right)$$

$$= 300\ (\ 0.8\ \sqrt{\frac{1}{0.7^2}-1}\ -\ \sqrt{1-0.8^2}\ )\ =100.8\ [kVA]$$

더 공급할 수 있는 부하 W_1[kVA] 와 전력 증가분 P_1[kW]은 다음이다.

$$W_1 = W_0\ (\ \frac{\cos\phi}{\cos\phi_0} - 1\ )\ = 300\ (\ \frac{0.8}{0.7} - 1\ ) = 42.86\ [kVA]$$

$$P_1 = W_1\ \cos\phi_0 = 42.86\ X\ 0.7 = 30[kW]$$

총괄평가

학습자 자기점검표

◆ 작성법

학생 스스로가 자신의 성취도를 성취 달성 정도에 따라 해당란에 'V' 표를 하시오.

이것은 학생이 모듈을 배우면서 부족한 점과 보충해야할 사항을 점검하기 위한 자기 평가입니다. 정직하고, 솔직하게 체크 하십시오.

성취 능력	매우 미흡	미흡	보통	우수	매우 우수
1. 고조파 발생원인을 설명하시오.	①	②	③	④	⑤
2. 고조파 영향에 대한 대책을 설명하시오.	①	②	③	④	⑤
3. 순시전압강하 의미와 원인을 설명하시오.	①	②	③	④	⑤
4. 순시전압강하가 선로에 미치는 영향을 설명하시오.	①	②	③	④	⑤
5. 순시전압강하의 대책에 대하여 설명하시오.	①	②	③	④	⑤
6. 765[kV]송전이 345[kV]송전에 비해서 경제성 우수한 것인지 설명하시오.	①	②	③	④	⑤
7. 765[kV]송전은 기존의 345[kV]에 비해서 더 많은 문제점을 발생시키는지 설명하시오.	①	②	③	④	⑤
8. 같은 전력을 수송할 때, 다른 조건은 그대로 두고,역률만을 개선하면 어떤 효과가 있는지 설명하시오.	①	②	③	④	⑤
9. 전력 P[kW], $\cos\theta$인 부하를 $\cos\phi$로 역률 개선시에 필요한 콘덴서의 용량을 표시하고 설명하시오.	①	②	③	④	⑤
10. 역률개선에 의한 설비용량의 여유 증가와 전압강하의 경감을 설명하시오.	①	②	③	④	⑤

◆ 성취수준에 따른 자기평가 수준

모든 항목에서 '매우 우수' 혹은 '우수' 라고 평가한 학생을 제외하고는 부족한 내용에 대하여 다시 찾아가서 개별적으로 보충 학습을 하고 실험을 하십시오. 그래도 모르는 경우는 E-mail을 이용하거나, 개별적인 질문을 하시기 바랍니다.

인터넷 자료

http://www.kiee.or.kr 대한 전기학회
http://www.electricity.or.kr 대한 전기협회
http://www.keca.or.kr 한국전기공사협회
http://www.keea.or.kr 한국전력기술인협회
http://www.kieeme.or.kr (사)한국전기전자재료학회
http://cafe.naver.com/power 119 전기박사
http://cafe.naver.com/renewableenergy.cafe 신재생에너지
http://www.kepco.co.kr 한국전력
http://www.komipo.co.kr 한국중부발전
http://www.westernpower.co.kr 한국서부발전
http://www.khnp.co.kr 한국수력원자력
http://www.kosep.co.kr 한국남동발전
http://www.kemco.or.kr 에너지관리공단
http://www.keri.re.kr 한국전기연구원

관련서적 및 잡지

1. 송길영, "최신송배전공학", 동일출판사, 2005년
2. 심상홍 外, "송배전공학", 진영사, 1999년
3. 송길영, "최신 발전공학", 동일출판사, 2005년
4. 배상기, "전력공학", 진영사, 2005년
5. 박규홍, "전력발생공학", 동일출판사, 2003년
6. H.Sadat, "Power System Analysis", McGraw Hill, 2004년
7. Elgerd, "Basic Electric Power Engineering", Addison Wesley, 1976년
8. 일본 전기기술자 협회편, "자가용 전기기술자 핸드북", 대한전기협회,2000년
9. 대한전기학회편, "최신배전시스템공학", (주)북스힐, 2006년
10. 송길영, "전력계통공학", 동일출판사, 2000년
11. B.M.Weedy & B.J.Cory, "Electric Power Systems", Wiley,1998년

12. 검정연구회 편, “전기설비설계”, 동일출판사, 1996년
13. 정용기, “신전기설비 기술계산 핸드북”, (주)의제전기설비연구원, 2003년
14. 박건수 外 5인, “전력전송공학”, 청문각, 1997년
15. 박동화 외 2인, “수변전설비의 계획과 설계”, 도서출판 의제, 1997년
16. 김수용 외 4인, “디지털 송배전공학”, 문운당, 2007년
17. 검정연구회, 전기기사시리즈4 “전력공학”, 동일출판사, 2008년
18. Alston, "High Voltage Technology", Oxford University Press, 1968년
19. 일본전기학회, “피뢰설비 가이드북”, 도서출판 의제, 1992년
20. 김희진, 신재화 공역, “차단기와 단로기의 보수유지 입문”, 성안당, 1997년
21. 이종선 역, “접지 기술과 접지 시스템”, 성안당, 1998년

송배전공학

2판 1쇄 2023년 3월 10일

저 자 백관현
발행인 송광헌
발행처 복두출판사
주 소 서울특별시 영등포구 경인로82길 3-4
센터플러스 807호 (우) 07371
전 화 02-2164-2580
FAX 02-2164-2584
등 록 1993. 11. 22. 제 10-902 호

정가 : 23,000원

ISBN : 979-11-6675-286-5 93560

한국과학기술출판협회 회원사